经济应用数学基础（三）

概率论与数理统计

姚孟臣 / 编著

第二版

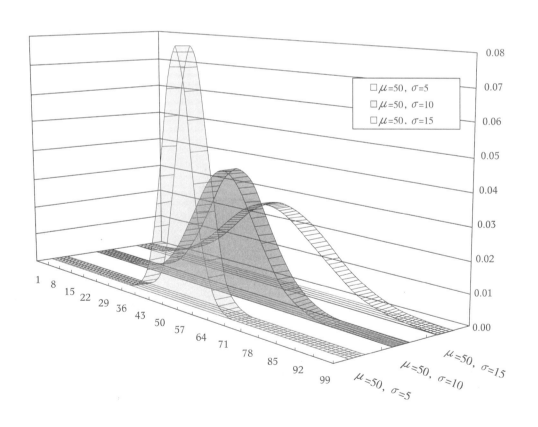

中国人民大学出版社
·北京·

 **再版前言**

　　《概率论与数理统计》作为经管类公共基础数学教材,它涵盖了经济管理专业有关教学大纲的全部内容与基本要求,但是由于各个学校不同专业方向的学生对数学基础知识的掌握存在一定的差异.我们建议,使用时有些内容如方差分析、回归分析等可视教学需要与学时安排略去不讲;有些较难的习题,如(B)中的某些题目则不要求学生掌握.

　　在本书编写和这次修订过程中,我们参考了有关教材和著作,并且从中摘取了一些例题和习题,书中没有一一注明,再次一并向有关作者致谢!

　　由于编者水平有限,书中难免有不妥之处,恳请作者批评指正.

编者

2016 年 4 月

目　　录

第1章　随机事件及其概率

概率论是从数量上研究随机现象统计规律性的一门数学学科,其应用非常广泛,是科技、管理、经济等领域的工作者必备的数学工具.本章将向大家介绍概率论中的几个基本概念,随机事件的基本关系与基本运算,以及概率的性质及其计算方法.

§1.1　随　机　事　件

(一) 随机现象

在生产实践、科学实验和日常生活中,人们观察到的现象大体可归结为两种类型.一类是**确定性现象**,即在一定条件下,必然会发生某一种结果或必然不发生某一种结果的现象,例如,在一个标准大气压下,纯净的水加热到 100 ℃ 时必然会沸腾;从 10 件产品(其中 2 件是次品,8 件是正品)中,任意地抽取 3 件进行检验,这三件产品决不会全是次品;向上抛掷一枚硬币必然下落等都是确定性现象.这类现象的一个共同点是:事先可以断定其结果.

另一类是**随机现象**,即在一定条件下,具有多种可能发生的结果的现象.例如,从 10 件产品(其中 2 件是次品,8 件是正品)中,任取 1 件,则该产品可能是正品,也可能是次品;向上抛掷一枚硬币,落下以后可能是正面朝上,也可能是反面朝上;新出生的婴儿可能是男性,也可能是女性.这类现象的一个共同点是:事先不能预言多种可能结果中究竟出现哪一种.随机现象是偶然性与必然性的辩证统一,其偶然性表现在每一次试验前,都不能准确预言发生哪种结果;其必然性表现在相同条件下多次重复某一个试验时,其各种结果会表现出一定的量的规律性,我们称之为**随机现象的统计规律性**.

概率论就是一门研究随机现象统计规律性的数学分支,它从表面上看起来错综复杂的偶然现象中揭示出潜在的必然性.

(二) 随机试验

为研究随机现象的统计规律性而进行的各种科学实验或对事物某种特征进行的观测

都称为**随机试验**,简称**试验**,用字母 E 表示. 例如:

E_1:抛一枚均匀硬币,观察它自由下落后正、反面出现的情况.

E_2:在相同条件下,连续不断地向同一个目标射击,直到击中为止,记录射击次数.

E_3:在一批同型号的灯泡中,任意抽取一只,测试它的使用寿命.

试验 E_1 只有两种可能结果:出现正面或出现反面,但是抛之前不知道究竟出现哪一面. 对于试验 E_2,射击次数可以为 $1,2,\cdots$,因此试验的所有可能结果是全体正整数,在击中目标前,究竟需要射击多少次不能事先确定. 对于试验 E_3,灯泡的寿命(以小时计)是一个非负的实数,在测试结束前不能确定它的寿命有多长. 这些试验都具有下列三个特性:

(1) 在相同的条件下,试验可以或原则上可以重复进行,即重复性;

(2) 每次试验的结果具有多种可能性,但是在试验之前可以明确一切可能出现的基本结果,即明确性;

(3) 每次试验之前不能准确地预言这次试验会出现哪个结果,但可以确定每次试验总会出现这些可能结果中的某一个,即随机性.

(三) 随机事件

随机试验的每一种可能的结果称为**随机事件**,简称**事件**,用大写拉丁字母 $A,B,C,\cdots$ 表示,必要时可加上下标. 例如 $A=$ "正面向上",$B=$ "抽到合格品",$C=$ "灯泡的使用寿命低于 1000 小时"等都是随机事件. 在一定的研究范围内,不能再分解的最简单的随机事件称为**基本事件**,用 ω 表示.

例 1 设试验 E 为掷一颗骰子,观察其出现的点数. 在这个试验中,记事件 $\omega_n=$ "出现点数 n",$n=1,2,3,4,5,6$. 显然,$\omega_1,\omega_2,\omega_3,\omega_4,\omega_5,\omega_6$ 都是基本事件. 除此之外,若记 $A=$ "出现奇数点",$B=$ "出现被 3 整除的点",则 A,B 也都是随机事件,其中事件 A 是由 $\omega_1,\omega_3,\omega_5$ 这三个基本事件组成的,事件 B 是由 ω_3,ω_6 这两个基本事件组成的.

由两个或两个以上基本事件组成的事件称为**复合事件**. 例 1 中,事件 A 和 B 都是复合事件.

在一定条件下,必然发生的事件称为**必然事件**,用字母 U 或符号 Ω 表示. 例如,"掷一颗骰子,出现点数大于零","抛一枚硬币,落下后,正面向上或反面向上至少有一个发生",都是必然事件. 在一定条件下,必然不发生的事件称为**不可能事件**,用字母 V 或符号 $\varnothing$ 表示. 例如,"掷一颗骰子,出现点数大于 7","抛一枚硬币,落下后,正面向上和反面向上同时发生",都是不可能事件.

需要指出的是:必然事件与不可能事件是每次试验之前都可以准确预知的,因此它们不是随机事件,但是为了讨论问题方便,把它们都看成是特殊的随机事件,即作为随机现象的两个极端情况.

运用点集的概念研究事件,将使问题变得更加直观且容易理解.

将随机试验 E 的全部基本事件构成的集合称为**基本事件空间**或**样本空间**,记为 Ω,Ω 中的元素就是 E 的基本事件,也称为**样本点**;由一些基本事件构成的复合事件用由这些基本事件对应的样本点所构成的集合表示,它是样本空间的一个子集. 这样,样本空间作为一个事件是必然事件. 一次试验中某随机事件发生当且仅当该集合所包含的某一个样本点在试验中出现. 不可能事件在每次试验中都不会发生, 因此, 空集 $\varnothing$ 表示不可能事件.

例如, 在例 1 的试验 E 中, 样本空间 $\Omega=\{1,2,3,4,5,6\}$, 基本事件 $A_i=\{i\}$, $i=1,2,\cdots,6$. $A=\{1,3,5\}$ 是样本点的集合, 事件 A 发生, 即 1,3,5 这三个样本点中至少有一个在试验中发生.

（四）事件的关系和运算

任何一个随机试验中总有许多随机事件, 其中有些比较简单, 有些则相当复杂. 为了从较简单事件发生的规律中寻求较复杂事件发生的规律, 需要研究同一试验的各种事件之间的关系和运算.

1. 事件的包含关系

若事件 A 发生必然导致事件 B 发生, 即 A 中的每一个样本点都包含在 B 中, 则称**事件 B 包含事件 A**, 或称**事件 A 含于事件 B**, 记作 $B\supset A$ 或 $A\subset B$. 对任意事件 A, 有 $\varnothing\subset A\subset\Omega$.

我们用维恩 (Venn) 图对这种关系给出直观的说明. 图 1—1 中的长方形表示样本空间 Ω, 长方形内的每一点表示样本点, 圆 A 和圆 B 分别表示事件 A 和事件 B. 如图 1—1 所示, 圆 A 在圆 B 的里面表示事件 B 包含事件 A.

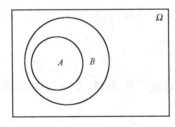

图 1—1

在例 1 中, 设 $A=\{\omega_2\}$, $B=\{$出现偶数点$\}$, 则 $B\supset A$.

2. 事件的相等关系

若事件 A 包含事件 B, 且事件 B 包含事件 A, 则称**事件 A 与事件 B 相等**, 即 A 与 B 所含的样本点完全相同. 记作 $A=B$.

3. 事件的并（和）

设 A,B 为两个事件. 我们把至少属于 A 或 B 中一个的所有样本点构成的集合称为事件 A 与 B 的并或和, 记为 $A\cup B$ 或 $A+B$. 这就是说, 事件 $A\cup B$ 表示在一次试验中, 事件 A 与 B 至少有一个发生. 图 1—2 中的阴影部分表示 $A\cup B$.

事件和的概念可以推广到有限个或可列无穷多个事件.

事件 $A_1,A_2,\cdots,A_n$ 中至少有一个发生的事件 A 称为这 n 个事件 $A_i(i=1,2,\cdots,n)$ 的并（和）, 记作

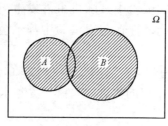

图1—2

$$A = A_1 + A_2 + \cdots + A_n = \bigcup_{i=1}^{n} A_i \quad \left(或 A = \sum_{i=1}^{n} A_i \right).$$

事件 $A_1, A_2, \cdots, A_n, \cdots$ 中至少有一个发生的事件 A 称为 $A_i(i=1,2,\cdots)$ 的并(和),记作

$$A = A_1 + A_2 + \cdots + A_n + \cdots = \bigcup_{i=1}^{\infty} A_i \quad \left(或 A = \sum_{i=1}^{\infty} A_i \right).$$

4. 事件的交(积)

设 A,B 为两个事件,我们把同时属于 A 及 B 的所有样本点构成的集合称为事件 A 与 B 的交或积,记为 $A \bigcap B$ 或 $A \cdot B$,有时也简记为 AB. 这就是说,事件 $A \bigcap B$ 表示在一次试验中,事件 A 与 B 同时发生. 图1—3 中的阴影部分表示 $A \bigcap B$.

事件积的概念可以推广到有限个或可列无穷多个事件.

事件 $A_1, A_2, \cdots, A_n$ 同时发生的事件 A 称为 $A_i(i=1,2,\cdots,n)$ 的积,记作 $A = \bigcap_{i=1}^{n} A_i$ $\left(或 A = \prod_{i=1}^{n} A_i \right)$.

事件 $A_1, A_2, \cdots, A_n, \cdots$ 同时发生的事件 A 称为事件 $A_i(i=1,2,\cdots)$ 的积,记作 $A = \bigcap_{i=1}^{\infty} A_i$ $\left(或 A = \prod_{i=1}^{\infty} A_i \right)$.

5. 事件的互不相容关系

设 A,B 为两个事件. 如果 $A \cdot B = \varnothing$,那么称事件 A 与事件 B 是**互不相容**的(或**互斥**的). 这就是说,在一次试验中事件 A 与事件 B 不能同时发生. A 与 B 互不相容的直观意义为区域 A 与区域 B 不相交,如图1—4 所示.

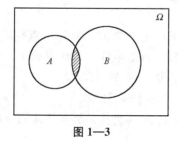

图1—3   图1—4

互不相容的概念可推广到两个以上事件:若 $A_i A_j = \varnothing (i \neq j; i,j=1,2,\cdots)$,称 $A_1,$

$A_2, \cdots, A_n, \cdots$ 互不相容. 显然, 任一随机试验中的基本事件都是互不相容的.

6. 事件的逆

对于事件 A, 我们把不包含在 A 中的所有样本点构成的集合称为事件 A 的逆(或 A 的对立事件), 记为 $\overline{A}$. 这就是说, 事件 $\overline{A}$ 表示在一次试验中事件 A 不发生. 图 1—5 中的阴影部分表示 $\overline{A}$. 我们规定它是事件的基本运算之一.

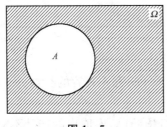
图 1—5

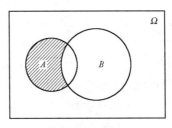
图 1—6

由于 A 也是 $\overline{A}$ 的对立事件, 因此 A 与 $\overline{A}$ 互为对立事件. 由定义可知, 两个对立事件一定是互不相容事件; 但是, 两个互不相容事件不一定是对立事件. 对立事件满足下列关系式:

$$\overline{\overline{A}} = A, \quad A\overline{A} = \varnothing, \quad A + \overline{A} = \Omega.$$

有了事件的三种基本运算我们就可以定义事件的其他一些运算. 例如, 我们称事件 $A\overline{B}$ 为事件 A 与 B 的差, 记为 $A-B$. 可见, 事件 $A-B$ 是由包含于 A 而不包含于 B 的所有样本点构成的集合. 图 1—6 中的阴影部分表示 $A-B$.

7. 完备事件组

若 n 个事件 $A_1, A_2, \cdots, A_n$ 互不相容且它们的和是必然事件, 则称事件 $A_1, A_2, \cdots, A_n$ 构成一个**完备事件组**. 它的实际意义是在每次试验中必然发生且仅能发生 $A_1, A_2, \cdots, A_n$ 中的一个事件. 当 $n=2$ 时, A_1 与 A_2 就是对立事件. 任一随机试验的全部基本事件构成一个完备事件组.

根据上面的基本运算定义, 不难验证事件之间的运算满足以下几个规律:

(1) 交换律
$$A + B = B + A, \quad AB = BA;$$

(2) 结合律
$$A + (B + C) = (A + B) + C, \quad A(BC) = (AB)C;$$

(3) 分配律
$$A(B + C) = AB + AC, \quad A + BC = (A + B)(A + C);$$

(4) 德摩根(De Morgan)定理:
$$\overline{A + B} = \overline{A} \cdot \overline{B}, \quad \overline{A \cdot B} = \overline{A} + \overline{B}.$$

例 2　掷一颗骰子, 观察出现的点数. 设 $A=$"出现奇数点", $B=$"出现点数小于5", $C=$"出现小于5的偶数点". (1) 写出试验的样本空间 Ω 及事件 $A+B, A-B, AB, AC,$ $A+\overline{C}, \overline{A+B}$; (2) 分析事件 $A+\overline{C}, A-B, B, C$ 之间的包含、互不相容及对立关系.

解 （1）样本空间 $\Omega=\{1,2,3,4,5,6\}$，则

$$A=\{1,3,5\}, \quad B=\{1,2,3,4\}, \quad C=\{2,4\},$$

于是

$$A+B=\{1,2,3,4,5\},$$
$$A-B=\{5\},$$
$$AB=\{1,3\},$$
$$AC=\varnothing, \quad \overline{C}=\{1,3,5,6\},$$
$$A+\overline{C}=\{1,3,5,6\},$$
$$\overline{A+B}=\{6\}.$$

（2）由（1）可知，包含关系有 $B \supset C, A+\overline{C} \supset A-B$；互不相容的有 $A+\overline{C}$ 与 C，$A-B$ 与 C；事件 $A+\overline{C}$ 与 C 为对立事件.

例3 从一批产品中每次取出一个产品进行检验（每次取出的产品不放回），事件 A_i 表示第 i 次取到合格品（$i=1,2,3$）. 试用事件的运算符号表示下列事件：三次都取到了合格品；三次中至少有一次取到合格品；三次中恰有两次取到合格品；三次中最多有一次取到合格品.

解 三次全取到合格品：$A_1 A_2 A_3$；

三次中至少有一次取到合格品：$A_1+A_2+A_3$；

三次中恰有两次取到合格品：$A_1 A_2 \overline{A_3}+A_1 \overline{A_2} A_3+\overline{A_1} A_2 A_3$；

三次中至多有一次取到合格品：$\overline{A_1} \overline{A_2}+\overline{A_1} \overline{A_3}+\overline{A_2} \overline{A_3}$.

例4 事件 A_k 表示某射手第 k 次击中目标（$k=1,2,3$）. 试用文字叙述下列事件：A_1+A_2；$A_1+A_2+A_3$；$A_1 A_2 A_3$；$\overline{A_2}$；A_3-A_2；$A_3 \overline{A_2}$；$\overline{A_1+A_2}$；$\overline{A_1} \overline{A_2}$；$\overline{A_2}+\overline{A_3}$；$\overline{A_2 A_3}$；$A_1 A_2 A_3+A_1 A_2 \overline{A_3}+A_1 \overline{A_2} A_3+\overline{A_1} A_2 A_3$.

解 A_1+A_2：前两次中至少有一次击中目标；

$A_1+A_2+A_3$：三次射击中至少有一次击中目标；

$A_1 A_2 A_3$：三次射击都击中目标；

$\overline{A_2}$：第二次射击未击中目标；

$A_3-A_2=A_3 \overline{A_2}$：第三次击中目标而第二次未击中目标；

$\overline{A_1+A_2}=\overline{A_1} \overline{A_2}$：前两次射击都未击中目标；

$\overline{A_2}+\overline{A_3}=\overline{A_2 A_3}$：后两次射击中至少有一次未击中目标；

$A_1 A_2 A_3+A_1 A_2 \overline{A_3}+A_1 \overline{A_2} A_3+\overline{A_1} A_2 A_3$：三次射击中至少有两次击中目标.

§1.2 概　　率

概率论研究的是随机现象量的规律性. 因此，仅仅知道试验中可能出现哪些事件是不够的，还必须对事件发生的可能性的大小进行量的描述.

(一) 概率的统计定义

对于一般的随机事件来说,虽然在一次试验中是否发生我们不能预先知道,但是如果我们独立地重复进行这一试验就会发现不同的事件发生的可能性是有大小之分的. 这种可能性的大小是事件本身固有的一种属性,这是不以人们的意志为转移的. 例如,掷一枚骰子,如果骰子是匀称的,那么事件{出现偶数点}与事件{出现奇数点}的可能性是一样的;而{出现奇数点}这个事件要比事件{出现 3 点}的可能性更大. 为了定量地描述随机事件的这种属性,我们先介绍频率的概念.

定义 1.1 在一组不变的条件 S 下,独立地重复 n 次试验 E. 如果事件 A 在 n 次试验中出现了 μ 次,则称比值 μ/n 为在 n 次试验中事件 A 出现的频率,记为 $f_n(A)$,即

$$f_n(A) = \frac{\mu}{n},$$

其中 μ 称为频数.

例如,在抛掷一枚硬币时我们规定条件组 S 为:硬币是匀称的,放在手心上,用一定的动作垂直上抛,让硬币落在一个有弹性的平面上等. 当条件组 S 大量重复实现时,事件 $A=\{$出现正面$\}$ 发生的次数 μ 能够体现出一定的规律性. 例如,进行 50 次试验出现了 24 次正面. 这时

$$n = 50, \quad \mu = 24, \quad f_{50}(A) = 24/50 = 0.48.$$

一般来说,随着试验次数的增加,事件 A 出现的次数 μ 约占总试验次数的一半,换句话说事件 A 的频率接近于 $1/2$.

历史上,不少统计学家,例如皮尔逊(Pearson)等人作过成千上万次抛掷硬币的试验,其试验记录如表 1—1 所示.

表 1—1

试验者	试验次数 n	频数 m	频率 $f_n(A)$
德摩根	2 048	1 061	0.518 1
蒲 丰	4 040	2 048	0.506 9
费 勒	10 000	4 979	0.497 9
皮尔逊	12 000	6 019	0.501 6
皮尔逊	24 000	12 012	0.500 5
维 尼	30 000	14 994	0.499 8

可以看出,随着试验次数的增加,事件 A 发生的频率的波动性越来越小,呈现出一种稳定状态,即频率在 0.5 这个定值附近摆动. 这就是频率的稳定性,它是随机现象的一个客观规律.

可以证明,当试验次数 n 固定时,事件 A 的频率 $f_n(A)$ 具有下面几个性质:

(1) $0 \leqslant f_n(A) \leqslant 1$;

(2) $f_n(\Omega) = 1$, $f_n(\varnothing) = 0$;

(3) 若 $AB = \varnothing$,则

$$f_n(A+B) = f_n(A) + f_n(B).$$

定义 1.2　在相同条件下,重复进行 n 次试验,事件 A 发生的频率 $f_n(A)$ 在某个常数 p 附近摆动,而且一般来说,随着 n 的增加,这种摆动幅度会越来越小,称常数 p 为事件 A 的**概率**,记作 $P(A)$,即 $P(A)=p$.

如上所述,频率的稳定性是概率的经验基础,但并不是说概率决定于试验.一个事件发生的概率完全取决于事件本身的结构,是先于试验而客观存在的.

概率的统计定义仅仅指出了事件的概率是客观存在的,但我们不能用这个定义来计算事件的概率.实际上,我们可以采取一次大量试验的频率或一系列频率的平均值作为事件的概率的近似值.例如,从对一个妇产医院 6 年出生婴儿的调查中(见表 1—2)可以看到,男孩出生的频率是稳定的,可以取 0.515 作为男孩出生的概率的一个近似值.需要指出,目前国际上公认的结果为每出生 100 个女孩时,出生男孩的个数在 103~107 之间,即男孩出生率为 0.507~0.516 9.据统计,2004—2005 年我国每出生 100 个女孩,男孩数为 116.86 个,男孩出生率高达 0.538 87.这种不正常的现象是由人为因素造成的,已引起我国有关部门的高度重视.

表 1—2

出生年份	新生儿总数 n	新生儿分类数		频率(%)	
		男孩数 m_1	女孩数 m_2	男孩	女孩
1977	3 670	1 883	1 787	51.31	48.69
1978	4 250	2 177	2 073	51.22	48.78
1979	4 055	2 138	1 917	52.73	47.27
1980	5 844	2 955	2 889	50.56	49.44
1981	6 344	3 271	3 073	51.56	48.44
1982	7 231	3 722	3 509	51.47	48.53
6 年总计	31 394	16 146	15 248	51.43	48.57

虽然概率的统计定义有它的简便之处,但若试验具有破坏性,不可能进行大量重复试验时,就限制了它的应用.而对某些特殊类型的随机试验,要确定事件的概率,并不需做重复试验,而是根据人类长期积累的关于"对称性"的实际经验,提出数学模型,直接计算出来,从而给出概率相应的定义.这类试验称为**等可能概型试验**.根据其样本空间 Ω 是有限集还是无限集,可将相应的数学模型分为**古典概型**和**几何概型**.

(二) 概率的古典定义

1. 古典型随机试验

定义 1.3　若试验具有下列两个特征:

(1) 试验的结果为有限个,即 $\Omega=\{\omega_1,\omega_2,\cdots,\omega_n\}$ (**有限性**);

(2) 每个结果出现的可能性是相同的,即

$$P(\omega_i)=P(\omega_j)=\frac{1}{n} \quad (i,j=1,2,\cdots,n) \text{ (等概性)},$$

则称此试验为**古典型随机试验**.由于这类试验曾是概率论发展初期研究的主要对象,因此

称之为古典型试验.

2. 概率的古典定义

定义 1.4 设古典型试验 E 的样本空间 Ω 有 n 个样本点,如果事件 A 是由其中的 m 个样本点组成,则事件 A 发生的概率 $P(A)$ 为

$$P(A) = \frac{m}{n}, \tag{1}$$

并把利用关系式(1)来讨论事件的概率的数学模型称为**古典概型**.

由古典概型的"有限性"及"等概性"两个特征,不难看出由上述关系式给出的定义的合理性. 在一次试验中,每个样本点出现的可能性大小均为 $\frac{1}{n}$,而事件 A 包含了 m 个样本点,故在一次试验中,事件 A 发生的概率应为 $m \cdot \frac{1}{n} = \frac{m}{n}$.

为了方便起见,我们把事件 A 包含的样本点数 m 记为 m_A,而把事件 B 包含的样本点数记为 m_B,以示区别.

根据概率的古典定义可以计算出古典型随机试验中事件的概率. 在古典概型中确定事件 A 的概率时,只须求出基本事件的总数 n 以及事件 A 包含的基本事件的个数 m. 为此弄清随机试验的全部基本事件是什么以及所讨论的事件 A 包含了哪些基本事件是非常重要的.

例 1　同时抛掷两枚硬币,求下落后恰有一枚正面向上的概率.

解　设 A 表示恰有一枚正面向上的事件.

抛掷两枚硬币,等可能的基本事件有 4 个,即(正,正)、(正,反)、(反,正)、(反,反),而事件 A 由其中的 2 个基本事件(正,反)、(反,正)组成,故 $P(A) = \frac{1}{2}$.

例 2　设盒中有 5 只相同的玻璃杯,其中有 3 只正品,两只次品. 从中任取两只,求所取出的两只都是正品的概率.

解　这里任取两只是指两只玻璃杯同时被取出,5 只中每两只被取出的可能性相同. 若将 5 只杯子编号为 1,2,3,4,5,前三个号代表正品,后两个号代表次品,于是从盒中每次任取两只的所有可能结果是

$$(1,2) \quad (1,3) \quad (1,4) \quad (1,5) \quad (2,3)$$
$$(2,4) \quad (2,5) \quad (3,4) \quad (3,5) \quad (4,5)$$

其中(1,2)表示取出 1,2 号两只杯子,其余类推,因此基本事件总数 $n=10$. 设 A 表示所取出的两只都是正品的事件,则事件 A 含有(1,2),(1,3),(2,3)三个基本事件,即 $m=3$,故 $P(A) = \frac{3}{10}$.

以上两例均采用列举基本事件的方法. 这种方法直观、清楚,但较为烦琐. 在多数情况下,由于基本事件的总数很大,这种方法实际上是行不通的,此时需要利用排列组合的知识解决这类问题.

例 3　从 10 件产品(其中 2 件次品,8 件正品)之中任取 3 件,求这 3 件产品中

(1) 恰有 2 件次品的概率;

(2) 至多有 1 件次品的概率.

解 设 $A=\{$恰有 2 件次品$\}$, $B=\{$至多有 1 件次品$\}$. 因为从 10 件中任取 3 件共有 C_{10}^3 种取法,即 $n=C_{10}^3$,而事件 A 所包含的样本点个数 $m_1=C_2^2C_8^1$,事件 B 所包含的样本点个数 $m_2=C_2^1C_8^2+C_2^0C_8^3$,所以

$$P(A)=\frac{m_1}{n}=\frac{C_2^2C_8^1}{C_{10}^3}=\frac{1}{15}.$$

$$P(B)=\frac{m_2}{n}=\frac{C_2^1C_8^2+C_2^0C_8^3}{C_{10}^3}=\frac{14}{15}.$$

例 4 从 10 件产品(其中 2 件次品,8 件正品)中每次取 1 件观测后放回,共取 3 次(以后简称为有放回地取 3 件).求这 3 件产品中

(1) 恰有 2 件次品的概率;

(2) 至多有 1 件次品的概率.

解 设 $A=\{$恰有 2 件次品$\}$, $B=\{$至多有 1 件次品$\}$. 因为从 10 件中有放回地取 3 件共有 10^3 种取法,而事件 A 所包含的样本点个数 $m_1=3\times2^2\times8$,事件 B 所包含的样本点个数 $m_2=3\times2\times8^2+8^3$,所以

$$P(A)=\frac{m_1}{n}=\frac{3\times2^2\times8}{10^3}=\frac{12}{125}.$$

$$P(B)=\frac{m_2}{n}=\frac{3\times2\times8^2+8^3}{10^3}=\frac{112}{125}.$$

例 5 设袋中有 10 个外形相同的球(其中有 6 个红球和 4 个白球),现从中任取 3 个,试求:

(1) 取出的 3 个球都是红球的概率;

(2) 取出的 3 个球中恰有一个是白球的概率.

解 本题在利用排列与组合知识计算其样本空间的样本点总数时,相当于把外形相同的球编号,1~6 号表示红球,7~10 号表示白球,把这 10 个球看成不同的球,从中任意取 3 个球,共有 C_{10}^3 种不同的取法,每种取法都对应一个样本点,所以,该试验的样本点总数为 $n=C_{10}^3$.

(1) 设 $A=\{$取出的 3 个球都是红球$\}$,而事件 A 包含了 $m_A=C_6^3$ 个样本点,则

$$P(A)=\frac{m}{n}=\frac{C_6^3}{C_{10}^3}=\frac{1}{6}.$$

(2) 设 $B=\{$取出的 3 个球中恰有一个是白球$\}$,而事件 B 包含的样本点数 $m_B=C_4^1C_6^2$,则

$$P(B)=\frac{m}{n}=\frac{C_4^1C_6^2}{C_{10}^3}=\frac{1}{2}.$$

本题称为**随机取球问题**,古典概型大部分问题都能用随机取球"模型"来描述. 例如,把例 3、例 4 中的产品看成球,则产品抽样检查就是其中之一.

例 6 设袋中有外形相同的 a 个白球和 b 个红球,现从中每次取 1 个看后不放回(以

后简称为无放回地抽取). 试求第 k 次取出的球是白球的概率($1 \leqslant k \leqslant a+b$).

解 **解法 1** 依题意先从 $a+b$ 个球中不放回地把球一个个取出来,依次排队,共有 $(a+b)!$ 种不同的排法,则样本点总数 $n=(a+b)!$. 设 $A=\{$第 k 次取出的球是白球$\}$,对事件 A 发生有利的排法是从 a 个白球中任取一个排在第 k 个位置上,然后把其余的 $a+b-1$ 个球排在 $a+b-1$ 个位置上,共有 $\mathrm{P}_a^1 \cdot (a+b-1)!$ 种不同的排法,因此,事件 A 包含的样本点数 $m=\mathrm{P}_a^1 (a+b-1)!$,故

$$P(A) = \frac{\mathrm{P}_a^1 (a+b-1)!}{(a+b)!} = \frac{a}{a+b}.$$

解法 2 只考虑前 k 次取球. 试验可看作一次取 k 个球进行排队,共有 P_{a+b}^k 种不同排法,则样本点总数 $n=\mathrm{P}_{a+b}^k$. 事件 A 如解法 1 所设,则对事件 A 发生有利的排法是,先从 a 个白球中任取一个排在第 k 个位置上,而后从其余的 $a+b-1$ 个球中任取 $k-1$ 个球排在前 $k-1$ 个位置上,共有 $\mathrm{P}_a^1 \mathrm{P}_{a+b-1}^{k-1}$ 种不同排法,因此,事件 A 包含的样本点数 $m=\mathrm{P}_a^1 \mathrm{P}_{a+b-1}^{k-1}$. 故

$$P(A) = \frac{\mathrm{P}_a^1 \mathrm{P}_{a+b-1}^{k-1}}{\mathrm{P}_{a+b}^k} = \frac{a}{a+b}.$$

上面两种解法的计算结果表明,事件 $A=\{$第 k 次取出的球是白球$\}$ 的概率 $P(A)$ 与 k 无关,即 A 发生的概率与取球的先后次序无关. 这就是所谓的**"抽签原理"**. 无论从日常的经验,还是通过计算概率,抽签原理都表明,是否能抽到"签"与抽签的先后次序无关.

(三) 概率的几何定义

我们知道,古典概型要求试验的样本空间只含有限个等可能的样本点. 在实际问题中,若试验的样本空间有无限多个样本点,就不能按古典概型来计算概率,而在有些场合可借用几何方法来定义概率.

1. 几何型试验

定义 1.5 若试验具有下列两个特征:

(1) 试验的结果为无限不可数,

(2) 每个结果出现的可能性是均匀的,

则称该试验为**几何型试验**. 这样,该试验的每个样本点可看作等可能地落入有界区域 Ω 上的随机点,因此,样本点有无限多个.

2. 概率的几何定义

定义 1.6 设 E 为几何型的随机试验,其基本事件空间中的所有基本事件可以用一个有界区域来描述,而其中一部分区域可以表示事件 A 所包含的基本事件,则称事件 A 发生的概率为

$$P(A) = \frac{L(A)}{L(\Omega)}, \tag{2}$$

其中,$L(\Omega)$ 与 $L(A)$ 分别为 Ω 与 A 的**几何度量**. 例如,$L(\Omega)$ 及 $L(A)$ 当 Ω 是区间时,表示相应的长度,当 Ω 是平面或空间区域时,表示相应的面积或体积.

把利用关系式(2)来讨论事件发生的概率的数学模型称为**几何概型**.

注意,上述事件 A 的概率 $P(A)$ 只与 $L(A)$ 有关,而与 $L(A)$ 对应区域的位置及形状无关.

例 7　候车问题　某地铁每隔五分钟有一列车通过,在乘客对列车通过该站时间完全不知道的情况下,求每个乘客到站候车时间不多于 2 分钟的概率.

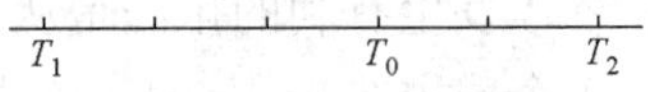

解　设 $A=\{$每个乘客候车时间不多于 2 分钟$\}$. 由于乘客可以在接连两列车之间的任何一个时刻到达车站,因此,每一乘客到达站台的时刻 t 可以看成是均匀地出现在长为

图 1—7

5 分钟的时间区间上的一个随机点,即 $\Omega=[0,5)$. 又设前一列车在时刻 T_1 开出,后一列车在时刻 T_2 到达,线段 T_1T_2 长为 5 (见图 1—7),即 $L(\Omega)=5$;T_0 是 T_1T_2 上一点,且 T_0T_2 长为 2. 显然,乘客只有在 T_0 之后到达(即只有当 t 落在线段 T_0T_2 上时),候车时间才不会多于 2 分钟,即 $L(A)=2$. 因此,

$$P(A)=\frac{L(A)}{L(\Omega)}=\frac{2}{5}.$$

例 8　会面问题　甲乙两艘轮船驶向一个不能同时停泊两艘轮船的码头,它们在一昼夜内到达的时间是等可能的,如果甲船和乙船停泊的时间都是两小时,则它们会面的概率是多少?

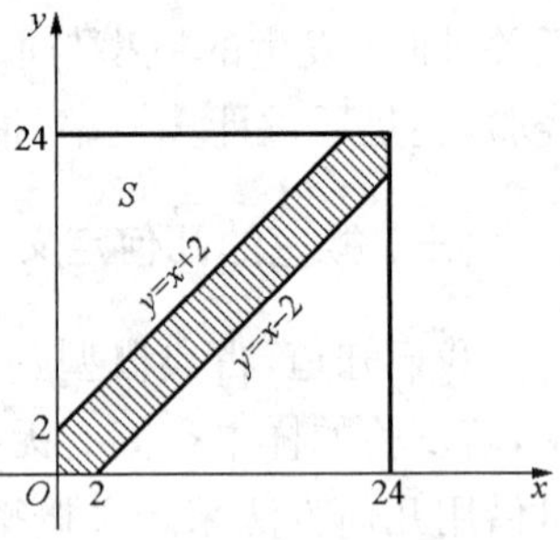

解　这是一个几何概型问题. 设 $A=\{$它们会面$\}$. 又设甲乙两船到达的时刻分别是 x,y,则 $0\leqslant x\leqslant24,0\leqslant y\leqslant24$. 由题意可知,若要甲乙会面,必须满足

$$|x-y|\leqslant2,$$

即图 1—8 中阴影部分. 由图 1—8 可知:$L(\Omega)$ 是由 $x=0$, $x=24,y=0,y=24$ 所围图形的面积,且 $S=24^2$,而 $L(A)=$ 24^2-22^2,因此

图 1—8

$$P(A)=\frac{L(A)}{L(\Omega)}=\frac{24^2-22^2}{24^2}=1-\left(\frac{11}{12}\right)^2.$$

在一般的会面问题中,若两人相约在 $[0,T]$ 时间间隔内会面,先到者等候时间 $t(t\leqslant T)$ 后即可离去,则两人能够会面的概率为

$$P(A)=\frac{T^2-(T-t)^2}{T^2}=1-\left(1-\frac{t}{T}\right)^2.$$

由此可见,若 t 很小,则 $P(A)$ 很小,不易会面. 若 t 较大,则 $P(A)$ 较大,会面的可能性较大. 在实际问题中,可根据需要适当约定等候时间 t,以较大的把握达到会面或不会面的目的.

（四）概率的公理化定义与性质

前面我们分别介绍了概率的统计定义、概率的古典定义及概率的几何定义,它们在解决各自适应的实际问题时都起着很重要的作用. 但它们都有一定局限性. 古典定义要求试验的样本空间是有限集,几何概率虽然把样本空间扩展到无限集,但仍保留样本点的等可能性要求. 统计定义虽然没有上述那种局限性,但它的定义建立在大量试验的基础上,有时难以实现. 因此,统计定义在数学上也是不严密的. 1933 年,苏联数学家柯尔莫哥洛夫

（А. Н. Колмогоров）在综合前人成果的基础上，抓住概率是事件（即 Ω 的子集合）的函数的本质及其满足的非负性、规范性和可列可加性等重要性质，提出了概率的公理化结构，明确了概率的定义和概率论的基本概念，使概率论成为严谨的数学分支，对概率论的迅速发展起了积极作用．下面我们简单介绍概率的公理化定义的一些基本内容．

1．概率的公理化定义

定义 1.7　设 E 是一个随机试验，Ω 为它的样本空间，以 E 中所有的随机事件组成的集合为定义域，定义一个函数 $P(A)$（其中 A 为任一随机事件），且 $P(A)$ 满足以下三条公理，则称函数 $P(A)$ 为事件 A 的**概率**．

公理 1　非负性：$0 \leqslant P(A) \leqslant 1$；

公理 2　规范性：$P(\Omega)=1$；

公理 3　可列可加性：当可列个事件 $A_1, A_2, \cdots, A_n, \cdots$ 两两互斥时，

$$P\left(\sum_{i=1}^{\infty} A_i\right) = \sum_{i=1}^{\infty} P(A_i).$$

2．概率的性质

由概率的公理化定义可推导出概率的一些重要性质．

性质 1　不可能事件的概率为零，即 $P(\varnothing)=0$．

证明　因为 $\Omega = \Omega + \varnothing + \varnothing + \cdots$，由公理 3 与公理 2 可知

$$P(\Omega) = P(\Omega) + P(\varnothing) + P(\varnothing) + \cdots,$$

所以 $P(\varnothing)=0$．

性质 2　概率具有有限可加性，即若 $A_1, A_2, \cdots, A_n$ 两两互斥，则

$$P\left(\sum_{i=1}^{n} A_i\right) = \sum_{i=1}^{n} P(A_i).$$

证明　在公理 3 中，令 $A_i = \varnothing, i = n+1, n+2, \cdots$，则 $A_1, A_2, \cdots, A_n, \varnothing, \varnothing, \cdots$ 是可列个两两互斥的事件，由公理 3 及性质 1 可得

$$P\left(\sum_{i=1}^{n} A_i\right) = P(A_1 + A_2 + \cdots + A_n + \varnothing + \varnothing + \cdots)$$

$$= \sum_{i=1}^{n} P(A_i) + \sum_{i=n+1}^{\infty} P(\varnothing) = \sum_{i=1}^{n} P(A_i).$$

性质 3　对任意的事件 A，有

$$P(A) = 1 - P(\overline{A}).$$

证明　因为 A 与 $\overline{A}$ 满足 $A\overline{A} = \varnothing, A + \overline{A} = \Omega$，所以在性质 2 中令 $n=2, A_1 = A, A_2 = \overline{A}$，则

$$P(A + \overline{A}) = P(A) + P(\overline{A}).$$

而 $P(A+\overline{A}) = P(\Omega) = 1$，由此推得

$$P(A) = 1 - P(\overline{A}).$$

性质 4　若 $A \supset B$，则

$$P(A - B) = P(A) - P(B).$$

证明 因为 $A \supset B$ 且 B 与 $A-B$ 互斥,所以 $A=B+(A-B)$,由性质 2 可知

$$P(A) = P(B) + P(A-B),$$

即

$$P(A-B) = P(A) - P(B).$$

进一步可以推出:若 $A \supset B$,则

$$P(A) \geqslant P(B).$$

性质 5 设 A,B 是任意两事件,则

$$P(A+B) = P(A) + P(B) - P(AB),$$

称之为**加法公式**.

证明 因为 A 与 $B-AB$ 互斥,所以 $A+B=A+(B-AB)$,由性质 2 和性质 4 可推得

$$P(A+B) = P[A+(B-AB)] = P(A) + P(B-AB)$$
$$= P(A) + P(B) - P(AB).$$

加法的一般公式可以推广到有限多个事件的情形. 例如,对任意的三个事件 A_1, A_2, A_3,有

$$P(A_1 + A_2 + A_3) = P(A_1) + P(A_2) + P(A_3) - P(A_1 A_2)$$
$$- P(A_1 A_3) - P(A_2 A_3) + P(A_1 A_2 A_3).$$

一般地,用数学归纳法可证明 n 个任意事件的加法公式

$$P\left(\bigcup_{i=1}^{n} A_i\right) = \sum_{i=1}^{n} P(A_i) - \sum_{1 \leqslant i < j \leqslant n} P(A_i A_j) + \sum_{1 \leqslant i < j < k \leqslant n} P(A_i A_j A_k)$$
$$+ \cdots + (-1)^{n-1} P(A_1 A_2 \cdots A_n).$$

例 9 一批产品有 12 件,其中有 4 件次品,8 件正品. 现从中任取 3 件产品,试求取出的 3 件产品中有次品的概率.

解 从 12 件中任取出 3 件产品,对应的样本点总数 $n = C_{12}^3$.

设 $$A = \{取出的 3 件产品中有次品\},$$
$$A_i = \{取出的 3 件产品中恰有 i 件次品\}, \quad i = 1, 2, 3.$$

显然,A_1, A_2, A_3 两两互斥,且它们依次包含的样本点数分别为 $m_{A_1} = C_4^1 C_8^2$,$m_{A_2} = C_4^2 C_8^1$,$m_{A_3} = C_4^3$. 由事件间的关系及运算可知,$A = A_1 + A_2 + A_3$,故

$$P(A) = P(A_1) + P(A_2) + P(A_3)$$
$$= \frac{C_4^1 C_8^2}{C_{12}^3} + \frac{C_4^2 C_8^1}{C_{12}^3} + \frac{C_4^3}{C_{12}^3} = \frac{41}{55}.$$

我们也可以利用公式求出

$$P(A) = 1 - P(\bar{A}) = 1 - \frac{C_8^3}{C_{12}^3} = \frac{41}{55}.$$

例 10 设 A, B, C 是三个随机事件,且

$$P(A) = P(B) = P(C) = \frac{1}{4}, \quad P(AB) = P(CB) = 0, \quad P(AC) = \frac{1}{8},$$

求 A,B,C 中至少有一个发生的概率.

解　设 $D=\{A,B,C$ 中至少有一个发生$\}$,则 $D=A+B+C$,于是

$$P(D)=P(A+B+C)$$
$$=P(A)+P(B)+P(C)-P(AB)-P(BC)-P(AC)+P(ABC),$$

又因为

$$P(A)=P(B)=P(C)=\frac{1}{4}, \quad P(AB)=P(CB)=0, \quad P(AC)=\frac{1}{8},$$

而由 $P(AB)=0$,有 $P(ABC)=0$,所以

$$P(D)=\frac{3}{4}-\frac{1}{8}=\frac{5}{8}.$$

例 11　在 10 到 99 的所有两位数中,任取一个数,试求这个数能被 2 或 3 整除的概率.

解　试验是从 10 到 99 这 90 个两位数中任取一个,对应的样本点总数 $n=90$.

设 $A=\{$取出的两位数能被 2 整除$\}$,$B=\{$取出的两位数能被 3 整除$\}$,则所求事件$\{$取出的两位数能被 2 或 3 整除$\}=A+B$,而

$$AB=\{\text{取出的两位数能同时被 2 和 3 整除}\}.$$

显然,A 包含的样本点数为 45 个,B 包含的样本点数为 30 个,而 AB 包含的样本点数为 15 个. 故

$$P(A+B)=P(A)+P(B)-P(AB)$$
$$=\frac{45}{90}+\frac{30}{90}-\frac{15}{90}=\frac{2}{3}.$$

§1.3　条件概率与全概公式

(一) 条件概率与乘法公式

上一节我们所讨论的事件 B 的概率 $P_S(B)$,都是指在一组不变的条件 S 下事件 B 发生的概率(但是为了叙述简练,一般不再提及条件组 S 而记为 $P(B)$). 在实际问题中,除了考虑概率 $P_S(B)$ 外,有时还需要考虑"在事件 A 已发生"这一附加条件下,事件 B 发生的概率. 与前者相区别,称后者为**条件概率**(而前者可以称为无条件概率),记作 $P(B|A)$,读作在 A 发生的条件下事件 B 发生的概率.

例 1　在 100 个圆柱形零件中有 95 件长度合格,有 93 件直径合格,有 90 件两个指标都合格,从中任取一件(这就是条件 S),讨论在长度合格的前提下,直径也合格的概率.

解　设 $A=\{$任取一件,长度合格$\}$,$B=\{$任取一件,直径合格$\}$,$AB=\{$任取一件,长度与直径都合格$\}$.根据古典概型,在条件 S 下,样本点的总数

$$n=C_{100}^1;$$

事件 A 与 B 所包含的样本点个数分别为

$$m_A=C_{95}^1, \quad m_B=C_{93}^1;$$

AB 所包含的样本点个数为

$$m_{AB} = C_{90}^1.$$

以上这些事件都是在样本空间 Ω 上考虑的. 然而讨论在长度合格的前提下,直径也合格的概率问题时,我们只能在事件 A 所包含的全体样本点的集合 Ω_A 上考虑(见图 1—9),称 Ω_A 为缩减的样本空间. 这时我们是在原条件 S 和附加条件 A 下,简记为在 S_A 下讨论问题. 因此,Ω_A 中的样本点个数为

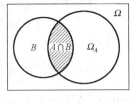

图 1—9

$$m_A = 95,$$

在 Ω_A 中属于事件 B 的样本点个数不再是 $m_B = 93$,而是

$$m_{AB} = 90,$$

所以在长度合格的情况下直径也合格的零件概率 $P_{S_A}(B)$ 为

$$P_{S_A}(B) = \frac{m_{AB}}{m_A} = \frac{90}{95} = \frac{18}{19}.$$

注意,在一般情况下,$P_S(B)$ 与 $P_{S_A}(B)$ 是不同的. 本例中 $P_S(B) = 93/100$,而 $P_{S_A}(B) = \frac{18}{19}$. 相对于条件概率 $P_{S_A}(B)$ 来说,$P(B)$ 也称为无条件概率. 条件概率与无条件概率并无本质区别. 其实无条件概率也是事件在一定条件组下的概率,这个条件组就是试验的条件组 S. 如果把"事件 A 已发生"这一条件也加入到试验的条件组 S 中去,条件概率也就变成了无条件概率. 在通常的情况下,我们总是在试验的条件组固定的前提下不再加入其他条件,这样得出的概率就是无条件概率;如果在试验的条件组外再加入"事件 A 已发生"之类的条件,这样计算出来的概率就称为条件概率.

我们仍在条件 S 下的样本空间 Ω 上讨论条件概率的计算. 下面具体计算例 1. 一般我们把 $P_{S_A}(B)$ 记为 $P_S(B|A)$,简记为 $P(B|A)$,因而例 1 中,

$$P(B \mid A) = P(\text{直径合格} \mid \text{长度合格})$$

$$= \frac{90}{95} = \frac{90/100}{95/100} = \frac{P(\text{长度与直径都合格})}{P(\text{长度合格})}$$

$$= \frac{P(AB)}{P(A)}.$$

由此可以看出在一般情况下,如果 A, B 是条件 S 下的两个随机事件,且 $P(A) > 0$,则在 A 发生的前提下 B 发生的概率(即条件概率)为

$$P(B \mid A) = \frac{P(AB)}{P(A)}.$$

上述关系虽然是通过具体问题获得的,但它对古典概率、几何概率等都是普遍成立的,这里不再一一验证. 受此启发,可以给出下面的定义.

1. 条件概率的定义

定义 1.8 设随机试验 E 的样本空间为 Ω,对任意两事件 A, B,其中 $P(A) > 0$,称

$$P(B \mid A) = \frac{P(AB)}{P(A)}$$

为在已知事件 A 发生的条件下事件 B 发生的**条件概率**.

类似地,可定义

$$P(A \mid B) = \frac{P(AB)}{P(B)} \quad (P(B) > 0).$$

不难验证,条件概率同样也满足概率的公理化定义及其导出的有关性质.

2. 乘法公式

若将公式

$$P(B \mid A) = \frac{P(AB)}{P(A)}$$

改写为

$$P(AB) = P(A)P(B \mid A) \quad (P(A) > 0),$$

则称之为概率的**乘法公式**.同理也可得到下述乘法公式

$$P(AB) = P(B)P(A \mid B) \quad (P(B) > 0).$$

上述的计算公式可以推广到有限多个事件的情形,例如,对于三个事件 A_1, A_2, A_3(若 $P(A_1 A_2) > 0$),有

$$P(A_1 A_2 A_3) = P(A_1)P(A_2 \mid A_1)P(A_3 \mid A_1 A_2).$$

一般地,当 $n \geq 2$ 且 $P(A_1 A_2 \cdots A_{n-1}) > 0$ 时,用数学归纳法可证明

$$P(A_1 A_2 \cdots A_n) = P(A_1)P(A_2 \mid A_1) \cdots P(A_n \mid A_1 A_2 \cdots A_{n-1}).$$

例 2 从 100 件产品(其中有 5 件次品)中,无放回地抽取两件,问第一次取到正品而第二次取到次品的概率是多少?

解 设事件

$$A = \{第一次取到正品\},$$
$$B = \{第二次取到次品\},$$

用古典概型方法可求出

$$P(A) = \frac{95}{100} \neq 0.$$

由于第一次取到正品后不放回,因此,第二次是在 99 件中(不合格品仍是 5 件)任取一件,所以

$$P(B \mid A) = \frac{5}{99}.$$

由乘法公式即得

$$P(AB) = P(A)P(B \mid A) = \frac{95}{100} \cdot \frac{5}{99} = \frac{19}{396}.$$

例 3 某人忘记电话号码的最后一个数字,因而任意地按最后一个数,试求:

(1) 不超过四次能打通电话的概率;

(2) 若已知最后一个数字是偶数,则不超过三次能打通电话的概率是多少?

解 设 $A_i = \{第\ i\ 次能打通电话\}$,$i = 1, 2, 3, 4$.

(1) 设 $A = \{不超过四次能打通电话\}$,则

$$A = A_1 + A_2 + A_3 + A_4,$$

故
$$\begin{aligned}
P(A) &= 1 - P(\overline{A}) = 1 - P(\overline{A_1 + A_2 + A_3 + A_4}) \\
&= 1 - P(\overline{A_1}\overline{A_2}\overline{A_3}\overline{A_4}) \\
&= 1 - P(\overline{A_1})P(\overline{A_2} \mid \overline{A_1})P(\overline{A_3} \mid \overline{A_1}\overline{A_2})P(\overline{A_4} \mid \overline{A_1}\overline{A_2}\overline{A_3}) \\
&= 1 - \frac{9}{10} \cdot \frac{8}{9} \cdot \frac{7}{8} \cdot \frac{6}{7} = \frac{2}{5}.
\end{aligned}$$

(2) 设 $B = \{$已知最后一位数是偶数,不超过三次能打通电话$\}$,$B_i = \{$已知最后一位数是偶数,第 i 次能打通电话$\}$,$i = 1, 2, 3$,则

$$B = B_1 + B_2 + B_3,$$

故
$$\begin{aligned}
P(B) &= 1 - P(\overline{B}) = 1 - P(\overline{B_1 + B_2 + B_3}) \\
&= 1 - P(\overline{B_1}\overline{B_2}\overline{B_3}) \\
&= 1 - P(\overline{B_1})P(\overline{B_2} \mid \overline{B_1})P(\overline{B_3} \mid \overline{B_1}\overline{B_2}) \\
&= 1 - \frac{4}{5} \cdot \frac{3}{4} \cdot \frac{2}{3} = \frac{3}{5}.
\end{aligned}$$

本题若直接用加法公式,显然不如上述方法简便.

(二) 全概公式与逆概公式

在计算比较复杂的事件的概率时,往往需要同时使用概率的加法公式与乘法公式.下面我们将利用这两个公式导出另外两个重要公式——全概公式与逆概公式,它们在概率论与数理统计中有着多方面的应用.

定理 1.1 设试验 E 的样本空间为 Ω,事件 $A_1, A_2, \cdots, A_n$ 为一个完备事件组,且 $P(A_i) > 0$ $(i = 1, 2, \cdots, n)$,则对任一事件 B,有

$$P(B) = \sum_{i=1}^{n} P(A_i)P(B \mid A_i),$$

称为**全概率公式**(简称**全概公式**).

证明 因为 $B = \Omega B = (A_1 + A_2 + \cdots + A_n)B = A_1B + A_2B + \cdots + A_nB$,而 $A_1, A_2, \cdots, A_n$ 两两互斥,所以 B 被分解为两两互斥的事件 $A_1B, A_2B, \cdots, A_nB$ 之和,根据概率的有限可加性及乘法公式,可得

$$P(B) = \sum_{i=1}^{n} P(A_iB) = \sum_{i=1}^{n} P(A_i)P(B \mid A_i).$$

由此可见,事件 B 的全部概率 $P(B)$ 被分解为若干部分的概率 $P(A_iB)$ 之和,如果 $P(A_i)$ 以及 $P(B \mid A_i)$ 已知,通过全概公式就能求出复杂事件 B 的概率.运用全概公式的关键在于找出样本空间的一个恰当的划分.

例 4 一商店出售的是某公司三个分厂生产的同型号的产品,而这三个分厂生产的比例为 $3 : 1 : 2$,它们的不合格品率依次为 $1\%, 12\%, 5\%$.某顾客从这批产品中任意选购一件,试求顾客购到不合格产品的概率.

解 设 $B = \{$顾客购到不合格产品$\}$,由题目所给出的条件,虽不能确定选购的这一件产品是哪个分厂生产的,但它必是这三个分厂中的一个厂生产的,故设 $A_i = \{$顾客购到第

i 个分厂生产的产品$\}$，$i=1,2,3$. 由题意，

$$P(A_1) = \frac{1}{2}, \quad P(A_2) = \frac{1}{6}, \quad P(A_3) = \frac{1}{3},$$

显然，A_1，A_2，A_3 是样本空间的一个划分.

而由题意，又知

$$P(B \mid A_1) = 0.01, \quad P(B \mid A_2) = 0.12, \quad P(B \mid A_3) = 0.05,$$

则由全概率公式可得

$$P(B) = \sum_{i=1}^{3} P(A_i)P(B \mid A_i)$$
$$= \frac{1}{2} \times 0.01 + \frac{1}{6} \times 0.12 + \frac{1}{3} \times 0.05 = \frac{1}{24}.$$

例 5 第一个箱中有 10 个球，其中 8 个是白的；第二个箱中有 20 个球，其中 4 个是白的. 现从每个箱中任取一球，然后从这两球中任取一球，取到白球的概率是多少？

解 解法 1 设 $C=\{$取到白球$\}$，$A_i=\{$从第 i 个箱中取到白球$\}$($i=1,2$). 于是，我们有

$$B_0 = \{\text{取到球的颜色为黑、黑}\} = \overline{A_1}\overline{A_2},$$
$$P(B_0) = (2/10) \times (16/20) = 4/25;$$
$$B_1 = \{\text{取到球的颜色为白、黑}\} = A_1\overline{A_2},$$
$$P(B_1) = (8/10) \times (16/20) = 16/25;$$
$$B_2 = \{\text{取到球的颜色为黑、白}\} = \overline{A_1}A_2,$$
$$P(B_2) = (2/10) \times (4/20) = 1/25;$$
$$B_3 = \{\text{取到球的颜色为白、白}\} = A_1A_2,$$
$$P(B_3) = (8/10) \times (4/20) = 4/25.$$

又因为

$$P(C \mid B_0) = 0, \quad P(C \mid B_1) = 1/2,$$
$$P(C \mid B_2) = 1/2, \quad P(C \mid B_3) = 1,$$

所以

$$P(C) = 0 \times (4/25) + (1/2) \times (16/25) + (1/2) \times (1/25) + 1 \times (4/25)$$
$$= 1/2.$$

解法 2 设 $A_i=\{$已取出的球来自第 i 个箱$\}$，则

$$P(A_i) = 1/2 \quad (i=1,2);$$

又设 $B=\{$取到白球$\}$，则

$$P(B \mid A_1) = 8/10, \quad P(B \mid A_2) = 4/20.$$

于是，有

$$P(B) = P(A_1)P(B \mid A_1) + P(A_2)P(B \mid A_2)$$
$$= (1/2) \times (8/10) + (1/2) \times (4/20) = 1/2.$$

下面我们来介绍逆概公式：

定理 1.2 设试验 E 的样本空间为 Ω，$A_1, A_2, \cdots, A_n$ 为一个完备事件组，且 $P(A_i) > 0$ ($i=1,2,\cdots,n$)，则对任一事件 $B(P(B)>0)$，有

$$P(A_j \mid B) = \frac{P(A_j)P(B \mid A_j)}{\sum_{i=1}^{n} P(A_i)P(B \mid A_i)} \quad (j = 1, 2, \cdots, n),$$

称为逆概公式.

逆概公式又称为**贝叶斯(Bayes)公式**,它在概率论与数理统计中有多方面的应用. 设 $A_1, A_2, \cdots, A_n$ 是导致试验结果的各种"原因",我们称 $P(A_i)$ 为**先验概率**,它反映了各种"原因"发生的可能性大小,一般是以往经验的总结,在这次试验前已经知道. 现在若试验产生了事件 B,这将有助于探讨事件发生的"原因". 我们把条件概率 $P(A_i \mid B)$ 称为**后验概率**,它反映了试验之后对各种"原因"触发的可能性大小的新认识.

例6 设某人从外地赶来参加紧急会议,他乘火车、轮船、汽车或飞机来的概率分别是 $3/10, 1/5, 1/10$ 及 $2/5$. 如果他乘飞机来,不会迟到;而乘火车、轮船或汽车来迟到的概率分别为 $1/4, 1/3, 1/12$. 已知此人迟到,试推断他是怎样来的?

解 令

$$A_1 = \{\text{乘火车}\}, \quad A_2 = \{\text{乘轮船}\}, \quad A_3 = \{\text{乘汽车}\},$$
$$A_4 = \{\text{乘飞机}\}, \quad B = \{\text{迟到}\}.$$

按题意有

$$P(A_1) = \frac{3}{10}, \quad P(A_2) = \frac{1}{5},$$

$$P(A_3) = \frac{1}{10}, \quad P(A_4) = \frac{2}{5}, \quad P(B \mid A_1) = \frac{1}{4},$$

$$P(B \mid A_2) = \frac{1}{3}, \quad P(B \mid A_3) = \frac{1}{12}, \quad P(B \mid A_4) = 0.$$

将这些数值代入逆概公式

$$P(A_i \mid B) = \frac{P(A_i)P(B \mid A_i)}{\sum_{j=1}^{4} P(A_j)P(B \mid A_j)} \quad (i = 1, 2, 3, 4),$$

得到

$$P(A_1 \mid B) = \frac{1}{2}, \quad P(A_2 \mid B) = \frac{4}{9},$$

$$P(A_3 \mid B) = \frac{1}{18}, \quad P(A_4 \mid B) = 0.$$

由上述计算结果可以推断出此人乘火车来的可能性最大.

§1.4 事件的独立性与伯努利概型

(一) 事件的独立性

我们知道,对于两个事件 A, B 而言,通常情况下, $P(B) \neq P(B \mid A)$,但在有些情况下,也有例外. 先来看一个例子.

例 1　从 100 件产品(其中有 5 件次品)中,有放回地抽取 2 件. 设事件 A 为第一次取到正品,B 为第二次取到次品,求 $P(B|A)$ 与 $P(B)$.

解　由古典概型易见

$$P(A) = \frac{95}{100}, \quad P(AB) = \frac{95 \times 5}{100^2}, \quad P(\overline{A}B) = \frac{25}{100^2},$$

因此

$$P(B \mid A) = \frac{P(AB)}{P(A)} = \frac{5}{100} = \frac{1}{20},$$

而

$$P(B) = P(AB) + P(\overline{A}B) = \frac{5}{100} = \frac{1}{20}.$$

可见 $P(B|A) = P(B)$,这说明事件 A 发生与否对事件 B 的概率没有影响. 从直观上看,这是由于我们采用的是有放回地抽取,第一次抽取的结果当然不会影响第二次抽取. 这时,我们可以认为事件 A 与事件 B 之间具有某种"独立性". 对此,我们给出下面的定义.

1. 两个事件相互独立的定义

定义 1.9　对于事件 A 与 B,若

$$P(AB) = P(A)P(B),$$

则称**事件 A 与 B 相互独立.**

定理 1.3(相互独立的充要条件)　设 A, B 为两个事件,且 $P(A) > 0$,则 A, B 相互独立的充要条件是 $P(B|A) = P(B)$.

证明　*必要性*　设 A, B 相互独立,则

$$P(AB) = P(A)P(B),$$

而由条件概率定义,可得

$$P(B \mid A) = \frac{P(AB)}{P(A)} = \frac{P(A)P(B)}{P(A)} = P(B).$$

充分性　设 $P(B|A) = P(B)$,则由乘法公式有

$$P(AB) = P(A)P(B \mid A) = P(A)P(B),$$

故 A 与 B 相互独立.

同理可证:若 $P(B) > 0$,则 A, B 相互独立的充要条件是

$$P(A \mid B) = P(A).$$

定理 1.4　下列四个命题是等价的:

(1) 事件 A 与 B 相互独立;

(2) 事件 A 与 $\overline{B}$ 相互独立;

(3) 事件 $\overline{A}$ 与 B 相互独立;

(4) 事件 $\overline{A}$ 与 $\overline{B}$ 相互独立.

证明　这里仅证明(1),(2)的等价性.

当(1)成立,即 $P(AB) = P(A)P(B)$. 由事件的关系及其运算与概率的性质可知,

$$P(A\overline{B}) = P(A-B) = P(A-AB) = P(A) - P(AB)$$
$$= P(A) - P(A)P(B) = P(A)(1 - P(B))$$
$$= P(A)P(\overline{B}),$$

则 A 与 $\overline{B}$ 相互独立,即(2)成立.

当(2)成立时,即 $P(A\overline{B}) = P(A)P(\overline{B})$,则

$$P(AB) = P(A - A\overline{B}) = P(A) - P(A\overline{B})$$
$$= P(A) - P(A)P(\overline{B}) = P(A)(1 - P(\overline{B}))$$
$$= P(A)P(B),$$

故 A 与 B 相互独立,即(1)成立.

其余的等价命题,可类似证明.

事件的独立性可以推广到多个事件的情形.

2. 三事件相互独立的定义

定义 1.10 对事件 A, B, C,若

$$\begin{cases} P(AB) = P(A)P(B) \\ P(BC) = P(B)P(C) \\ P(AC) = P(A)P(C) \\ P(ABC) = P(A)P(B)P(C) \end{cases}$$

都成立,则称**事件 A, B, C 相互独立**.

3. n 个事件相互独立的定义

定义 1.11 设有 n 个事件 $A_1, A_2, \cdots, A_n$,若对于任意的整数 $k(1 < k \leqslant n)$ 和任意的 k 个整数 $i_1, i_2, \cdots, i_k(1 \leqslant i_1 < i_2 < \cdots < i_k \leqslant n)$,都有

$$P(A_{i_1} A_{i_2} \cdots A_{i_k}) = P(A_{i_1})P(A_{i_2}) \cdots P(A_{i_k})$$

成立,则称这 n 个**事件 $A_1, A_2, \cdots, A_n$ 相互独立**.

由此可见,若 $A_1, A_2, \cdots, A_n$ 相互独立,则其中任意的 $k(1 < k \leqslant n)$ 个事件也相互独立. 特别当 $k = 2$ 时,它们中的任意两个事件都相互独立(称为**两两独立**). 但是,n 个事件两两独立不能保证这 n 个事件相互独立. 先来看一个例子.

例 2 设袋中有 4 个乒乓球,其中 1 个涂有白色,1 个涂有红色,1 个涂有蓝色,1 个涂有白、红、蓝三种颜色. 今从袋中随机地取一个球,设事件

$$A = \{取出的球涂有白色\}, \quad B = \{取出的球涂有红色\},$$
$$C = \{取出的球涂有蓝色\}.$$

试验证事件 A, B, C 两两相互独立,但三者不相互独立.

证明 根据古典概型,我们有 $n = 4$,而事件 A, B 同时发生,取到的球只能是涂有白、红、蓝三种颜色的球,即 $m = 1$,因而

$$P(AB) = \frac{1}{4}.$$

同理,事件 A 发生,取到的球只能是涂红色的球或涂三种颜色的球,因而

$$P(A) = \frac{2}{4} = \frac{1}{2}, \quad P(B) = \frac{2}{4} = \frac{1}{2},$$

因此,有

$$P(A)P(B) = \frac{1}{2} \times \frac{1}{2} = \frac{1}{4},$$

所以

$$P(AB) = P(A)P(B),$$

即事件 A,B 相互独立.

类似可证,事件 A,C 相互独立,事件 B,C 相互独立,即事件 A,B,C 两两相互独立,但是由于

$$P(ABC) = \frac{1}{4},$$

而

$$P(A)P(B)P(C) = \frac{1}{2} \times \frac{1}{2} \times \frac{1}{2} = \frac{1}{8} \neq \frac{1}{4},$$

所以事件 A,B,C 并不相互独立.

当 n 个事件相互独立时,定理 1.4 的相应结论仍成立,只要把其中的任意 $m(1 \leqslant m \leqslant n)$ 个事件换成它们的对立事件,所得到的 n 个事件仍然相互独立.

事件的相互独立性是概率论中的一个重要概念.用定义判断独立性,常用于理论的推导和证明,而实际问题中,则往往是根据问题的实际意义来判定独立性.

例 3　设有甲、乙两个射手,他们每次射击命中目标的概率分别是 0.8 和 0.7.现两人同时向一目标射击一次,试求:

(1) 目标被命中的概率;

(2) 若已知目标被命中,则它被甲命中的概率是多少?

解　设 $A=\{$甲命中目标$\}$,$B=\{$乙命中目标$\}$,$C=\{$目标被命中$\}$,则由事件间的关系,显然 $C=A+B$.而 $P(A)=0.8,P(B)=0.7$,则

(1) 解法 1

$$\begin{aligned}
P(C) &= P(A+B) = P(A) + P(B) - P(AB) \\
&= P(A) + P(B) - P(A)P(B) \\
&= 0.8 + 0.7 - 0.8 \times 0.7 = 0.94.
\end{aligned}$$

解法 2　因 $\bar{C}=\bar{A}\,\bar{B}$,由于 A 与 B 相互独立,所以,$\bar{A}$ 与 $\bar{B}$ 也相互独立,故

$$\begin{aligned}
P(C) &= 1 - P(\bar{C}) = 1 - P(\bar{A})P(\bar{B}) \\
&= 1 - 0.06 = 0.94.
\end{aligned}$$

(2) 这是一个条件概率.考虑到 $AC \subset A$,于是

$$P(A \mid C) = \frac{P(AC)}{P(C)} = \frac{P(A)}{P(C)} = \frac{0.8}{0.94} = \frac{40}{47}.$$

例 4　用高射炮射击飞机.如果每门高射炮击中飞机的概率是 0.6,试问:

(1) 两门高射炮同时进行射击,飞机被击中的概率是多少?

(2) 若有一架敌机入侵,需要多少门高射炮同时射击才能以 99% 的概率命中敌机?

解　(1) 设

$$B_i = \{$第 i 门高射炮击中敌机$\} \quad (i = 1, 2),$$
$$A = \{$击中敌机$\}.$$

在同时射击时,B_1 与 B_2 可以看成是互相独立的,从而 $\bar{B}_1,\bar{B}_2$ 也是相互独立的,且有

$$P(B_1) = P(B_2) = 0.6,$$
$$P(\bar{B}_1) = P(\bar{B}_2) = 1 - P(B_1) = 0.4,$$

故 $$P(A) = 1 - P(\overline{A}) = 1 - P(\overline{B}_1 \overline{B}_2) = 1 - P(\overline{B}_1) P(\overline{B}_2)$$
$$= 1 - 0.4^2 = 0.84.$$

(2) 令 n 是以 99% 的概率击中敌机所需高射炮的门数,由上面的讨论可知

$$99\% = 1 - 0.4^n, \quad 即 \quad 0.4^n = 0.01,$$

即 $$n = \frac{\lg 0.01}{\lg 0.4} \approx \frac{-2}{-0.3979} \approx 5.026.$$

因此,若有一架敌机入侵,至少需要配置 6 门高射炮方能以 99% 的把握击中它.

(二) 伯努利概型

有了事件独立性的概念,我们就可以讨论试验的独立性. 一般来说,所谓试验 E_1 与 E_2 是独立的,是指 E_1 的结果的发生与 E_2 的结果的发生是独立的. 这里仅介绍一类最简单的重复独立试验——n 重伯努利(Bernoulli)试验.

在实际问题中,我们常常要做多次试验条件完全相同(即可以看成是一个试验的多次重复)并且相互独立(即每次试验中随机事件的概率不依赖于其他各次试验的结果)的试验. 我们称这种类型的试验为**重复独立试验**. 例如,在相同的条件下独立射击就是重复独立试验;有放回地抽取产品也是这种类型的试验. 而在每次试验中,我们往往只是对某个事件 A 是否发生感兴趣. 例如,在每次射击时,我们关心的是命中目标还是脱靶,在产品抽样检查时,我们注意的是抽到次品还是抽到合格品. 这种只有两个可能结果的试验称为**伯努利试验**. 进一步,如果我们重复进行 n 次独立的伯努利试验(这里的"重复"是指在每次试验中事件 A 出现的概率不变),那么我们称这种试验为 n 重伯努利试验.

1. n 重伯努利试验

定义 1.12 把伯努利试验在相同的条件下重复进行 n 次,若每次试验 A 发生与否与其他各次试验 A 发生与否互不影响,则称这 n 次独立试验为 **n 重伯努利试验**.

下面我们讨论在这类试验中的一种概率模型——二项概型. 先看一个例子.

例 5 某人打靶每次命中的概率是 0.7. 现独立地重复射击 5 次,问恰好命中两次的概率是多少?

首先求出独立地重复射击 5 次所有可能出现的结果. 因为在每次射击时只有两种情况可能发生:$A = \{命中\}$, $\overline{A} = \{未命中\}$,所以射击 5 次共有 $2^5 = 32$ 种可能的结果. 若以"1"表示 A 发生,以"0"表示 $\overline{A}$ 发生(即 A 未发生),则每一种结果都是由"0","1"组成的一个序列,例如"10111"表示第二次没有射中,而其余 4 次都射中. 我们把每一个结果都看作是一个基本事件,则共有 32 个基本事件. 所谓射击 5 次,恰好命中两次就是由那些恰有两个"1"和三个"0"组成的序列. 每一个这样的序列出现的概率,根据概率的乘法公式应是

$$(0.7)^2 (1 - 0.7)^{5-2},$$

而这样的序列共有 C_5^2 个. 由加法公式可知射击 5 次,恰好命中 2 次的概率为

$$C_5^2 \cdot (0.7)^2 (1 - 0.7)^{5-2} = 0.1323.$$

例 5 的分析方法,对一般的情况也是适用的.

2. 伯努利概型

对于 n 重(次)伯努利试验中事件 A 恰好发生 k 次的概率问题,有下述定理:

定理 1.5 设在每次试验中事件 A 发生的概率均为 $p(0<p<1)$,则 n 重伯努利试验中事件 A 恰好发生 k 次的概率(记作 $P_n(\mu=k)$)为

$$P_n(\mu=k)=C_n^k p^k (1-p)^{n-k} \quad (k=0,1,2,\cdots,n). \tag{3}$$

利用关系式(3)来讨论事件概率的数学模型称为**伯努利概型**,又称为**二项概型**.这个概型在实际中有着广泛的应用.

证明 因为 n 重试验是相互独立的,所以事件 A 在指定的 k 次试验中发生且在其余 $n-k$ 次试验中不发生,例如,在前 k 次试验中发生且在后 $n-k$ 次试验中不发生的概率为 $p^k(1-p)^{n-k}$.由于"A 恰好发生 k 次"可以是 n 次当中任意的 k 次,故这种指定方式共有 C_n^k 种且它们两两是互斥的,根据概率的有限可加性可得

$$P_n(\mu=k)=C_n^k p^k (1-p)^{n-k}, \quad k=0,1,2,\cdots,n.$$

例 6 某车间有 5 台某型号的机床,每台机床由于种种原因(如装、卸工件,更换刀具等)时常需要停车.设各台机床停车或开车是相互独立的.若每台机床在任一时刻处于停车状态的概率为 $\frac{1}{3}$.试求在任何一个时刻,

(1) 恰有一台机床处于停车状态的概率;

(2) 至少有一台机床处于停车状态的概率;

(3) 至多有一台机床处于停车状态的概率.

解 设 $A=\{$任一时刻任一台机床处于停车状态$\}$,则 $P(A)=\frac{1}{3}$,而 $P(\bar{A})=\frac{2}{3}$.由二项概型我们有

(1) $P_5(\mu=1)=C_5^1 \left(\frac{1}{3}\right)\left(\frac{2}{3}\right)^4 \approx 0.329\,2.$

(2) 设 $B=\{$至少有一台机床处于停车状态$\}$,则

$$P(B)=1-P(\bar{B})=1-P_5(\mu=0)$$

$$=1-C_5^0 \left(\frac{1}{3}\right)^0 \left(\frac{2}{3}\right)^5 \approx 0.868\,3.$$

(3) 设 $C=\{$至多有一台机床处于停车状态$\}$,则

$$P(C)=P_5(\mu=0)+P_5(\mu=1) \approx 0.460\,9.$$

习 题 一

(A)

1. 写出下列随机试验的样本空间 Ω:

(1) 同时掷两枚骰子,记录两枚骰子点数之和;

(2) 10 件产品中有 3 件是次品,每次从中取 1 件,取出后不再放回,直到 3 件次品全

部取出为止,记录抽取的次数;

(3) 生产某种产品直到得到 10 件正品,记录生产产品的总件数;

(4) 将一尺之棰折成三段,观察各段的长度.

2. 设 A,B,C 是三个事件,用 A,B,C 的运算关系表示下列事件:

(1) A 与 B 都发生,而 C 不发生;

(2) A,B,C 中至少有一个发生;

(3) A,B,C 都不发生;

(4) A,B,C 中不多于一个发生;

(5) A,B,C 中不多于两个发生;

(6) A,B,C 中至少有两个发生.

3. 停车场有 10 个车位排成一行,现在停着 7 辆车.求恰有 3 个连接的车位空着的概率.

4. 某产品 50 件,其中有次品 5 件.现从中任取 3 件,求其中恰有 1 件次品的概率.

5. 从一副扑克牌的 13 张梅花中,有放回地取 3 次,求三张都不同号的概率.

6. 某化工商店出售的油漆中有 15 桶标签脱落,售货员随意重新贴上了标签.已知这 15 桶中有 8 桶白漆,4 桶红漆,3 桶黄漆.现从这 15 桶中取 6 桶给一欲买 3 桶白漆、2 桶红漆、1 桶黄漆的顾客,那么这位顾客正好买到自己所需的油漆的概率是多少?

7. 10 个塑料球中有 3 个黑色,7 个白色,今从中任取 2 个,求在已知其中一个是黑色球的条件下,另一个也是黑色球的概率.

8. 从 5 副不同的手套中任取 4 只,求这 4 只都不配对的概率.

9. 三个人独立地破译一个密码,他们能译出的概率分别为 $\frac{1}{5}$,$\frac{1}{3}$,$\frac{1}{4}$,求此密码能译出的概率.

10. 设某种产品 50 件为一批,如果每批产品中没有次品的概率为 0.35,有 1,2,3,4 件次品的概率分别为 0.25,0.2,0.18,0.02.今从某批产品中任取 10 件,检查出一件次品,求该批产品中次品不超过 2 件的概率.

11. 两台机床加工同样的零件,第一台出现废品的概率是 0.03,第二台出现废品的概率是 0.02.加工出来的零件放在一起,并且已知第一台加工的零件比第二台加工的零件多一倍,求任意取出的零件是合格品的概率;如果任意取出的零件经检查是废品,求它是由第二台机床加工的概率.

12. 盒中有 12 个乒乓球,其中有 9 个是新的.第一次比赛时从中任取 3 个,用后仍放回盒中,第二次比赛时再从盒中任取 3 个,求第二次取出的球都是新球的概率.又已知第二次取出的球都是新球,求第一次取到的都是新球的概率.

13. 某仪器有三个独立工作的元件,它们损坏的概率都是 0.1,当一个元件损坏时,仪器发生故障的概率为 0.25;当两个元件损坏时,仪器发生故障的概率为 0.6;当三个元件损坏时,仪器发生故障的概率为 0.95.求仪器发生故障的概率.

14. 某人买了四节电池,已知这批电池有百分之一的产品不合格.求这个人买到的四节电池中恰好有一节、二节、三节、四节是不合格的概率.

15. 设某人打靶,命中率为 0.6. 现独立地重复射击 6 次,求至少命中两次的概率.

16. 设 A,B 为两个事件,$P(A|B)=P(A|\bar{B})$,$P(A)>0$,$P(B)>0$,证明:A 与 B 独立.

17. 事件 A,B 相互独立,且 $P(A)>0$,$P(B)>0$,证明:A 与 B 必不互斥.

18. 事件 A,B 互斥,且 $P(A)>0$,证明:$P(B|A)=0$.

19. 设 A,B 为两个随机事件,若 $B\subset\bar{A}$,证明:$\bar{A}+\bar{B}=U$.

20. 若事件 A,B 相互独立,证明:$\bar{A}$ 与 $\bar{B}$ 亦相互独立.

(B)

1. 以 A 表示事件"甲种产品畅销,乙种产品滞销",则其对立事件 $\bar{A}$ 为　　　　( )

(A) "甲种产品滞销,乙种产品畅销"

(B) "甲、乙两种产品均畅销"

(C) "甲种产品滞销"

(D) "甲种产品滞销或乙种产品畅销"

2. 设 A 和 B 是任意两个概率不为零的不相容事件,则下列结论中肯定正确的是

( )

(A) $\bar{A}$ 与 $\bar{B}$ 不相容　　　　　(B) $\bar{A}$ 与 $\bar{B}$ 相容

(C) $P(AB)=P(A)P(B)$　　　　(D) $P(A-B)=P(A)$

3. 假设事件 A 和 B 满足 $P(B|A)=1$,则　　　　　　　　　( )

(A) A 是必然事件　　　　　(B) $P(B|\bar{A})=0$

(C) $A\supset B$　　　　　　　(D) $A\subset B$

4. 设 A,B 为任意两个事件且 $A\subset B$,$P(B)>0$,则下列选项必然成立的是　( )

(A) $P(A)<P(A|B)$　　　　　(B) $P(A)\leqslant P(A|B)$

(C) $P(A)>P(A|B)$　　　　　(D) $P(A)\geqslant P(A|B)$

5. 设 A,B,C 是三个相互独立的随机事件,且 $0<P(C)<1$,则在下列给定的四对事件中不相互独立的是　　　　　　　　　　　　　　　　( )

(A) $\overline{A+B}$ 与 C　　(B) $\overline{AC}$ 与 $\bar{C}$　　(C) $\overline{A-B}$ 与 $\bar{C}$　　(D) $\overline{AB}$ 与 $\bar{C}$

6. 设 A,B,C 三个事件两两独立,则 A,B,C 相互独立的充分必要条件是　( )

(A) A 与 BC 独立　　　　　(B) AB 与 $A\cup C$ 独立

(C) AB 与 AC 独立　　　　　(D) $A\cup B$ 与 $A\cup C$ 独立

7. 设 A,B,C 是三个随机事件,$P(ABC)=0$ 且 $0<P(C)<1$,则一定有　( )

(A) $P(ABC)=P(A)P(B)P(C)$

(B) $P((A+B)|C)=P(A|C)+P(B|C)$

(C) $P(A+B+C)=P(A)+P(B)+P(C)$

(D) $P((A+B)|\bar{C})=P(A|\bar{C})+P(B|\bar{C})$

8. 假设 A,B,C 是三个随机事件,其概率均大于零,A 与 B 相互独立,A 与 C 相互独

立, B 与 C 互不相容, 则下列命题中不正确的是 （　）

(A) A 与 BC 相互独立　　　(B) A 与 $B \bigcup C$ 相互独立

(C) A 与 $B-C$ 相互独立　　　(D) AB, BC, CA 相互独立

9. 已知 A, B 为任意两个随机事件, $0<P(A)<1, 0<P(B)<1$, 假设两个事件中只有 A 发生的概率与只有 B 发生的概率相等, 则下列等式未必成立的是 （　）

(A) $P(A|B)=P(B|A)$　　　(B) $P(A|\overline{B})=P(B|\overline{A})$

(C) $P(A|\overline{B})=P(\overline{A}|B)$　　　(D) $P(A-B)=P(B-A)$

10. 对于任意两事件 A 和 B, 下列说法正确的是 （　）

(A) 若 $AB \neq \varnothing$, 则 A, B 一定独立　　(B) 若 $AB \neq \varnothing$, 则 A, B 有可能独立

(C) 若 $AB = \varnothing$, 则 A, B 一定独立　　(D) 若 $AB = \varnothing$, 则 A, B 一定不独立

第2章　随机变量及其分布

为了深入研究和全面掌握随机现象的统计规律,建立起一系列有关的公式和定理,以便更好地分析、解决各种与随机现象有关的实际问题,有必要把随机试验的结果数量化,即把样本空间中的样本点 ω 与实数联系起来,建立起某种对应关系,为此引入随机变量的概念. 随机变量是概率论中最基本的概念之一,用它描述随机现象是近代概率论中最重要的方法,它使概率论从事件及其概率的研究扩展到随机变量及其概率分布的研究,这样就可以应用微积分等近代数学工具,使概率论成为一门真正的数学学科.

§2.1　随机变量与分布函数

(一) 随机变量的概念

我们知道,对于随机试验来说,其可能结果都不止一个. 如果我们把试验结果用实数 X 来表示,这样就把样本点 ω 与实数 X 之间联系了起来,建立起样本空间 Ω 与实数子集之间的对应关系 $X=X(\omega)$.

例1　考察"抛掷一枚硬币"的试验,它有两个可能的结果:$\omega_1=\{$出现正面$\}$,$\omega_2=\{$出现反面$\}$. 我们将试验的每一个结果用一个实数 X 来表示,例如,用"1"表示 ω_1,用"0"表示 ω_2. 这样讨论试验结果时,就可以简单说成结果是数 1 或数 0. 建立这种数量化的关系,实际上就相当于引入了一个变量 X,对于试验的两个结果 ω_1 和 ω_2,将 X 的值分别规定为 1 和 0,即

$$X=X(\omega)=\begin{cases}1, & \text{当 } \omega=\omega_1 \text{ 时,}\\ 0, & \text{当 } \omega=\omega_2 \text{ 时.}\end{cases}$$

可见这是样本空间 $\Omega=\{\omega_1,\omega_2\}$ 与实数子集 $\{1,0\}$ 之间的一种对应关系.

例2　考察"射击一目标,第一次命中时所需的射击次数"的试验. 它有可列个结果:$\omega_i=\{$射击了 i 次$\}$,$i=1,2,\cdots$,这些结果本身是数量性质的. 如用 X 表示所需射击的次数,就引入了一个变量 X,它满足

$$X = X(\omega_i) = i \quad (i = 1, 2, \cdots).$$

可见这是样本空间 $\Omega = \{\omega_1, \omega_2, \cdots\}$ 与自然数集 $\mathbf{N}$ 之间的一种对应关系.

例 3 考察"乘客候车时间"的试验,它有不可列个结果:$\omega \in [0, 5)$. 这些结果本身也是数量性质的,如用 X 表示候车时间,即引入一个变量 X,它满足

$$X = X(\omega) = \omega, \quad \omega \in [0, 5).$$

可见,这是样本空间 $\Omega = \{\omega : \omega \in [0, 5)\}$ 与区间 $[0, 5)$ 之间的一种对应关系.

由于试验结果具有随机性,因此,通过对应关系 $X = X(\omega)$ 所确定的变量 X 的取值通常也是随机的,故称为**随机变量**.

所谓随机变量不过是试验结果(即样本点)和实数之间的一个对应关系,这与微积分中熟知的函数概念在本质上是一回事,只不过在函数概念中,函数 $f(x)$ 的自变量是实数 x,而随机变量 $X(\omega)$ 的自变量是样本点 ω. 为此引入下面的定义.

定义 2.1 在条件 S 下,随机试验的每一个可能的结果 ω 都用一个实数 $X = X(\omega)$ 来表示,且实数 X 满足:

(1) X 由 ω 唯一确定;

(2) 对于任意给定的实数 x,事件 $\{X \leqslant x\}$ 都是有概率的,则称 X 为一**随机变量**. 通常用大写字母 X, Y, Z 或希腊字母 ξ, η 等表示.

由定义我们知道,随机变量是一个定义在样本空间 Ω 上、取值在实数域上的函数. 由于它的自变量是随机试验的结果,而随机试验结果的出现具有随机性,则随机变量是随着试验结果不同而相应取不同实数的函数,即随机变量的取值具有随机性.

引入随机变量以后,随机事件就可以通过随机变量来表示. 例如,例 1 中的事件{出现正面}可以用 $\{X = 1\}$ 来表示;例 2 中的事件{射击次数不多于 5 次}可以用 $\{X \leqslant 5\}$ 来表示;例 3 中的事件{候车时间少于 2 分钟}可以用 $\{X < 2\}$ 来表示. 这样,我们就可以把对事件的研究转化为对随机变量的研究.

从随机试验可能出现的结果来看,随机变量可分为两大类:一类是随机变量 X 的所有可能取值为有限个或可列无穷个值(如例 1,例 2),这种类型的随机变量称为**离散型随机变量**;另一类就是**非离散型随机变量**,它又可分为连续型和混合型. 由于非离散型包含的范围很广,情况比较复杂,我们在一般情况下只关注其中最重要的也是实际中常遇到的**连续型随机变量**(如例 3).

由于随机变量 X 的取值具有随机性,对随机变量 X 而言,$\{X > x\}$,$\{X = x\}$,$\{X \leqslant x\}$,$\{a < X \leqslant b\}$ 等都表示随机事件,其概率相应地简记为 $P(X > x)$,$P(X = x)$,$P(X \leqslant x)$,$P(a < X \leqslant b)$,注意,这些事件都可以通过形如 $\{X \leqslant x\}$ 的事件来表示. 如

$$\{X < x\} = \bigcup_{k=1}^{\infty} \left\{X \leqslant x - \frac{1}{k}\right\},$$

$$\{X = x\} = \{X \leqslant x\} - \{X < x\}$$

$$= \{X \leqslant x\} - \bigcup_{k=1}^{\infty} \left\{X \leqslant x - \frac{1}{k}\right\},$$

$$\{a < X \leqslant b\} = \{X \leqslant b\} - \{X \leqslant a\},$$

$$\cdots\cdots$$

故我们只需考虑$\{X\leqslant x\}$这种事件的概率$P(X\leqslant x)$即可,于是引入分布函数的定义.

(二) 分布函数

定义 2.2　设X是随机变量,对任意实数x,令
$$F(x)=P(X\leqslant x),\quad x\in(-\infty,+\infty),$$
则称函数$F(x)$为随机变量X的**分布函数**.

分布函数是一个定义在全体实数上的普通实值函数,同时分布函数也具有明确的概率意义:对任意实数x,$F(x)$在x点的函数值就是随机变量落在区间$(-\infty,x]$上的概率.

设X为随机变量,我们所关注的随机事件都可以通过形如$\{X\leqslant x\}$的事件来表示,所以任何随机事件的概率都可以用分布函数$F(x)$来表示,如:
$$P(X<x)=F(x-0),$$
$$P(X=x)=F(x)-F(x-0),$$
$$P(x_1<X\leqslant x_2)=F(x_2)-F(x_1),$$
$$P(x_1\leqslant X\leqslant x_2)=F(x_2)-F(x_1-0),$$
$$P(x_1<X<x_2)=F(x_2-0)-F(x_1),$$
等(其中,$F(x-0)$表示分布函数$F(x)$在x点的左极限).

由定义 2.2 可得分布函数$F(x)$具有如下基本性质:

定理 2.1　设随机变量X的分布函数为$F(x)$,则

(1) $F(x)$是单调不减函数,即$x_1<x_2$时,有$F(x_1)\leqslant F(x_2)$;

(2) $F(x)$非负有界,即$0\leqslant F(x)\leqslant 1$ $(-\infty<x<+\infty)$,且
$$F(-\infty)=\lim_{x\to-\infty}F(x)=0,\quad F(+\infty)=\lim_{x\to+\infty}F(x)=1;$$

(3) $F(x)$是右连续函数,即$F(x+0)=F(x)$.

证明从略.

反过来可以证明,任给一个满足定理 2.1 的实值函数$F(x)$,它必是某个随机变量的分布函数,所以,定理 2.1 中三个性质是$F(x)$成为某个随机变量的分布函数的充要条件.顺便指出,即使随机变量X和Y的分布函数相同(称为X与Y同分布),也不能误认为$X=Y$,这时X与Y有可能是意义完全不同的随机变量.

例 4　设随机变量X的分布函数为
$$F(x)=\begin{cases}a+be^{-x}, & x>0,\\ 0, & x\leqslant 0,\end{cases}$$
求常数a,b及概率$P(|X|<2)$.

解　设$F(x)$为随机变量X的分布函数,则有
$$F(+\infty)=\lim_{x\to+\infty}F(x)=1,\quad 故\quad \lim_{x\to+\infty}(a+be^{-x})=a=1.$$
又由$F(x)$在$x=0$处右连续,有
$$F(0+0)=F(0)=0,\quad 即\quad a+b=0,$$
则$b=-a=-1$.所以

$$F(x) = \begin{cases} 1-\mathrm{e}^{-x}, & x > 0, \\ 0, & x \leqslant 0. \end{cases}$$

$$P(|X| < 2) = P(-2 < X < 2) = F(2-0) - F(-2)$$
$$= 1 - \mathrm{e}^{-2} - 0 = 1 - \mathrm{e}^{-2}.$$

§2.2 离散型随机变量及其分布

(一) 离散型随机变量的分布

离散型随机变量的概率分布有三种形式,它们是**分布律**、**分布列**与**分布阵**.

定义 2.3 设离散型随机变量 X 所有可能的取值为 $x_k(k=1,2,\cdots)$,X 取各个可能值的概率为

$$P(X=x_k) = p_k, \quad k=1,2,\cdots,$$

我们称上式为离散型随机变量 X 的**概率分布**或**分布律**. 随机变量 X 的概率分布可以用列表的形式给出:

X	x_1	x_2	$\cdots$	x_k	$\cdots$
$P(X=x_k)$	p_1	p_2	$\cdots$	p_k	$\cdots$

这种表格被称为 X 的**分布列**;它还可以用矩阵的形式来表示:

$$\begin{bmatrix} x_1 & x_2 & \cdots & x_k & \cdots \\ p_1 & p_2 & \cdots & p_k & \cdots \end{bmatrix},$$

称之为 X 的**分布阵**.

根据概率的性质,易知 $p_k(k=1,2,\cdots)$ 满足下面两个性质:

性质 1 $p_k \geqslant 0, k=1,2,\cdots$.

性质 2 $\sum\limits_{k=1}^{\infty} p_k = 1$.

反之,任给有限个或可列个满足上面两个性质的实数 $p_k(k=1,2,\cdots)$,必是某个离散型随机变量 X 的分布律.

例 1 设随机变量 X 的分布列如下表所示:

X	-2	-1	0	1	2
$P(X=x_k)$	a	$3a$	$1/8$	a	$2a$

求:

(1) 常数 a;

(2) $P(X<1), P(-2<X\leqslant0), P(X\geqslant2)$.

解 (1) 由分布律的性质知

$$a + 3a + 1/8 + a + 2a = 1,$$

因此，$a = 1/8$.

(2) $P(X < 1) = P(X = -2) + P(X = -1) + P(X = 0) = \dfrac{5}{8}$；

$$P(-2 < X \leqslant 0) = P(X = -1) + P(X = 0) = \dfrac{1}{2};$$

$$P(X \geqslant 2) = P(X = 2) = \dfrac{1}{4}.$$

通过上面的讨论可以看出：离散型随机变量 X 的取值是"不确定的"，但是它具有一定的"概率分布"．概率分布不仅明确地给出了 X 在点 x_i（以后称为正概率点）处的概率，而且对于任意实数 $a < b$，事件 $(a \leqslant X \leqslant b)$ 发生的概率也都可以由分布算出．这是因为事件

$$(a \leqslant X \leqslant b) = \bigcup_{a \leqslant x_i \leqslant b} (X = x_i),$$

于是，由概率的可加性有

$$P(a \leqslant X \leqslant b) = \sum_{a \leqslant x_i \leqslant b} P(X = x_i).$$

一般来说，对于实数集 $\mathbf{R}$ 中任一个区间 D，都有

$$P(X \in D) = \sum_{x_i \in D} P(X = x_i).$$

例 2 从 5 件产品（其中有 2 件次品，3 件正品）中任取出 2 件，用 X 表示其中的次品数，写出 X 的分布律，求出分布函数 $F(x)$，并画出其图形．

解 随机变量 X 表示任意取出的两件产品中的次品数，显然，X 只能取 $0, 1, 2$ 这三个正概率点，它们的概率分别为

$$P(X = 0) = \frac{C_3^2}{C_5^2} = 0.3, \quad P(X = 1) = \frac{C_3^1 C_2^1}{C_5^2} = 0.6,$$

$$P(X = 2) = \frac{C_2^2}{C_5^2} = 0.1,$$

则 X 的分布律为

$$P(X = k) = \frac{C_2^k C_3^{2-k}}{C_5^2} \quad (k = 0, 1, 2).$$

由于 X 的正概率点 $0, 1, 2$ 将 $(-\infty, +\infty)$ 分成四个区间，因此我们分段讨论：

当 $x < 0$ 时，$\{X \leqslant x\}$ 是不可能事件，则

$$F(x) = P(X \leqslant x) = 0;$$

当 $0 \leqslant x < 1$ 时，在 $(-\infty, x]$ 区间内仅有一个可能取值 $X = 0$，则

$$F(x) = P(X \leqslant x) = P(X = 0) = 0.3;$$

当 $1 \leqslant x < 2$ 时，在 $(-\infty, x]$ 区间内有两个可能取值 $X = 0$ 或 $X = 1$，则

$$F(x) = P(X \leqslant x) = P(X = 0) + P(X = 1) = 0.9;$$

当 $x \geqslant 2$ 时，在 $(-\infty, x]$ 区间内包含所有正概率点，则

$$F(x) = P(X = 0) + P(X = 1) + P(X = 2) = 1.$$

综上讨论,得到 X 的分布函数为

$$F(x) = \begin{cases} 0, & x < 0, \\ 0.3, & 0 \leqslant x < 1, \\ 0.9, & 1 \leqslant x < 2, \\ 1, & x \geqslant 2. \end{cases}$$

$F(x)$ 的图形如图 2—1 所示.它是一条右连续的阶梯形曲线,在 $x=0,1,2$ 处具有跳跃间断点.

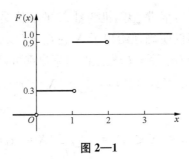

图 2—1

一般地,对于离散型随机变量 X,由概率的可加性知 X 的分布函数为

$$F(x) = P(X \leqslant x) = \sum_{x_k \leqslant x} P(X = x_k) = \sum_{x_k \leqslant x} p_k \quad (-\infty < x < +\infty).$$

由上式可见,$F(x)$ 是随机变量 X 取小于或等于 x 的所有可能值的概率之和.通常该分布函数也可写成分段函数的形式:

$$F(x) = \begin{cases} 0, & x < x_1, \\ p_1, & x_1 \leqslant x < x_2, \\ p_1 + p_2, & x_2 \leqslant x < x_3, \\ \cdots\cdots & \cdots\cdots \\ \sum_{k=1}^{i} p_k, & x_i \leqslant x < x_{i+1}, i \geqslant 1, \\ \cdots\cdots & \cdots\cdots \end{cases}$$

从上式可以看到,分段点就是随机变量的正概率点,分段区间是左闭右开的,因此,$F(x)$ 是右连续函数,其图形是一条右连续的阶梯形曲线,它在随机变量的每个正概率点 $x=x_k(k=1,2,\cdots)$ 处发生跳跃,其跳跃高度为 p_k.

知道了离散型随机变量的分布律,便可知道它在任意取值范围内的概率,同时也唯一决定了它的分布函数.事实上,对于离散型随机变量而言,分布律与分布函数具有相同的作用,但分布律比分布函数更直观、更简便.因此,常常通过分布律来掌握离散型随机变量的统计规律.下面我们来介绍几种常见的离散型随机变量的概率分布(以后简称为分布).

(二) 几种常见的离散型随机变量的分布

1. 0—1 分布
设随机变量 X 的分布为

$$P(X=1)=p, \quad P(X=0)=1-p \quad (0<p<1),$$

则称 X 服从参数为 p 的 **0—1 分布**或**伯努利分布**,记为 $X \sim B(1,p)$.

0—1 分布的分布律为

$$P(X=k)=p^k(1-p)^{1-k} \quad (k=0,1; 0<p<1).$$

凡是只有两个基本事件的随机试验都可以确定一个服从 0—1 分布的随机变量. 如 §2.1 例 1 中的随机变量 $X \sim B(1,0.5)$.

2. 二项分布

设随机变量 X 的分布律为

$$P(X=k)=C_n^k p^k q^{n-k}$$

$$(k=0,1,2,\cdots,n; 0<p<1, q=1-p),$$

则称 X 服从参数为 n,p 的**二项分布**,记为 $X \sim B(n,p)$.

对于二项分布,由于 $P(X=k)=C_n^k p^k q^{n-k}$ 恰好是二项式 $(p+q)^n$ 的展开式中的通项,所以

$$\sum_{k=0}^{n} P(X=k) = \sum_{k=0}^{n} C_n^k p^k q^{n-k} = (p+q)^n = 1,$$

因为 $P(X=k)$ 与二项式有关,二项分布因此而得名.

二项分布产生于独立试验序列,若一次伯努利试验中某事件 A 发生的概率为 $P(A)=p$ $(0<p<1)$,则 n 次伯努利试验中事件 A 发生的次数就一定服从参数为 n,p 的二项分布.

在二项分布中,当 $n=1$ 时,有

$$P(X=k)=p^k q^{1-k}, \quad k=0,1; 0<q=1-p<1,$$

这就是 0—1 分布,故 0—1 分布是二项分布在 $n=1$ 时的特例.

例 3 设某射手每次射击打中目标的概率为 0.5,现在连续射击 10 次,求击中目标的次数 X 的概率分布;又设至少命中 3 次才可以参加下一步的考核,求此射手不能参加考核的概率.

解 这是一个 10 重伯努利试验,击中目标的次数 X 的可能取值为 $0,1,2,\cdots,10$,利用二项概型可求得

$$P(X=k)=C_{10}^k 0.5^k 0.5^{10-k}, \quad k=0,1,2,\cdots,10,$$

即 $X \sim B(10,0.5)$.

设 $A=\{$此射手不能参加考核$\}$,有

$$P(A)=P(X \leqslant 2)=\sum_{k=0}^{2} P(X=k)$$

$$=\sum_{k=0}^{2} C_{10}^k 0.5^k 0.5^{10-k} = 0.054\ 687\ 5.$$

二项分布 $B(n,p)$ 中有两个参数 n 和 p,对于固定的 n,p,概率 $P(X=k)=C_n^k p^k q^{n-k} \xlongequal{\text{def}} P_n(k)$ 随着 k 的变化取值是有规律的:$P_n(k)$ 一般是先随着 k 的增加而增加,直到达到一个最大值,然后再随着 k 的增加而减小.

事实上,考虑

$$\frac{P_n(k)}{P_n(k-1)} = \frac{C_n^k p^k q^{n-k}}{C_n^{k-1} p^{k-1} q^{n-k+1}} = \frac{(n-k+1)p}{kq}$$

$$= 1 + \frac{(n-k+1)p - kq}{kq} = 1 + \frac{(n+1)p - k}{kq},$$

因此,当 $k<(n+1)p$ 时, $P_n(k)>P_n(k-1)$,即 $P_n(k)$ 随 k 的增加而增加;当 $k=(n+1)p$ 时, $P_n(k)=P_n(k-1)$;当 $k>(n+1)p$ 时, $P_n(k)<P_n(k-1)$,即 $P_n(k)$ 随 k 的增加而减小.

所以,当 $k=k_0$ 时, $P_n(k)=P(X=k)$ 取最大值,其中

$$k_0 = \begin{cases} (n+1)p \ \text{或}\ (n+1)p-1, & (n+1)p \ \text{是整数}, \\ [(n+1)p], & (n+1)p \ \text{不是整数}. \end{cases}$$

这里的符号 $[(n+1)p]$ 表示不大于 $(n+1)p$ 的最大整数,对于 $(n+1)p$ 这个正数而言,它就是指 $(n+1)p$ 的整数部分.达到最大值的 k_0 也就是随机变量 X 最可能取的值,是最可能出现的数.

一般来说,在 n 很大时,随机变量 X 最可能取的值 k_0 与 np 相差甚小,因此,可做近似, $k_0 \approx np$,即 $\frac{k_0}{n} \approx p$,也就是说频率为概率的可能性最大.

例 4 某人进行射击,每次击中目标的概率为 0.01,问:独立射击 400 发时,击中目标最可能的成功次数是多少?并求该次数对应的概率.

解 显然独立射击 400 发中击中目标的次数 X 服从参数 $n=400, p=0.01$ 的二项分布.

由上面的讨论可知,击中目标最可能的成功次数 $=[(n+1)p]=[4.01]=4$,而相应发生的概率为

$$P_{400}(4) = C_{400}^4 \times 0.01^4 \times 0.99^{396} \approx 0.196\ 35.$$

3. 泊松(Poisson)分布

设随机变量 X 的分布为

$$P(X=k) = \frac{\lambda^k}{k!} e^{-\lambda} \quad (k=0,1,2,\cdots,n,\cdots; \lambda>0),$$

则称 X 服从参数为 λ 的**泊松分布**,记为 $X \sim P(\lambda)$.

利用 e^x 的幂级数展开式,容易验证泊松分布的概率值 p_k 满足:

$$\sum_k p_k = \sum_{k=0}^{\infty} \frac{\lambda^k}{k!} e^{-\lambda} = e^{-\lambda} \sum_{k=0}^{\infty} \frac{\lambda^k}{k!} = e^{-\lambda} \cdot e^{\lambda} = 1.$$

服从泊松分布的随机变量是常见的.例如,放射性物质在某一段时间内放射的粒子数、某容器内的细菌数、布的疵点数、某交换台的电话呼唤次数、一页书中印刷错误出现的个数等都服从或近似服从泊松分布.

泊松分布只有一个参数 λ ,对于固定的 λ , $P(X=k)$ 先随着 k 的增大而增加,当 k 增大到一定范围之外时,相应的概率便急剧下降,甚至可以忽略不计.

虽然泊松分布本身是一种非常重要的分布,但历史上它却是作为二项分布的近似在1837 年由法国数学家泊松引入的.下面介绍这个有名的定理.

定理 2.2(泊松定理)　设随机变量 $X_n(n=1,2,\cdots)$ 服从二项分布,即

$$P(X_n = k) = C_n^k p_n^k (1-p_n)^{n-k}, \quad k = 0,1,2,\cdots,n,$$

其中,$p_n(0<p_n<1)$ 是与 n 有关的数,且设 $np_n=\lambda>0$ 是常数,则有

$$\lim_{n\to+\infty} P(X_n = k) = e^{-\lambda}\frac{\lambda^k}{k!}, \quad k = 0,1,2,\cdots.$$

可见,二项分布的极限分布为泊松分布.因此,当 n 很大,p 很小时,可用 $e^{-\lambda}\dfrac{\lambda^k}{k!}$ 近似代替 $C_n^k p^k (1-p)^{n-k}(np=\lambda)$,从而得到以下近似公式

$$C_n^k p^k (1-p)^{n-k} \approx e^{-\lambda}\frac{\lambda^k}{k!}.$$

一般来说,在实际应用中,当 $n\geqslant20$,$p\leqslant0.05$ 时,我们就可采用上述近似公式来计算.

例 5　设生三胞胎的概率为 10^{-4},求在 10 000 次生育中恰有 2 次生三胞胎的概率.

解　设在 10 000 次生育中生三胞胎的次数为 X,则 $X\sim B(10\,000, 10^{-4})$,故所求概率为

$$P(X=2) = C_{10\,000}^2 (0.000\,1)^2 (1-0.000\,1)^{9\,998}.$$

显然直接计算是很麻烦的,故用泊松分布求近似值.因 $n=10\,000>20$,$p=0.000\,1<0.05$,$\lambda=np=1$,故

$$P(X=2) \approx \frac{\lambda^2 e^{-\lambda}}{2!} = \frac{e^{-1}}{2} \approx 0.183\,9.$$

4. 几何分布

设随机变量 X 的分布为

$$P(X=k) = pq^{k-1} \quad (k=1,2,\cdots,n,\cdots; \ 0<p<1, \ q=1-p),$$

则称 X 服从参数为 p 的**几何分布**,记为 $X\sim G(p)$.

利用几何级数求和公式容易验证几何分布的概率值 p_k 满足:

$$\sum_k p_k = \sum_{k=1}^{\infty} pq^{k-1} = p\frac{1}{1-q} = 1.$$

一般地,在伯努利试验中,事件 A 首次出现在第 k 次的概率为

$$p_k = pq^{k-1}, \quad k=1,2,\cdots,$$

通常称 k 为事件 A 的首发生次数.如用 X 表示事件 A 的首发生次数,则 X 服从几何分布.如 §2.1 例 2 中,设每次命中目标的概率为 0.7,则 X 就是一个服从参数为 0.7 的几何分布.

例 6　某射手连续向一目标射击,直到命中为止,已知他每发命中的概率是 0.7,求至少需要 n 次才能射中目标的概率.

解　解法 1　由题意,所需射击次数 X 服从以 $p=0.7$ 为参数的几何分布,而至少需要 n 次才能射中目标的概率为

$$P(X\geqslant n) = \sum_{k=n}^{\infty} (1-p)^{k-1}p = (1-p)^{n-1} p \sum_{k=0}^{\infty} (1-p)^k$$

$$= (1-p)^{n-1} = 0.3^{n-1}.$$

解法 2 设 $A=\{$至少需要 n 次才能射中目标$\}$，$B=\{$前 $n-1$ 次都未射中目标$\}$，我们有 $A=B$，而每次未能射中目标的概率为 $1-p=0.3$，所以

$$P(X \geqslant n) = P(B) = (1-p)^{n-1} = 0.3^{n-1}.$$

5. 超几何分布

设随机变量 X 的分布为

$$P(X=k) = \frac{C_M^k C_{N-M}^{n-k}}{C_N^n}, \quad k=0,1,\cdots,l,$$

其中 $n \leqslant N, M < N, l = \min\{n,M\}$，$n, N, M$ 均为正整数，则称随机变量 X 服从参数为 N，M, n 的**超几何分布**，记作 $X \sim H(N,M,n)$。

产生超几何分布的背景之一是产品的不放回抽样问题。

例 7 从某厂生产的 1 000 件产品(其中有 200 件是次品)中，随机抽查 20 件．令 X 表示这 20 件中次品的件数，求 X 的分布。

解 依题意，这里是不放回抽样，因此，X 应服从超几何分布

$$P(X=k) = \frac{C_{200}^k C_{800}^{20-k}}{C_{1\,000}^{20}},$$

其中，$k=0,1,2,\cdots,20$。

若按上式计算，组合数 $C_{200}^k, C_{800}^{20-k}, C_{1\,000}^{20}$ 的计算很不方便。

如果注意到这批产品的总数很大，而抽查的产品数相对很小．因而，不妨把不放回抽样近似地当作放回抽样来处理，不会产生多大的误差．而放回抽样可看成 n 重伯努利试验，从而，可近似地认为：$X \sim B(20,0.2)$．于是

$$P(X=k) \approx C_{20}^k (0.2)^k (0.8)^{20-k} \quad (k=0,1,2,\cdots,20).$$

一般来说，若从 N 件产品中随机抽取 n 件，只要 $N \geqslant 10n$，不放回抽样就可近似按放回抽样来处理，超几何分布就可用二项分布来近似，即

$$\frac{C_M^k C_{N-M}^{n-k}}{C_N^n} \approx C_n^k p^k (1-p)^{n-k} \quad \left(\text{其中，} k=0,1,2,\cdots,n, p=\frac{M}{N}\right).$$

下面我们不加证明地给出二项定理：

定理 2.3(二项定理) 若当 $N \to \infty$ 时，$\dfrac{M}{N} \to p$ (n, k 不变)，则

$$\frac{C_M^k C_{N-M}^{n-k}}{C_N^n} \to C_n^k p^k (1-p)^{n-k} \quad (N \to \infty).$$

可见，超几何分布的极限分布为二项分布。

§2.3 连续型随机变量及其分布

上面我们讨论了取值是至多可列个的离散型随机变量．在实际问题中，我们所遇到的更多的是另外一类变量，如某个地区的气温，某种产品的寿命，人的身高、体重等，它们的取值可以充满某个区间，这就是非离散型随机变量。

在非离散型的随机变量中最重要的也是实际工作中经常遇到的是连续型的随机变量. 对于连续型随机变量 X 来说, 由于它的取值不是集中在有限个或可列个点上, 考察 X 取值于一点的概率往往意义不大; 因此, 只有确切知道 X 取值于任一区间上的概率(即 $P(a<X<b)$, 其中 $a<b$ 为任意实数), 才能掌握它取值的概率分布. 下面我们将引入概率密度函数的概念来介绍其中的连续型随机变量.

(一) 概率密度

定义 2.4 对于随机变量 X, 如果存在非负可积函数 $p(x)(-\infty<x<+\infty)$, 使得 X 取值于任一区间 (a,b) 的概率为

$$P(a<X<b)=\int_a^b p(x)\mathrm{d}x,$$

则称 X 为连续型随机变量; 并称 $p(x)$ 为 X 的**概率密度函数**, 有时简称为**概率密度**.

$p(x)$ 有以下性质:

性质 1 $p(x)\geqslant 0, -\infty<x<+\infty$.

性质 2 $\int_{-\infty}^{+\infty}p(x)\mathrm{d}x=P(-\infty<X<+\infty)=P(U)=1$.

由分布函数的定义可知, $p(x)$ 还满足:

性质 3 对任何实数 $a,b\ (a<b)$, 有

$$P(a<X\leqslant b)=F(b)-F(a)=\int_a^b p(x)\mathrm{d}x.$$

性质 4 对任意实数 $x, P(X=x)=0$.

性质 5 $F(x)$ 是连续函数, 且在 $p(x)$ 的连续点 x 处有

$$F'(x)=p(x).$$

由性质 3 可知随机变量 X 落在区间 $(a,b]$ 的概率等于曲线 $y=p(x)$ 与 x 轴、直线 $x=a$ 和 $x=b$ 所围成的曲边梯形的面积(见图 2—2). 因此, 与离散型随机变量类似, 对于实数集 **R** 中任一区间 D, 事件 $(X\in D)$ 的概率都可以由分布密度算出:

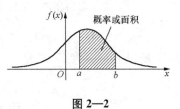

图 2—2

$$P(X\in D)=\int_D p(x)\mathrm{d}x.$$

对于性质 4, 利用不等式

$$0\leqslant P(X=x)\leqslant P(x\leqslant X\leqslant x+\Delta x)$$
$$=F(X+\Delta x)-F(x-0)$$

及 $F(x)$ 的连续性, 令 $\Delta x\to 0^+$, 得 $P(X=x)=0$.

因此, 在计算连续型随机变量落在某一区间的概率时, 可以不区分区间是开区间或闭区间, 即

$$P(x_1<X\leqslant x_2)=P(x_1<X<x_2)=P(x_1\leqslant X<x_2)$$
$$=P(x_1\leqslant X\leqslant x_2).$$

性质 4 也说明用列举连续型随机变量取某个值的概率来描述这种随机变量不但不可行,而且毫无意义.另外,这一结果也表明概率为零的事件并不一定是不可能事件,同样概率为 1 的事件并不一定是必然事件.

根据定义,性质 5 是显然成立的,则

$$f(x) = F'(x) = \lim_{\Delta x \to 0} \frac{F(x + \Delta x) - F(x)}{\Delta x}$$
$$= \lim_{\Delta x \to 0} \frac{P(x < X \leqslant x + \Delta x)}{\Delta x},$$

因此,当 Δx 很小时,有

$$P(x < X \leqslant x + \Delta x) \approx p(x)\Delta x.$$

上式说明,密度函数在 x 处的函数值 $p(x)$ 越大,则 X 取 x 附近的值的概率就越大.因此,密度函数 $p(x)$ 并不是随机变量 X 取值 x 时的概率,而是随机变量 X 集中在该点附近的密集程度.这也意味着 $p(x)$ 确实有"密度"的性质,所以称它为概率密度.

例 1   设连续型随机变量 X 的概率密度为

$$p(x) = \begin{cases} ax + 1, & 0 \leqslant x \leqslant 2, \\ 0, & \text{其他,} \end{cases}$$

求系数 a 及分布函数 $F(x)$,并计算 $P(0.5 < X < 2)$.

解   因为 $\int_{-\infty}^{+\infty} p(x)\mathrm{d}x = 1$,即

$$\int_0^2 (ax + 1)\mathrm{d}x = 2a + 2 = 1, \quad \text{解得} \quad a = -\frac{1}{2}.$$

当 $x < 0$ 时,$F(x) = 0$;

当 $0 \leqslant x < 2$ 时,

$$F(x) = \int_{-\infty}^x p(t)\mathrm{d}t = \int_0^x \left(-\frac{t}{2} + 1\right)\mathrm{d}t = -\frac{x^2}{4} + x;$$

当 $x \geqslant 2$ 时,$F(x) = 1$.

所以分布函数 $F(x)$ 为

$$F(x) = \begin{cases} 0, & x < 0, \\ -\dfrac{x^2}{4} + x, & 0 \leqslant x < 2, \\ 1, & x \geqslant 2. \end{cases}$$

$$P(0.5 < X < 2) = F(2) - F(0.5) = 1 - \frac{7}{16} = \frac{9}{16}.$$

(二) 几种常见的连续型随机变量的分布

1. 均匀分布

设随机变量 X 的分布密度函数为

$$p(x) = \begin{cases} \dfrac{1}{b - a}, & a \leqslant x \leqslant b, \\ 0, & \text{其他,} \end{cases}$$

则称 X 服从参数为 a, b 的**均匀分布**,记作 $X \sim U(a, b)$,其相应的分布函数为

$$F(x) = \begin{cases} 0, & x < a, \\ \dfrac{x-a}{b-a}, & a \leqslant x < b, \\ 1, & x \geqslant b. \end{cases}$$

$p(x)$ 和 $F(x)$ 的图形分别见图 2—3 和图 2—4.

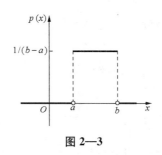

图 2—3

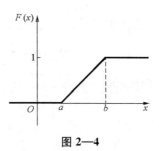

图 2—4

若 $X \sim U(a, b)$,对于任意区间 $[c, d] \subset [a, b]$,有

$$P(c < X < d) = \int_c^d \frac{\mathrm{d}x}{b-a} = \frac{d-c}{b-a},$$

此式表明 X 落在 $[a, b]$(即正概率密度区间)内任意小区间 $[c, d]$ 的概率与该小区间的长度成正比,而与该小区间的位置无关. 这说明 X 落在 $[a, b]$ 内任意等长的小区间内的概率是相同的,所以均匀分布也称为**等概率分布**. 因此,有关一维均匀分布的概率可以利用几何概型中的长度之比来计算.

可见,均匀分布是一种比较简单且常见的分布. 如 §2.1 例 3 中的 X 可视为参数 $a = 0, b = 5$ 的均匀分布.

不难看出

$$\int_{-\infty}^{+\infty} p(x)\mathrm{d}x = \int_{-\infty}^a 0\mathrm{d}x + \int_a^b \frac{1}{b-a}\mathrm{d}x + \int_b^{+\infty} 0\mathrm{d}x = 1.$$

例 2　设随机变量 $X \sim U(1, 6)$,求 x 的二次方程 $x^2 + Xx + 1 = 0$ 有实根的概率.

解　解法 1　由题设,X 的概率密度为

$$p(x) = \begin{cases} 1/5, & 1 \leqslant x \leqslant 6, \\ 0, & 其他, \end{cases}$$

由于方程有实根的充要条件是 $\Delta = X^2 - 4 \geqslant 0$,而

$$P(X^2 - 4 \geqslant 0) = P(|X| \geqslant 2) = P(X \leqslant -2) + P(X \geqslant 2)$$
$$= P(X \leqslant -2) + 1 - P(X < 2)$$
$$= \int_{-\infty}^{-2} p(x)\mathrm{d}x + 1 - \int_{-\infty}^2 p(x)\mathrm{d}x$$
$$= 0 + 1 - \int_1^2 \frac{1}{5}\mathrm{d}x = \frac{4}{5}.$$

解法 2　由几何概型,可以看出 $P(X \leqslant -2) = P(\varnothing) = 0$,而

$$P(A) = P(X \geqslant 2) = \frac{L(A)}{L(\Omega)} = \frac{6-2}{6-1} = \frac{4}{5},$$

由此可见,利用几何概型计算均匀分布的概率会比较简单.

2. 指数分布

设随机变量 X 的密度函数为

$$p(x) = \begin{cases} \lambda e^{-\lambda x}, & x > 0, \\ 0, & x \leqslant 0, \end{cases}$$

其中 $\lambda > 0$ 为常数,我们称 X 服从参数为 λ 的**指数分布**,记作 $X \sim E(\lambda)$,其相应的分布函数为

$$F(x) = \begin{cases} 1 - e^{-\lambda x}, & x > 0, \\ 0, & x \leqslant 0. \end{cases}$$

$p(x)$ 和 $F(x)$ 的图形分别见图 2—5 和图 2—6.

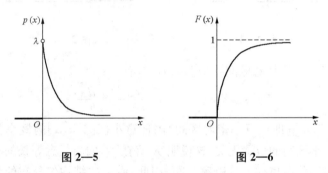

图 2—5   图 2—6

指数分布通常用作各种"寿命"的分布,例如,无线电元件的寿命、动物的寿命等;另外电话问题中的通话时间、随机服务系统中的服务时间等都可认为服从指数分布.因此,它在排队论和可靠性理论等领域中有广泛的应用.不难验证

$$\int_{-\infty}^{+\infty} p(x)\mathrm{d}x = \int_{-\infty}^{0} 0\mathrm{d}x + \int_{0}^{+\infty} \lambda e^{-\lambda x}\mathrm{d}x = 1.$$

例3 某电子元件的使用寿命 X 是一个连续型随机变量,其概率密度为

$$p(x) = \begin{cases} k e^{-\frac{x}{100}}, & x > 0, \\ 0, & x \leqslant 0. \end{cases}$$

(1) 确定常数 k;

(2) 求寿命超过 100 小时的概率;

(3) 已知该元件已正常使用 200 小时,求它至少还能正常使用 100 小时的概率.

解 (1) 由概率密度函数性质 2 知

$$\int_{0}^{+\infty} k e^{-\frac{x}{100}}\mathrm{d}x = \left[-100k e^{-\frac{x}{100}}\right]\Big|_{0}^{+\infty} = 100k = 1,$$

由此得 $k = 1/100 = 0.01$,所以 $X \sim E(0.01)$.

(2) 寿命超过 100 小时的概率为

$$P(X > 100) = 1 - F(100) = 1 - (1 - e^{-0.01 \times 100})$$
$$= e^{-1} \approx 0.367\,9.$$

（3）已知该元件已正常使用 200 小时，求它至少还能正常使用 100 小时的概率，即求条件概率

$$P(X > 300 \mid X > 200) = \frac{P(X > 300, X > 200)}{P(X > 200)}$$

$$= \frac{P(X > 300)}{P(X > 200)} = \frac{\mathrm{e}^{-3}}{\mathrm{e}^{-2}} = \mathrm{e}^{-1} \approx 0.3679.$$

由（2），（3）可知，该元件寿命超过 100 小时的概率等于已使用 200 小时的条件下至少还能使用 100 小时的概率，这种性质称为指数分布的"**无记忆性**"．

若随机变量 X 对任意的 $s>0, t>0$ 都有

$$P(X > s+t \mid X > s) = P(X > t),$$

则称 X 的分布具有**无记忆性**．

因此，指数分布具有无记忆性．若某元件或动物的寿命服从指数分布，则上式表明，如果已知寿命长于 s 年，则再"活" t 年的概率与 s 无关，即对过去的 s 时间没有记忆．也就是说只要在某时刻 s 其仍"活"着，它的剩余寿命的分布就与原来的寿命分布相同．所以人们也戏称指数分布是"永远年轻的"．

3．正态分布

设随机变量 X 的密度函数为

$$p(x) = \frac{1}{\sigma\sqrt{2\pi}}\exp\left\{-\frac{(x-\mu)^2}{2\sigma^2}\right\}, \quad -\infty < x < +\infty,$$

其中 $\sigma>0, \mu$ 和 σ 为常数，我们称 X 服从参数为 μ, σ^2 的**正态分布**，记作 $X \sim N(\mu, \sigma^2)$，其分布函数为

$$F(x) = \frac{1}{\sigma\sqrt{2\pi}}\int_{-\infty}^{x} \mathrm{e}^{-\frac{(t-\mu)^2}{2\sigma^2}}\,\mathrm{d}t, \quad -\infty < x < +\infty.$$

现实世界中，大量的随机变量都服从或近似地服从正态分布．例如，机械制造过程中所发生的误差、人的身高、海洋波浪的高度以及射击时着弹点对目标的横向偏差与纵向偏差，等等．进一步的理论研究表明，一个变量如果受到了大量的随机因素的影响，各种因素所起的作用又都很微小时，这样的变量一般都服从正态分布．正态分布是最常见、最重要的分布，无论在理论研究还是在实际应用中都具有特别重要的地位．

正态分布的概率密度 $p(x)$ 和分布函数 $F(x)$ 的图形分别如图 2—7 和图 2—8 所示．

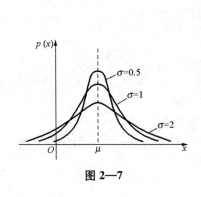

图 2—7

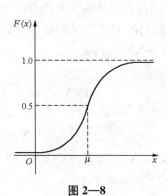

图 2—8

从图 2—7 我们可以看到,正态分布的概率密度 $p(x)$ 的图形呈钟形,"中间大,两头小". 容易看出,$p(x)$ 有如下性质:

性质 1 $p(x)$ 的图形关于 $x=\mu$ 对称.

性质 2 $p(x)$ 在 $x=\mu$ 处达到最大,最大值为 $\dfrac{1}{\sqrt{2\pi}\sigma}$.

性质 3 $p(x)$ 在点 $\left(\mu-\sigma,\dfrac{1}{\sigma\sqrt{2\pi}}\mathrm{e}^{-\frac{1}{2}}\right)$ 和点 $\left(\mu+\sigma,\dfrac{1}{\sigma\sqrt{2\pi}}\mathrm{e}^{-\frac{1}{2}}\right)$ 处有拐点.

性质 4 x 离 μ 越远,$p(x)$ 值越小,当 x 趋向无穷大时,$p(x)$ 趋于零,即 $p(x)$ 以 x 轴为渐近线.

性质 5 当 μ 固定,σ 越大,则 $p(x)$ 最大值越小,即曲线越平坦;σ 越小,则 $p(x)$ 最大值越大,即曲线越尖.

性质 6 当 σ 固定而改变 μ 时,即将 $p(x)$ 的图形沿 x 轴平移.

特别地,当 $\mu=0$,$\sigma=1$ 时,称 X 服从**标准正态分布**,记作 $X\sim N(0,1)$. 习惯上其概率密度和分布函数分别记为 $\varphi(x)$ 和 $\Phi(x)$,即

$$\varphi(x)=\frac{1}{\sqrt{2\pi}}\mathrm{e}^{-x^2/2},\quad -\infty<x<+\infty;$$

$$\Phi(x)=\frac{1}{\sqrt{2\pi}}\int_{-\infty}^{x}\mathrm{e}^{-t^2/2}\mathrm{d}t,\quad -\infty<x<+\infty.$$

只要令 $s=\dfrac{x-\mu}{\sigma}$(称为**标准化**),就可把正态随机变量的分布函数化为用标准正态随机变量的分布函数 $\Phi(x)$ 表示的形式,即

$$F(x)=\frac{1}{\sqrt{2\pi}}\int_{-\infty}^{\frac{x-\mu}{\sigma}}\mathrm{e}^{-s^2/2}\mathrm{d}s=\Phi\left(\frac{x-\mu}{\sigma}\right).$$

因此,正态随机变量的分布函数可借助于标准正态分布函数来计算. 而标准正态随机变量分布函数 $\Phi(x)$ 的值已制成表,可以查用,见附表 2.

在附表 2 中,只对 $x\geqslant 0$ 的情况给出了 $\Phi(x)$ 的函数值. 事实上,由于标准正态随机变量的概率密度函数 $\varphi(x)$ 是偶函数,分布函数 $\Phi(x)$ 满足下列公式:

$$\Phi(-x)=1-\Phi(x),$$

因此,当 $x<0$ 时,可先从表中查出 $\Phi(-x)$ 的取值,再由上式计算 $\Phi(x)$.

通过上述讨论,对于常见的概率计算有如下公式:

(1) 若 $X\sim N(0,1)$,有

$$P(X\leqslant x)=\begin{cases}\Phi(x), & x>0,\\ 0.5, & x=0,\\ 1-\Phi(-x), & x<0,\end{cases}$$

$$P(a<X\leqslant b)=\Phi(b)-\Phi(a),$$

$$P(|X|<x)=\Phi(x)-\Phi(-x)=2\Phi(x)-1,\quad 当 x>0 时.$$

(2) 若 $X\sim N(\mu,\sigma^2)$,有

$$P(X \leqslant x) = \Phi\left(\frac{x-\mu}{\sigma}\right).$$

在多元函数微积分中,我们证明了

$$\int_{-\infty}^{+\infty} e^{-x^2} dx = \sqrt{\pi}①,$$

令 $x = \dfrac{t}{\sqrt{2}}$,可以得到

$$\int_{-\infty}^{+\infty} \frac{1}{\sqrt{2\pi}} e^{-\frac{x^2}{2}} dx = 1.$$

由此,只要再作变换 $\dfrac{x-\mu}{\sigma} = t$,不难验证一般的正态分布密度函数也满足

$$\int_{-\infty}^{+\infty} p(x) dx = \int_{-\infty}^{+\infty} \frac{1}{\sqrt{2\pi}\sigma} e^{-\frac{(x-\mu)^2}{2\sigma^2}} dx = 1.$$

例 4　设 $X \sim N(0,1)$,求 $P(X>1)$,$P(-1<X<2)$,$P(|X|<1.5)$,$P(|X|>2)$.

解　$P(X>1) = 1 - P(X \leqslant 1) = 1 - \Phi(1) = 0.158\,7$;

$\quad P(-1<X<2) = P(X<2) - P(X \leqslant -1) = \Phi(2) - \Phi(-1)$

$\qquad\qquad\qquad = \Phi(2) + \Phi(1) - 1 = 0.818\,5$;

$\quad P(|X|<1.5) = P(-1.5<X<1.5)$

$\qquad\qquad\qquad = P(X<1.5) - P(X \leqslant -1.5)$

$\qquad\qquad\qquad = \Phi(1.5) - \Phi(-1.5) = 2\Phi(1.5) - 1$

$\qquad\qquad\qquad = 0.866\,4$;

$\quad P(|X|>2) = 2P(X>2) = 2(1 - \Phi(2)) = 0.045\,6.$

例 5　设 $X \sim N(2,4)$,求 $P(X \leqslant 1)$,$P(|X|<3)$.

解　$P(X \leqslant 1) = \Phi\left(\dfrac{1-2}{2}\right) = \Phi(-0.5) = 1 - \Phi(0.5) = 0.308\,5$;

$\quad P(|X|<3) = P(-3<X<3) = \Phi\left(\dfrac{3-2}{2}\right) - \Phi\left(\dfrac{-3-2}{2}\right)$

$\qquad\qquad\quad = \Phi(0.5) - \Phi(-2.5) = \Phi(0.5) + \Phi(2.5) - 1$

$\qquad\qquad\quad = 0.685\,3.$

例 6　设 $X \sim N(\mu, \sigma^2)$,求 $P(|X-\mu|<k\sigma)$.

解　把正态随机变量 X 标准化为 $\dfrac{X-\mu}{\sigma}$, 得

$\quad P(|X-\mu|<k\sigma) = P(\mu - k\sigma < X < \mu + k\sigma)$

$\qquad\qquad\qquad\quad = P\left(\dfrac{X-\mu}{\sigma}<k\right) - P\left(\dfrac{X-\mu}{\sigma} \leqslant -k\right)$

$\qquad\qquad\qquad\quad = \Phi(k) - \Phi(-k) = 2\Phi(k) - 1,$

---

① 参见赵树嫄主编:《微积分》,381 页,北京,中国人民大学出版社,2007.

所以

$$P(\mid X - \mu \mid < \sigma) = 0.6826,$$
$$P(\mid X - \mu \mid < 2\sigma) = 0.9544,$$
$$P(\mid X - \mu \mid < 3\sigma) = 0.9973.$$

上式表明,正态随机变量 X 落在区间 $(\mu-3\sigma,\mu+3\sigma)$ 内的概率已经高达 99.73%,因此可认为 X 的值几乎不落在区间 $(\mu-3\sigma,\mu+3\sigma)$ 之外. 这就是著名的"**3σ 原则**",它在工业生产中常用来作为质量控制的依据.

§2.4 二维随机变量

在实际问题中,有些随机试验的结果需要用两个或两个以上的随机变量来描述. 例如研究某种远程大炮的弹着点的位置需要由落点的横坐标与纵坐标这两个随机变量来确定,而考察某一牌号收音机的质量至少需要由输出功率、选择性、灵敏度这三个随机变量来描述. 要研究这些随机变量及其之间的关系,就要同时考虑这些随机变量及其"联合"分布.

我们把 n 个随机变量 $X_1,X_2,\cdots,X_n$ 作为一个整体来考察时称其为一个 n 维随机变量,记为 $\xi=(X_1,X_2,\cdots,X_n)$,其中 X_i 称为 ξ 的第 i 个分量.

在这一节里,我们主要讨论二维随机变量及其"联合"分布. 与一维随机变量的情形相类似,对于二维随机变量,我们也只讨论离散型和连续型两大类.

(一) 联合分布与边缘分布

1. 二维离散型随机变量

如果二维随机变量 (X,Y) 的所有可能取值为至多可列个有序对 (x,y),则称 ξ 为离散型随机变量.

设 $\xi=(X,Y)$ 的所有可能取值为 $(x_i,y_j)(i,j=1,2,\cdots)$,且事件 $\{\xi=(x_i,y_j)\}$ 的概率为 p_{ij},称

$$P\{(X,Y) = (x_i,y_j)\} = p_{ij} \quad (i,j = 1,2,\cdots)$$

为 $\xi=(X,Y)$ 的分布律或称为 X 和 Y 的**联合分布律**. 联合分布有时也用下面的概率分布表来表示:

X \ Y	y_1	y_2	$\cdots$	y_j	$\cdots$
x_1	p_{11}	p_{12}	$\cdots$	p_{1j}	$\cdots$
x_2	p_{21}	p_{22}	$\cdots$	p_{2j}	$\cdots$
$\vdots$	$\vdots$	$\vdots$	$\vdots$	$\vdots$	$\vdots$
x_i	p_{i1}	p_{i2}	$\cdots$	p_{ij}	$\cdots$
$\vdots$	$\vdots$	$\vdots$	$\vdots$	$\vdots$	$\vdots$

这些 p_{ij} 具有下面两个性质:

(1) $p_{ij} \geqslant 0 \quad (i,j=1,2,\cdots)$;

(2) $\sum\limits_{i} \sum\limits_{j} p_{ij} = 1$.

例 1 设二维随机变量 (X,Y) 共有六个取正概率的点,它们是:$(1,-1),(2,-1),(2,0),(2,2),(3,1),(3,2)$,并且 (X,Y) 取这些值的概率相同,则 (X,Y) 的联合分布为:

$$P\{(X,Y)=(1,-1)\}=\frac{1}{6};$$

$$P\{(X,Y)=(2,-1)\}=\frac{1}{6};$$

$$P\{(X,Y)=(2,0)\}=\frac{1}{6};$$

$$P\{(X,Y)=(2,2)\}=\frac{1}{6};$$

$$P\{(X,Y)=(3,1)\}=\frac{1}{6};$$

$$P\{(X,Y)=(3,2)\}=\frac{1}{6}.$$

其概率分布表为

X \ Y	−1	0	1	2
1	$\frac{1}{6}$	0	0	0
2	$\frac{1}{6}$	$\frac{1}{6}$	0	$\frac{1}{6}$
3	0	0	$\frac{1}{6}$	$\frac{1}{6}$

例 2 设袋中有 5 个球,其中有 3 个是红色的,2 个是白色的,每次从袋中任取 1 个,抽取两次,令

$$X = \begin{cases} 1, & \text{第一次抽取的是红球,} \\ 0, & \text{第一次抽取的是白球;} \end{cases}$$

$$Y = \begin{cases} 1, & \text{第二次抽取的是红球,} \\ 0, & \text{第二次抽取的是白球.} \end{cases}$$

对下面的两种抽取方式:(1) 有放回地抽取;(2) 无放回地抽取,求 (X,Y) 的概率分布.

解 (X,Y) 所有可能取值为 $(0,0),(0,1),(1,0),(1,1)$.

(1) 有放回抽取时,事件 $\{X=i\}$ 和事件 $\{Y=j\}$ 相互独立,则

$$P(X=i,Y=j)=P(X=i)P(Y=j), \quad i,j=0,1.$$

因此

$$P(X=0,Y=0)=\frac{2}{5}\times\frac{2}{5}=\frac{4}{25},$$

$$P(X=0,Y=1) = \frac{2}{5} \times \frac{3}{5} = \frac{6}{25},$$

$$P(X=1,Y=0) = \frac{3}{5} \times \frac{2}{5} = \frac{6}{25},$$

$$P(X=1,Y=1) = \frac{3}{5} \times \frac{3}{5} = \frac{9}{25}.$$

(2) 无放回抽取时,事件$\{X=i\}$和事件$\{Y=i\}$不独立,由乘法公式有

$$P(X=i,Y=j) = P(X=i)P(Y=j \mid X=i), \quad i,j = 0,1.$$

因此

$$P(X=0,Y=0) = \frac{2}{5} \times \frac{1}{4} = \frac{1}{10},$$

$$P(X=0,Y=1) = \frac{2}{5} \times \frac{3}{4} = \frac{3}{10},$$

$$P(X=1,Y=0) = \frac{3}{5} \times \frac{2}{4} = \frac{3}{10},$$

$$P(X=1,Y=1) = \frac{3}{5} \times \frac{2}{4} = \frac{3}{10}.$$

在(1),(2)两种抽取方式下,(X,Y)的联合分布律也可分别用如下两表表示.

X \ Y	0	1
0	$\frac{4}{25}$	$\frac{6}{25}$
1	$\frac{6}{25}$	$\frac{9}{25}$

X \ Y	0	1
0	$\frac{1}{10}$	$\frac{3}{10}$
1	$\frac{3}{10}$	$\frac{3}{10}$

2. 二维连续型随机变量

对于二维随机变量 $\xi=(X,Y)$,如果存在非负函数 $p(x,y)(-\infty<x<+\infty,-\infty<y<+\infty)$,使对任意一个其邻边分别平行于坐标轴的矩形区域 D,即 $D=\{(x,y) \mid a<x<b,c<y<d\}$ 有

$$P\{(X,Y) \in D\} = \iint\limits_{D} p(x,y)\mathrm{d}x\mathrm{d}y,$$

则称 ξ 为连续型随机变量;并称 $p(x,y)$ 为 $\xi=(X,Y)$ 的概率密度或称为 X 和 Y 的联合概率密度.

概率密度 $p(x,y)$ 具有下面两个性质:

(1) $p(x,y) \geqslant 0$;

(2) $\int_{-\infty}^{+\infty}\int_{-\infty}^{+\infty} p(x,y)\mathrm{d}x\mathrm{d}y = 1.$

下面介绍两种常见的连续型随机变量的分布:

(1) 均匀分布.

设随机变量 (X,Y) 的概率密度函数为

$$p(x,y) = \begin{cases} \dfrac{1}{S_D}, & (x,y) \in D, \\ 0, & \text{其他,} \end{cases}$$

其中 S_D 为区域 D 的面积,则称 (X,Y) 服从 D 上的均匀分布,记为 $(X,Y) \sim U(D)$.

(2) 正态分布.

设随机变量 (X,Y) 的概率密度函数为

$$p(x,y) = \frac{1}{2\pi\sigma_1\sigma_2\sqrt{1-\rho^2}} e^{-\frac{1}{2(1-\rho^2)}\left[\left(\frac{x-\mu_1}{\sigma_1}\right)^2 - \frac{2\rho(x-\mu_1)(y-\mu_2)}{\sigma_1\sigma_2} + \left(\frac{y-\mu_2}{\sigma_2}\right)^2\right]},$$

其中 $\mu_1, \mu_2, \sigma_1 > 0, \sigma_2 > 0, |\rho| < 1$ 是 5 个参数,则称 (X,Y) 服从二维正态分布,记为 $(X,Y) \sim N(\mu_1, \mu_2, \sigma_1^2, \sigma_2^2, \rho)$.

例 3　设 (X,Y) 的联合概率密度为

$$p(x,y) = \begin{cases} Ce^{-(x+y)}, & x \geqslant 0, y \geqslant 0, \\ 0, & \text{其他.} \end{cases}$$

试求:(1) 常数 C;(2) $P(0 < X < 1, 0 < Y < 1)$.

解　(1) 由 $p(x,y)$ 的性质,有

$$\begin{aligned} 1 &= \int_{-\infty}^{+\infty} \int_{-\infty}^{+\infty} p(x,y) \mathrm{d}x\mathrm{d}y \\ &= \int_0^{+\infty} \int_0^{+\infty} Ce^{-(x+y)} \mathrm{d}x\mathrm{d}y \\ &= C \cdot \int_0^{+\infty} e^{-x}\mathrm{d}x \cdot \int_0^{+\infty} e^{-y}\mathrm{d}y = C, \end{aligned}$$

即 $C = 1$.

(2) 令 $D = \{(x,y) | 0 < x < 1, 0 < y < 1\}$,有

$$\begin{aligned} P(0 < X < 1, 0 < Y < 1) &= P\{(X,Y) \in D\} \\ &= \iint_D p(x,y)\mathrm{d}x\mathrm{d}y = \iint_D e^{-(x+y)}\mathrm{d}x\mathrm{d}y \\ &= \int_0^1 e^{-x}\mathrm{d}x \int_0^1 e^{-y}\mathrm{d}y = \left(1 - \frac{1}{e}\right)^2. \end{aligned}$$

3. 边缘分布

对于随机变量 (X,Y),称其分量 X(或 Y)的分布为 (X,Y) 的关于 X(或 Y)的边缘分布.

若 (X,Y) 为离散型且联合分布律为

$$P\{(X,Y) = (x_i, y_j)\} = p_{ij} \quad (i,j = 1,2,\cdots),$$

则 X 的边缘分布为

$$P(X = x_i) = \sum_j p_{ij} \quad (i = 1,2,\cdots);$$

Y 的边缘分布为

$$P(Y = y_j) = \sum_i p_{ij} \quad (j = 1,2,\cdots).$$

证明 由于事件
$$\{X = x_i\} = \{X = x_i\} \cdot \left(\bigcup_j \{Y = y_j\} \right)$$
$$= \bigcup_j \{X = x_i, Y = y_j\} = \bigcup_j \{(X, Y) = (x_i, y_j)\},$$
又$\{(X, Y) = (x_i, y_j)\}, i = 1, 2, \cdots$是两两互斥的. 故有
$$P\{X = x_i\} = \sum_j P\{(X, Y) = (x_i, y_j)\}$$
$$= \sum_j p_{ij} \quad (i = 1, 2, \cdots).$$

同样可以证明
$$P\{Y = y_j\} = \sum_i p_{ij} \quad (j = 1, 2, \cdots).$$

例如,例 1 中的 X 和 Y 的边缘分布为
$$P(X = 1) = \sum_{j=1}^{4} p_{1j} = \frac{1}{6} + 0 + 0 + 0 = \frac{1}{6},$$
即(X, Y)的分布表中第一行的数值之和. 类似地,有
$$P(X = 2) = \frac{1}{2}, \quad P(X = 3) = \frac{1}{3}.$$

于是

X	1	2	3
$P(X = x_k)$	$\frac{1}{6}$	$\frac{1}{2}$	$\frac{1}{3}$

同样有

Y	-1	0	1	2
$P(X = y_k)$	$\frac{1}{3}$	$\frac{1}{6}$	$\frac{1}{6}$	$\frac{1}{3}$

若(X, Y)为连续型随机变量,并且其联合概率密度为 $p(x, y)$,则 X 和 Y 的边缘概率密度为
$$p_X(x) = \int_{-\infty}^{+\infty} p(x, y) \mathrm{d}y,$$
$$p_Y(y) = \int_{-\infty}^{+\infty} p(x, y) \mathrm{d}x.$$

为方便起见,有时我们把 $p_X(x), p_Y(y)$ 简记为 $p_1(x), p_2(y)$.

证明 由于事件
$$\{-\infty < Y < +\infty\} = U,$$
$$\{a < X < b\} = \{a < X < b\} \cdot U$$
$$= \{a < X < b, -\infty < Y < +\infty\},$$

故有

$$P\{a<X<b\}=P\{a<X<b,-\infty<Y<+\infty\}$$

$$=\iint\limits_{D}p(x,y)\mathrm{d}x\mathrm{d}y=\int_a^b\Big[\int_{-\infty}^{+\infty}p(x,y)\mathrm{d}y\Big]\mathrm{d}x,$$

其中 $D=\{(x,y)|a<x<b,-\infty<y<+\infty\}$. 再根据随机变量的概率密度定义, 不难看出

$$p_1(x)=\int_{-\infty}^{+\infty}p(x,y)\mathrm{d}y,$$

同理

$$p_2(y)=\int_{-\infty}^{+\infty}p(x,y)\mathrm{d}x.$$

例如, 例 3 中的 X 和 Y 的边缘概率密度为

$$p_1(x)=\int_{-\infty}^{+\infty}p(x,y)\mathrm{d}y$$

$$=\begin{cases}\int_0^{+\infty}\mathrm{e}^{-(x+y)}\mathrm{d}y, & x\geqslant 0,\\[2mm]\int_{-\infty}^{+\infty}0\,\mathrm{d}y, & x<0\end{cases}$$

$$=\begin{cases}\mathrm{e}^{-x}, & x\geqslant 0,\\0, & x<0.\end{cases}$$

即 $X\sim E(1)$; 同理 $Y\sim E(1)$. 又如, 当 $(X,Y)\sim N(\mu_1,\mu_2,\sigma_1^2,\sigma_2^2,\rho)$ 时, 可以推出 $X\sim N(\mu_1,\sigma_1^2),Y\sim N(\mu_2,\sigma_2^2)$. 即二维正态分布的边缘分布是一维正态分布.

(二) 随机变量的独立性

随机变量的独立性是概率统计中的一个重要概念. 我们在研究随机现象时, 经常会遇到一个随机变量的取值对其余的随机变量的取值没有影响的情形. 例如两个人各自向同一目标射击, 其命中环数分别为 X,Y. 这里 X 的取值不影响 Y 的取值. 为了描述这类情况, 根据随机事件独立性的定义, 我们引进下面的定义.

定义 2.5 设 X,Y 是两个随机变量. 如果对于任意的 $a<b,c<d$, 事件 $\{a<X<b\}$ 与 $\{c<Y<d\}$ 相互独立, 则称随机变量 X 与 Y 是 **相互独立的**.

对于离散型随机变量, 可以证明: 当 X,Y 的分布律分别为 $P(X=x_i),i=1,2,\cdots$; $P(Y=y_j),j=1,2,\cdots$ 时, 则 X 与 Y 相互独立的充要条件是: 对一切 i,j 有

$$P(X=x_i,Y=y_j)=P(X=x_i)P(Y=y_j).$$

例 4 若 X,Y 的取值均为 $1,2,3,4$, 并且事件 $\{X=i,Y=j\}(i,j=1,2,3,4)$ 的概率都相等. 求 (X,Y) 的联合分布律以及 X 和 Y 的边缘分布, 并讨论它们的独立性.

解 由 p_{ij} 性质知 $\sum\limits_{i=1}^{4}\sum\limits_{j=1}^{4}p_{ij}=1$, 按题意, 式中的 16 个 p_{ij} 是相等的, 因此, (X,Y) 的联合分布为

$$p_{ij}=P(X=i,Y=j)=\frac{1}{16}\quad (i,j=1,2,3,4).$$

容易看出 X 和 Y 的边缘分布为

$$P(X=i)=\sum_{j=1}^{4}p_{ij}=\sum_{j=1}^{4}\frac{1}{16}=\frac{1}{4}\quad(i=1,2,3,4),$$

$$P(Y=j)=\frac{1}{4}\quad(j=1,2,3,4).$$

又由于对于一切 $i,j=1,2,3,4$ 有

$$P(X=i,Y=j)=\frac{1}{16}=P(X=i)\cdot P(Y=j),$$

可知 X 和 Y 是相互独立的.

又如,例 1 中的 X 和 Y 不独立,这是因为

$$P(X=1)P(Y=-1)=\frac{1}{18},\quad P(X=1,Y=-1)=\frac{1}{6}$$

的缘故.

对于连续型随机变量,可以证明:当 X,Y 的概率密度分别是 $p_1(x),p_2(y)$ 时,则 X 与 Y 相互独立的**充要条件**是:二元函数

$$p_1(x)p_2(y)$$

等于随机变量 (X,Y) 的联合概率密度 $p(x,y)$,即

$$p(x,y)=p_1(x)p_2(y).$$

这是概率统计中的一个重要结论. 在前面的讨论中,我们知道联合概率密度决定了边缘概率密度,而边缘概率密度一般来说是不能决定联合概率密度的. 然而,这个结论告诉我们,当 X,Y 独立时,两个边缘概率密度的乘积就是它们的联合概率密度,这就是说,只要 X,Y 是独立的,那么边缘概率密度也能确定联合概率密度. 例如,设 $X\sim N(\mu_1,\sigma_1^2)$,$Y\sim N(\mu_2,\sigma_2^2)$,且 X 与 Y 相互独立,则 (X,Y) 的联合概率密度为

$$p(x,y)=p_1(x)p_2(y)=\frac{1}{\sqrt{2\pi}\sigma_1}e^{-\frac{(x-\mu_1)^2}{2\sigma_1^2}}\cdot\frac{1}{\sqrt{2\pi}\sigma_2}e^{-\frac{(y-\mu_2)^2}{2\sigma_2^2}}$$

$$=\frac{1}{2\pi\sigma_1\sigma_2}e^{-\frac{1}{2}\left[(\frac{x-\mu_1}{\sigma_1})^2+(\frac{y-\mu_2}{\sigma_2})^2\right]}.$$

我们把这一结果与前面的二元正态分布的概率密度比较,不难发现:当 X,Y 独立时,X,Y 的联合概率密度 $p(x,y)=p_1(x)p_2(y)$ 恰好是二元正态分布概率密度中 $\rho=0$ 时的特殊情况. 由此我们给出了另一个重要结论(证明从略):若 (X,Y) 服从二元正态分布,即 $(X,Y)\sim N(\mu_1,\mu_2,\sigma_1^2,\sigma_2^2,\rho)$,则 X 与 Y 相互独立的充要条件是:$\rho=0$.

可见 ρ 是二元正态分布概率密度函数中的一个重要参数.

又如,本节例 3 中的 X 和 Y 是相互独立的,这是因为当 $x\geqslant0,y\geqslant0$ 时,$p(x,y)=e^{-(x+y)}=e^{-x}\cdot e^{-y}=p_1(x)\cdot p_2(y)$;而 $x<0$ 或 $y<0$ 时,$p(x,y)=0=p_1(x)\cdot p_2(y)$ 的缘故.

(三) 二维随机变量的条件分布

在第 1 章中,我们给出了随机事件的条件概率,即在事件 A 发生的条件下($P(A)>0$),

事件 B 发生的概率为

$$P(B \mid A) = \frac{P(AB)}{P(A)}.$$

现在的问题是：设二维随机变量 (X,Y) 的分布已知，在其中一个随机变量 X 取固定值 x 的条件下，另一个随机变量 Y 的概率分布是什么？这就是我们下面将讨论的二维随机变量的条件分布.

1. 二维离散型随机变量的条件分布

定义 2.6　设 (X,Y) 为二维离散型随机变量，其联合分布为

$$P(X = x_i, Y = y_j) = p_{ij}, \quad i,j = 1,2,\cdots,$$

(X,Y) 关于 X 和 Y 的边缘分布分别为

$$P(X = x_i) = \sum_{j=1}^{\infty} p_{ij} = p_{i \cdot}, \quad i = 1,2,\cdots,$$

$$P(Y = y_j) = \sum_{i=1}^{\infty} p_{ij} = p_{\cdot j}, \quad j = 1,2,\cdots.$$

对于固定的 j，若 $p_{\cdot j} > 0$，则在条件 $Y = y_j$ 下，随机事件 $\{X = x_i\}$ 发生的概率

$$P(X = x_i \mid Y = y_j) = \frac{P(X = x_i, Y = y_j)}{P(Y = y_j)} = \frac{p_{ij}}{p_{\cdot j}}, \quad i = 1,2,\cdots,$$

称为**在条件 $Y = y_j$ 下随机变量 X 的条件分布律**.

上式定义的条件分布同样具有下面两个性质：

性质 1　$P(X = x_i \mid Y = y_j) \geqslant 0, \quad i = 1,2,\cdots;$

性质 2　$\displaystyle\sum_{i=1}^{\infty} P(X = x_i \mid Y = y_j) = \sum_{i=1}^{\infty} \frac{p_{ij}}{p_{\cdot j}} = \frac{p_{\cdot j}}{p_{\cdot j}} = 1.$

同样地，对于固定的 i，若 $p_{i \cdot} > 0$，则在条件 $X = x_i$ 下，随机事件 $\{Y = y_j\}$ 发生的概率

$$P(Y = y_j \mid X = x_i) = \frac{P(X = x_i, Y = y_j)}{P(X = x_i)} = \frac{p_{ij}}{p_{i \cdot}}, \quad j = 1,2,\cdots,$$

称为**在条件 $X = x_i$ 下随机变量 Y 的条件分布律**.

例 5　在本节例 2 中，求出在 $X = 1$ 的条件下 Y 的条件分布.

解　（1）在有放回抽取时，根据 (X,Y) 的联合分布

X＼Y	0	1	$p_{i \cdot}$
0	$\dfrac{4}{25}$	$\dfrac{6}{25}$	$\dfrac{2}{5}$
1	$\dfrac{6}{25}$	$\dfrac{9}{25}$	$\dfrac{3}{5}$
$p_{\cdot j}$	$\dfrac{2}{5}$	$\dfrac{3}{5}$	1

由定义可以求出在 $X = 1$ 的条件下 Y 的条件分布如下：

Y	0	1
$P(Y=y_j \mid X=1)$	$\dfrac{2}{5}$	$\dfrac{3}{5}$

（2）在无放回抽取时,根据(X,Y)的联合分布

X ＼ Y	0	1	$p_{i\cdot}$
0	$\dfrac{1}{10}$	$\dfrac{3}{10}$	$\dfrac{2}{5}$
1	$\dfrac{3}{10}$	$\dfrac{3}{10}$	$\dfrac{3}{5}$
$p_{\cdot j}$	$\dfrac{2}{5}$	$\dfrac{3}{5}$	1

由定义可以求出在$X=1$的条件下Y的条件分布如下:

Y	0	1
$P(Y=y_j \mid X=1)$	$\dfrac{1}{2}$	$\dfrac{1}{2}$

需要指出的是,在有放回抽取时,随机变量X和Y相互独立,因而计算出的在$X=1$条件下Y的条件分布与Y的边缘分布相同. 事实上,若(X,Y)为离散型随机变量,X和Y相互独立的充分必要条件为:对于任意的$i,j=1,2,\cdots$,有

$$P(X=x_i \mid Y=y_j)=P(X=x_i)$$

或
$$P(Y=y_j \mid X=x_i)=P(Y=y_j).$$

例6 设二维随机变量(X,Y)的联合分布为

X ＼ Y	0.4	0.8
2	0.15	0.05
5	0.30	0.12
8	0.35	0.03

求：（1）X 与 Y 的边缘分布；

（2）X 关于 Y 取值 $y_1=0.4$ 的条件分布；

（3）Y 关于 X 取值 $x_2=5$ 的条件分布.

解 （1）由公式

$$p_{i\cdot}=P(X=x_i)=\sum_j p_{ij} \quad (i=1,2,3),$$

x_i	2	5	8
$p_{i\cdot}$	0.20	0.42	0.38

$$p._{j} = P(Y = y_j) = \sum_i p_{ij} \quad (j = 1, 2),$$

y_j	0.4	0.8
$p._{j}$	0.80	0.20

（2）计算下面各条件概率：

$$p(x_1 \mid y_1) = \frac{p(x_1, y_1)}{p(y_1)} = \frac{0.15}{0.80} = \frac{3}{16}; \quad p(x_2 \mid y_1) = \frac{p(x_2, y_1)}{p(y_1)} = \frac{0.30}{0.80} = \frac{3}{8};$$

$$p(x_3 \mid y_1) = \frac{p(x_3, y_1)}{p(y_1)} = \frac{0.35}{0.80} = \frac{7}{16},$$

因此，X 关于 Y 取值 $y_1 = 0.4$ 的条件分布为

x_i	2	5	8
$p(x_i \mid y_1)$	$\frac{3}{16}$	$\frac{3}{8}$	$\frac{7}{16}$

（3）用同样的方法可以求出 Y 关于 X 取值 $x_2 = 5$ 的条件分布为

y_j	0.4	0.8
$p(y_j \mid x_2)$	$\frac{5}{7}$	$\frac{2}{7}$

2. 二维连续型随机变量的条件分布

若 (X, Y) 为二维连续型随机变量，因为对于任意的实数 x, y，都有 $P(X = x) = 0, P(Y = y) = 0$，所以不能像离散型随机变量那样直接用条件概率来规定连续型随机变量的条件分布. 下面我们将借助用极限的方法处理过的结果，直接给出连续型随机变量的条件分布定义.

定义 2.7 设 (X, Y) 为二维连续型随机变量，其联合概率密度和 X, Y 的边缘概率密度分别为 $p(x, y), p_X(x), p_Y(y)$. 对于固定的 y，若 $p_Y(y) > 0$，则称

$$p_{X \mid Y}(x \mid y) = \frac{p(x, y)}{p_Y(y)}$$

为在条件 $Y = y$ 下随机变量 X 的条件概率密度函数.

类似地，对于固定的 x，若 $p_X(x) > 0$，则称

$$p_{Y \mid X}(y \mid x) = \frac{p(x, y)}{p_X(x)}$$

为在条件 $X = x$ 下随机变量 Y 的条件概率密度函数.

由上述定义，可知

$$p(x, y) = p_Y(y) p_{X \mid Y}(x \mid y) = p_X(x) p_{Y \mid X}(y \mid x).$$

上面的三个表达式反映了联合概率密度、边缘概率密度和条件概率密度之间的关系，并且它们完全类似于第 1 章中的条件概率计算公式和乘法公式.

例 7 设 $(X, Y) \sim N(\mu_1, \mu_2, \sigma_1^2, \sigma_2^2, \rho)$，求条件概率密度 $p_{Y \mid X}(y \mid x)$.

解 (X,Y)的联合概率密度和X的边缘概率密度分别为

$$p(x,y) = \frac{1}{2\pi\sigma_1\sigma_2\sqrt{1-\rho^2}}e^{-\frac{1}{2(1-\rho^2)}\left[\left(\frac{x-\mu_1}{\sigma_1}\right)^2-2\rho\left(\frac{x-\mu_1}{\sigma_1}\right)\left(\frac{y-\mu_2}{\sigma_2}\right)+\left(\frac{y-\mu_2}{\sigma_2}\right)^2\right]},$$

$$p_X(x) = \frac{1}{\sqrt{2\pi}\sigma_1}e^{-\frac{(x-\mu_1)^2}{2\sigma_1^2}},$$

由定义,我们有

$$p_{Y|X}(y\mid x) = \frac{p(x,y)}{p_X(x)}$$

$$= \frac{1}{\sqrt{2\pi}\sigma_2\sqrt{1-\rho^2}}\cdot e^{-\frac{1}{2(1-\rho^2)}\left[\left(\frac{x-\mu_1}{\sigma_1}\right)^2-2\rho\left(\frac{x-\mu_1}{\sigma_1}\right)\left(\frac{y-\mu_2}{\sigma_2}\right)+\left(\frac{y-\mu_2}{\sigma_2}\right)^2\right]+\frac{1}{2}\left(\frac{x-\mu_1}{\sigma_1}\right)^2}$$

$$= \frac{1}{\sqrt{2\pi}\sigma_2\sqrt{1-\rho^2}}e^{-\frac{1}{2(1-\rho^2)}\left[\rho^2\left(\frac{x-\mu_1}{\sigma_1}\right)^2-2\rho\left(\frac{x-\mu_1}{\sigma_1}\right)\left(\frac{y-\mu_2}{\sigma_2}\right)+\left(\frac{y-\mu_2}{\sigma_2}\right)^2\right]}$$

$$= \frac{1}{\sqrt{2\pi}\sigma_2\sqrt{1-\rho^2}}e^{-\frac{1}{2(1-\rho^2)}\left(\frac{y-\mu_2}{\sigma_2}-\rho\frac{x-\mu_1}{\sigma_1}\right)^2}$$

$$= \frac{1}{\sqrt{2\pi}\sigma_2\sqrt{1-\rho^2}}e^{-\frac{1}{2\sigma_2^2(1-\rho^2)}\left[y-\left(\mu_2+\rho\frac{\sigma_2}{\sigma_1}(x-\mu_1)\right)\right]^2}.$$

因此,$p_{Y|X}(y|x)$是正态分布$N\left(\mu_2+\rho\dfrac{\sigma_2}{\sigma_1}(x-\mu_1),\sigma_2^2(1-\rho^2)\right)$的概率密度函数,即在条件

$X=x$下,随机变量Y服从正态分布$N\left(\mu_2+\rho\dfrac{\sigma_2}{\sigma_1}(x-\mu_1),\sigma_2^2(1-\rho^2)\right)$.

从上例可以看出,服从二维正态分布的随机变量的条件分布仍是正态分布.

例8 设二维随机变量(X,Y)的联合概率密度为

$$p(x,y) = \frac{1}{\pi}e^{-\frac{1}{2}(x^2+2xy+5y^2)}.$$

求 (1) X与Y的边缘概率密度; (2) 条件概率密度.

解 (1) 由公式

$$p_1(x) = \int_{-\infty}^{+\infty}p(x,y)\mathrm{d}y = \frac{1}{\pi}\int_{-\infty}^{+\infty}e^{-\frac{1}{2}(x^2+2xy+5y^2)}\mathrm{d}y$$

$$= \frac{1}{\pi}e^{-\frac{x^2}{2}}e^{\frac{x^2}{10}}\sqrt{\frac{2}{5}}\int_{-\infty}^{+\infty}e^{-\left(\sqrt{\frac{5}{2}}y+\sqrt{\frac{1}{10}}x\right)^2}\mathrm{d}\left(\sqrt{\frac{5}{2}}y+\sqrt{\frac{1}{10}}x\right)$$

$$= \frac{1}{\pi}\sqrt{\frac{2}{5}}e^{-0.4x^2}\cdot\sqrt{\pi} = \sqrt{\frac{2}{5\pi}}e^{-0.4x^2},$$

这里应用了$\displaystyle\int_{-\infty}^{+\infty}e^{-u^2}\mathrm{d}u=\sqrt{\pi}$. 同理,可求得$Y$的边缘概率密度为

$$p_2(y) = \sqrt{\frac{2}{\pi}}e^{-2y^2}.$$

(2) 在给定$Y=y$的条件下,X的条件概率密度为

$$p_{X|Y}(x\mid y) = \frac{p(x,y)}{p_2(y)} = \frac{1}{\sqrt{2\pi}}e^{-0.5(x+y)^2},$$

而在给定 $X=x$ 的条件下，Y 的条件概率密度为

$$p_{Y|X}(y \mid x) = \frac{p(x,y)}{p_1(x)} = \frac{\sqrt{5}}{\sqrt{2\pi}} e^{-0.1(x+5y)^2}.$$

§2.5　随机变量函数的分布

我们常常遇到一些随机变量，它们的分布往往难以直接得到（如球体积的测量值等），但是与它们有关系的另一些随机变量，其分布却是容易知道的（如球直径的测量值）.

（一）一维随机变量函数的分布

在很多实际问题中，我们不仅关心随机变量的分布，而且还要讨论随机变量之间存在的函数关系以及这些函数的分布，即随机变量函数的分布.

设 $f(x)$ 是定义在随机变量 X 的一切可能取值 x 的集合上的函数，如果当 X 取值为 x 时，随机变量 Y 的取值为 $y=f(x)$，那么我们称 Y 是一维随机变量 X 的函数，记作 $Y=f(X)$. 例如，设一球体直径的测量值为 X，体积为 Y，则 Y 是 X 的函数：$Y=\frac{\pi}{6}X^3$. 下面我们将讨论如何根据 X 的分布来导出 $Y=f(X)$ 的概率分布.

1. 离散型随机变量函数的分布

设 X 是离散型随机变量，其概率分布为

X	x_1	x_2	$\cdots$	x_n	$\cdots$
$P(X=x_i)$	p_1	p_2	$\cdots$	p_n	$\cdots$

记 $y_i=f(x_i)(i=1,2,\cdots)$. 如果 $f(x_i)$ 的值全都不相等，那么 Y 的概率分布为

Y	y_1	y_2	$\cdots$	y_n	$\cdots$
$P(Y=y_i)$	p_1	p_2	$\cdots$	p_n	$\cdots$

但是，如果 $f(x_i)$ 的值中有相等的，就把那些相等的值分别合并，并根据概率加法公式把相应的概率相加，便得到 Y 的分布.

例 1　设随机变量 X 的分布为

X	-2	-1	0	1	2
$P(X=x_i)$	$\frac{1}{5}$	$\frac{1}{5}$	$\frac{1}{5}$	$\frac{1}{10}$	$\frac{3}{10}$

求 $Y=X^2+1$ 的概率分布.

解 由 $y_i = x_i^2 + 1 (i=1,2,\cdots,5)$ 及 X 的分布,得到

X^2+1	$(-2)^2+1$	$(-1)^2+1$	0^2+1	1^2+1	2^2+1
$P(X=x_i)$	$\dfrac{1}{5}$	$\dfrac{1}{5}$	$\dfrac{1}{5}$	$\dfrac{1}{10}$	$\dfrac{3}{10}$

把 $f(x_i) = x_i^2 + 1$ 相同的值合并起来,并把相应的概率相加,便得到 Y 的分布,即

$$P\{Y=5\} = P\{X=-2\} + P\{X=2\} = \frac{1}{2},$$

$$P\{Y=2\} = P\{X=-1\} + P\{X=1\} = \frac{3}{10},$$

$$P\{Y=1\} = P\{X=0\} = \frac{1}{5}.$$

所以 $Y = X^2 + 1$ 的概率分布为

Y	5	2	1
$P(Y=y_i)$	$\dfrac{1}{2}$	$\dfrac{3}{10}$	$\dfrac{1}{5}$

2. 连续型随机变量函数的分布

设 X 是连续型随机变量,其概率密度函数为 $p(x)$. 又设函数 $y=f(x)$ 的导函数是连续的,我们用分布函数的定义导出 $Y=f(X)$ 的分布.

为了讨论方便,对于 X 有正概率密度的区间上的一切 x,令

$$\alpha = \min_x\{f(x)\}, \quad \beta = \max_x\{f(x)\}.$$

于是,对于 $\alpha > -\infty, \beta < +\infty$ 的情形,有:

当 $y < \alpha$ 时,$\{f(X) \leqslant y\}$ 是一个不可能事件,故 $F(y) = P\{f(X) \leqslant y\} = 0$;而当 $y \geqslant \beta$ 时,$\{f(X) \leqslant y\}$ 是一个必然事件,故 $F(y) = P\{f(X) \leqslant y\} = 1$. 这样,我们可设 Y 的分布函数为

$$F(y) = \begin{cases} 0, & y \leqslant \alpha, \\ *, & \alpha < y < \beta, \\ 1, & y \geqslant \beta. \end{cases}$$

对于 $\alpha = -\infty$ 或 $\beta = +\infty$ 的情形,只要去掉相应区间上 $F(y)$ 的表达式即可. 这里我们只需讨论 $\alpha < y < \beta$ 的情形,根据分布函数的定义有

$$* = P\{Y \leqslant y\} = P\{f(X) \leqslant y\}$$

$$= P\{X \in D_y\} = \int_{D_y} p(x)\mathrm{d}x,$$

其中 $D_y = \{x \mid f(x) \leqslant y\}$,即 D_y 是由满足 $f(x) \leqslant y$ 的所有 x 组成的集合,它可由 y 的值及 $f(x)$ 的函数形式解出. 根据 $p(y) = F'(y)$,并考虑到常数的导数为 0,于是 Y 的概率密度为

$$p(y) = \begin{cases} \left[\iint_{D_y} p(x)\,\mathrm{d}x \right]_y', & \alpha < y < \beta, \\ 0, & \text{其他.} \end{cases}$$

例 2　对一圆片直径进行测量,其值在 $[5,6]$ 上均匀分布,求圆片面积的概率分布密度.

解　设圆片直径的测量值为 X,面积为 Y,则有

$$Y = \frac{\pi}{4} X^2.$$

按已知条件,X 的概率密度为

$$p(x) = \begin{cases} 1, & x \in [5,6], \\ 0, & \text{其他.} \end{cases}$$

对于函数 $y = \frac{\pi}{4} x^2$,当 $x \in [5,6]$ 时

$$\alpha = \min\left\{ \frac{\pi}{4} x^2 \right\} = \frac{25}{4}\pi, \quad \beta = \max\left\{ \frac{\pi}{4} x^2 \right\} = \frac{36}{4}\pi = 9\pi.$$

于是

$$F(y) = \begin{cases} 0, & y \leqslant \dfrac{25\pi}{4}, \\ *, & \dfrac{25\pi}{4} < y < 9\pi, \\ 1, & y \geqslant 9\pi. \end{cases}$$

当 $25\pi/4 < y < 9\pi$ 时,

$$F(y) = P\{Y \leqslant y\} = P\left\{ \frac{\pi X^2}{4} \leqslant y \right\} = P\left\{ X \leqslant \sqrt{\frac{4}{\pi} y} \right\}$$

$$= \int_{-\infty}^{\sqrt{\frac{4}{\pi} y}} p(x)\,\mathrm{d}x = \int_{-\infty}^{5} 0\,\mathrm{d}x + \int_{5}^{\sqrt{\frac{4}{\pi} y}} 1\,\mathrm{d}x$$

$$= \sqrt{\frac{4}{\pi} y} - 5.$$

由

$$p(y) = F'(y) = \left(\sqrt{\frac{4}{\pi} y} - 5 \right)' = \frac{1}{\sqrt{\pi y}},$$

故随机变量 Y 的概率密度函数为

$$p(y) = \begin{cases} \dfrac{1}{\sqrt{\pi y}}, & 25\pi/4 < y < 9\pi, \\ 0, & \text{其他.} \end{cases}$$

利用上述方法可以推出,当函数 $y = f(x)$ 为单调函数时,随机变量 Y 的概率密度可由下面的公式得到

$$p(y) = \begin{cases} p_X(f^{-1}(y)) \cdot |(f^{-1}(y))'|, & \alpha < y < \beta, \\ 0, & \text{其他,} \end{cases}$$

其中 $f^{-1}(y)$ 为 $f(x)$ 的反函数, $p_X(x)$ 为随机变量 X 的概率密度函数.

在例 2 中,

$$f^{-1}(y) = \sqrt{\frac{4}{\pi}y}, \quad (f^{-1}(y))' = \left(\sqrt{\frac{4y}{\pi}}\right)' = \frac{1}{\sqrt{\pi y}},$$

而当 $25\pi/4 < y < 9\pi$ 时, $5 < x < 6$, 有

$$p_X\left(\sqrt{\frac{4y}{\pi}}\right) = p_X(x) = 1.$$

由公式可得到 Y 的概率密度函数为

$$p(y) = \begin{cases} 1 \cdot \dfrac{1}{\sqrt{\pi y}}, & 25\pi/4 < y < 9\pi, \\ 0, & \text{其他} \end{cases}$$

$$= \begin{cases} \dfrac{1}{\sqrt{\pi y}}, & 25\pi/4 < y < 9\pi, \\ 0, & \text{其他}. \end{cases}$$

(二) 二维随机变量函数的分布

上面我们讨论了一维随机变量函数的分布问题, 即已知随机变量 X 的分布为 $F(x)$, 求 $Y = f(X)$ 的分布. 现在的问题是: 已知二维随机变量 (X, Y) 的联合分布为 $F(x, y)$, $z = f(x, y)$ 为二元连续函数, 求一维随机变量 $Z = f(X, Y)$ 的分布.

下面就离散型和连续型随机变量的情形分别进行讨论.

1. 二维离散型随机变量函数的分布

设二维离散型随机变量 (X, Y) 的联合分布为

$$P(X = x_i, Y = y_j) = p_{ij}, \quad i, j = 1, 2, \cdots.$$

显然, $Z = f(X, Y)$ 为一维离散型随机变量. 若对于不同的 (x_i, y_j), 函数值 $f(x_i, y_j)$ 互不相同, 则 $Z = f(X, Y)$ 的分布律为

$$P(Z = f(x_i, y_j)) = p_{ij}, \quad i, j = 1, 2, \cdots.$$

若对于不同的 (x_i, y_j), 函数 $f(x_i, y_j)$ 有相同的取值, 与一维离散型情况类似, 应以 (X, Y) 取相同函数值的点 (x_i, y_j) 的概率之和作为 $Z = f(X, Y)$ 取相应函数值时的概率.

例 3 设 (X, Y) 的联合分布为

X＼Y	0	1	2
0	$\dfrac{1}{10}$	$\dfrac{1}{5}$	$\dfrac{1}{10}$
1	$\dfrac{1}{5}$	$\dfrac{3}{10}$	$\dfrac{1}{10}$

求 $Z_1 = X + Y$, $Z_2 = XY$ 的分布.

解 先将 (X, Y) 的所有取值及相应的概率分别列成两行, 再分别算出 Z_1, Z_2 相应的函数值, 见下表.

(X,Y)	$(0,0)$	$(0,1)$	$(0,2)$	$(1,0)$	$(1,1)$	$(1,2)$
$P(X=x_i,Y=y_j)$	$\dfrac{1}{10}$	$\dfrac{1}{5}$	$\dfrac{1}{10}$	$\dfrac{1}{5}$	$\dfrac{3}{10}$	$\dfrac{1}{10}$
$Z_1=X+Y$	0	1	2	1	2	3
$Z_2=XY$	0	0	0	0	1	2

从而得到 $Z_1=X+Y,Z_2=XY$ 的分布

$$Z_1 \sim \begin{bmatrix} 0 & 1 & 2 & 3 \\ \dfrac{1}{10} & \dfrac{2}{5} & \dfrac{2}{5} & \dfrac{1}{10} \end{bmatrix}; \quad Z_2 \sim \begin{bmatrix} 0 & 1 & 2 \\ \dfrac{3}{5} & \dfrac{3}{10} & \dfrac{1}{10} \end{bmatrix}.$$

例 4　设 X,Y 相互独立,且分别服从 $P(\lambda_1),P(\lambda_2)$,证明:
$$Z=X+Y\sim P(\lambda_1+\lambda_2).$$

证明　依题意,X,Y 的概率分布分别为

$$P(X=k)=\frac{\lambda_1^k}{k!}\mathrm{e}^{-\lambda_1}, \quad k=0,1,2,\cdots,$$

$$P(Y=k)=\frac{\lambda_2^k}{k!}\mathrm{e}^{-\lambda_2}, \quad k=0,1,2,\cdots.$$

由于 $Z=X+Y$,于是有

$$P(Z=k)=P(X+Y=k)=\sum_{i=0}^{k}\frac{\lambda_1^i}{i!}\mathrm{e}^{-\lambda_1}\frac{\lambda_2^{k-i}}{(k-i)!}\mathrm{e}^{-\lambda_2}$$

$$=\frac{1}{k!}\mathrm{e}^{-(\lambda_1+\lambda_2)}\sum_{i=0}^{k}\frac{k!\lambda_1^i\lambda_2^{k-i}}{i!(k-i)!}=\frac{1}{k!}\mathrm{e}^{-(\lambda_1+\lambda_2)}\sum_{i=0}^{k}C_k^i\lambda_1^i\lambda_2^{k-i}$$

$$=\frac{1}{k!}\mathrm{e}^{-(\lambda_1+\lambda_2)}(\lambda_1+\lambda_2)^k, \quad k=0,1,2,\cdots.$$

因此,$Z=X+Y\sim P(\lambda_1+\lambda_2)$. 这个结论称为泊松分布的**可加性**.

2. 二维连续型随机变量和的分布

这里我们仅讨论一种最常见的函数——两个随机变量和的分布,并介绍几种数理统计中常用的分布(在 §5.3 中我们还要进行详细讨论).

(1) 和的分布.

设随机变量 (X,Y) 的联合概率密度为 $p(x,y)$,随机变量 $Z=X+Y$,求 Z 的概率密度.

下面我们从 Z 的分布函数出发,导出 $p_Z(z)$ 来(见图 2—9).因为

$$F_Z(z)=P(Z\leqslant z)=P(X+Y\leqslant z)$$

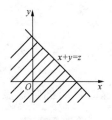

$$=\iint\limits_{x+y\leqslant z}p(x,y)\mathrm{d}x\mathrm{d}y=\int_{-\infty}^{+\infty}\mathrm{d}x\int_{-\infty}^{z-x}p(x,y)\mathrm{d}y$$

$$\xrightarrow{\text{令 }u=x+y}\int_{-\infty}^{+\infty}\mathrm{d}x\int_{-\infty}^{z}p(x,u-x)\mathrm{d}u$$

$$=\int_{-\infty}^{z}\left[\int_{-\infty}^{+\infty}p(x,u-x)\mathrm{d}x\right]\mathrm{d}u,$$

图 2—9

所以
$$p_Z(z) = \int_{-\infty}^{+\infty} p(x, z-x) \, dx.$$

特别地,当 X 和 Y 相互独立时,有
$$p_Z(z) = \int_{-\infty}^{+\infty} p_X(x) p_Y(z-x) \, dx.$$

利用上述公式,可以证明:若 $X \sim N(\mu_1, \sigma_1^2)$,$Y \sim N(\mu_2, \sigma_2^2)$,并且 X 与 Y 相互独立,则
$$X + Y \sim N(\mu_1 + \mu_2, \sigma_1^2 + \sigma_2^2).$$

多个随机变量相互独立以及多个独立随机变量之和的分布在数理统计中占有重要的位置,为了讨论有关内容,先引进下面的定义:

定义 2.8 随机变量 $X_1, X_2, \cdots, X_n$ 是相互独立的,如果对于任意的 $a_i < b_i$ $(i=1,2,\cdots,n)$,事件 $\{a_1 < X_1 < b_1\}$,$\{a_2 < X_2 < b_2\}$,$\cdots$,$\{a_n < X_n < b_n\}$ 相互独立. 此时,若所有的 $X_1, X_2, \cdots, X_n$ 都有共同的分布,则称 $X_1, X_2, \cdots, X_n$ 是独立同分布的随机变量.

对于独立同 $N(\mu, \sigma^2)$ 分布的 $X_1, X_2, \cdots, X_n$,可以证明有下面三个重要结论:

① 设 $S = \sum_{i=1}^{n} X_i$,则 $S \sim N(n\mu, n\sigma^2)$;

② 设 $\overline{X} = \dfrac{1}{n} \sum_{i=1}^{n} X_i$,则 $\overline{X} \sim N\left(\mu, \dfrac{\sigma^2}{n}\right)$;

③ 设 $U = \dfrac{\overline{X} - \mu}{\dfrac{\sigma}{\sqrt{n}}}$,则 $U \sim N(0, 1)$.

(2) 数理统计中的几个常用的分布.

① χ^2 分布.

设 n 个随机变量 $X_1, X_2, \cdots, X_n$ 相互独立,且服从标准正态分布,可以证明它们的平方和
$$\sum_{i=1}^{n} X_i^2 \xlongequal{\text{def}} X$$

的概率密度为
$$p(x) = \begin{cases} \dfrac{1}{2^{\frac{n}{2}} \Gamma\left(\dfrac{n}{2}\right)} x^{\frac{n}{2}-1} e^{-\frac{x}{2}}, & x \geqslant 0, \\ 0, & x < 0. \end{cases}$$

这时我们称随机变量 $X = \sum_{i=1}^{n} X_i^2$ 服从自由度为 n 的 χ^2 分布,记为 $X \sim \chi^2(n)$,其中 $\Gamma\left(\dfrac{n}{2}\right) = \int_0^{+\infty} x^{\frac{n}{2}-1} e^{-x} \, dx$.

χ^2 概率密度函数 $p(x)$ 的图形与 n 有关,对于不同的自由度 n,$p(x)$ 的图形各异. 当 n 增大时,其图形逐渐接近于正态分布(见图 2—10).

② t 分布.

设 X, Y 是两个相互独立的随机变量,且

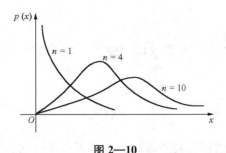

图 2—10

$$X \sim N(0,1), \quad Y \sim \chi^2(n),$$

可以证明 $T = \dfrac{X}{\sqrt{Y/n}}$ 的概率密度为

$$p(x) = \frac{\Gamma\left(\dfrac{n+1}{2}\right)}{\sqrt{n\pi}\,\Gamma\left(\dfrac{n}{2}\right)}\left(1 + \frac{x^2}{n}\right)^{-\frac{n+1}{2}} \quad (-\infty < x < +\infty).$$

这时我们称随机变量 $T = \dfrac{X}{\sqrt{Y/n}}$ 服从自由度为 n 的 t 分布,记为 $T \sim t(n)$.

如图 2—11 所示,t 分布的概率密度函数图形关于 $x = 0$ 是对称的,其图形类似于标准正态分布的图形. t 分布的图形与 n 有关,对于很小的 n,t 分布与标准正态分布相差很大;当 n 增大时,t 分布的图形逐渐接近于标准正态分布的图形;当 $n \geqslant 50$ 时,可以用标准正态分布代替 t 分布.

③ F 分布.

设 $X \sim \chi^2(n_1)$,$Y \sim \chi^2(n_2)$,且 X 与 Y 相互独立,可以证明 $Z = \dfrac{X/n_1}{Y/n_2}$ 的概率密度函数为

$$p(x) = \begin{cases} \dfrac{\Gamma\left(\dfrac{n_1+n_2}{2}\right)}{\Gamma\left(\dfrac{n_1}{2}\right)\Gamma\left(\dfrac{n_2}{2}\right)}\left(\dfrac{n_1}{n_2}\right)^{\frac{n_1}{2}} x^{\frac{n_1}{2}-1}\left(1 + \dfrac{n_1}{n_2}x\right)^{-\frac{n_1+n_2}{2}}, & x \geqslant 0, \\ 0, & x < 0. \end{cases}$$

这时我们称随机变量 Z 服从第一个自由度为 n_1,第二个自由度为 n_2 的 F 分布,记为 $F \sim F(n_1, n_2)$. $p(x)$ 的图形与 n_1, n_2 有关,如图 2—12 所示.

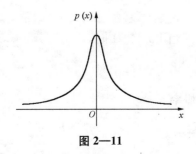

图 2—11

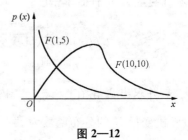

图 2—12

习 题 二

(A)

1. 同时掷两枚骰子,求两枚骰子点数之和 X 的概率分布,并计算 $P(X \leqslant 3)$ 和 $P(X > 12)$.

2. 某产品 15 件,其中有次品 2 件.现从中任取 3 件,求抽得次品数 X 的概率分布,并计算 $P(1 \leqslant X < 2)$.

3. 袋中有 5 个红球,3 个白球.无放回地每次取一球,直到取得红球为止.用 ξ 表示抽取次数,求 ξ 的分布律.

4. 设 X 服从泊松分布,且已知

$$P(X = 1) = P(X = 2),$$

求 $P(X=4)$.

5. 若随机变量 X 的概率密度 $p(x)$ 在 $[0,1]$ 之外的值恒为零,在 $[0,1]$ 上 $p(x)$ 与 x^2 成正比,求 X 的分布函数 $F(x)$.

6. 已知连续型随机变量 X 有概率密度,

$$p(x) = \begin{cases} kx + 1, & 0 \leqslant x \leqslant 2, \\ 0, & 其他, \end{cases}$$

求系数 k 及分布函数 $F(x)$,并计算 $P\{1.5 < X < 2.5\}$.

7. 设 $X \sim N(\mu, \sigma^2)$,且概率密度为:

$$p(x) = \frac{1}{\sqrt{6\pi}} e^{-\frac{x^2 - 4x + 4}{6}} \quad (-\infty < x < +\infty).$$

(1) 求 μ 和 σ^2;

(2) 若已知 $\int_c^{+\infty} p(x)\mathrm{d}x = \int_{-\infty}^c p(x)\mathrm{d}x$,求 c 的值.

8. 设某射手每次射击命中目标的概率为 0.5,现在连续射击 10 次,求命中目标的次数 X 的概率分布.又设至少命中 3 次才可以参加下一步的考核,求此射手不能参加考核的概率.

9. 设随机变量 X 具有概率密度:

$$p(x) = \begin{cases} \dfrac{A}{\sqrt{1 - x^2}}, & 当 |x| < 1 时, \\ 0, & 当 |x| \geqslant 1 时. \end{cases}$$

试确定常数 A,并求出 X 落在 $\left[-\dfrac{1}{2}, \dfrac{1}{2}\right]$ 内的概率.

10. 设随机变量 X 的分布函数为

$$F(x) = \begin{cases} 1-(1+x)\mathrm{e}^{-x}, & x \geqslant 0, \\ 0, & x < 0, \end{cases}$$

试求相应的概率密度函数,并求 $P(X \leqslant 1), P(X > 2), P(1 < X \leqslant 2)$.

11. 设随机变量 X 的分布函数为

$$F(x) = \begin{cases} 1-\mathrm{e}^{-x}, & x > 0, \\ 0, & x \leqslant 0. \end{cases}$$

(1) 求 X 的概率密度函数 $p(x)$;

(2) 求 $P(X \leqslant 2), P(X > 3)$.

12. 设连续型随机变量 X 的分布函数为

$$F(x) = \begin{cases} 0, & x \leqslant 0, \\ Ax^2, & 0 < x < 1, \\ 1, & x \geqslant 1. \end{cases}$$

(1) 求常数 A;

(2) 求 X 的概率密度函数 $p(x)$;

(3) 求 $P(0.5 < X < 10), P(X \leqslant -1), P(X \geqslant 2)$.

13. 设二维离散型随机变量(X,Y)的概率分布如下:

X \ Y	−1	0	2
−2	0.10	0.05	0.10
−1	0.10	0.05	0.10
4	0.20	0.10	0.20

求 X,Y 的边缘分布,并讨论 X,Y 的独立性.

14. 10 件产品中有 2 件一等品,5 件二等品,3 件三等品,从中任取 3 件产品. 用 X 表示取到的一等品件数,用 Y 表示取到的二等品件数. 求(X,Y)的联合分布律及关于 X,Y 的边缘分布律.

15. 两封信随机地投入编号为 1,2 的两个信箱内. 用 X 表示第一封信投入的信箱号码,用 Y 表示第二封信投入的信箱号码. 求(X,Y)的联合分布律与联合分布函数.

16. 设连续型随机变量 X 的分布函数为

$$F(x) = A + B \arctan x \quad (-\infty < x < +\infty).$$

求:(1) 常数 A,B;

(2) X 的概率密度.

17. 设二维连续型随机变量(X,Y)的联合概率密度为

$$p(x,y) = \frac{A}{(1+x^2)(1+y^2)}$$

$$(-\infty < x < +\infty, -\infty < y < +\infty).$$

求:(1) 系数 A;

(2) $P((X,Y) \in D)$,其中 D 为由直线 $y = x, x = 1$ 及 x 轴围成的三角形区域,如图

2—13 所示.

18. 设 X 与 Y 相互独立,其概率密度分别为

$$p_X(x) = \begin{cases} 1, & 0 \leqslant x \leqslant 1, \\ 0, & \text{其他}; \end{cases}$$

$$p_Y(y) = \begin{cases} e^{-y}, & y > 0, \\ 0, & y \leqslant 0, \end{cases}$$

求 $X+Y$ 的概率密度.

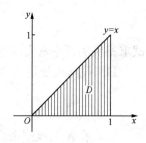

图 2—13

19. 设某种商品一周的需求量是一个随机变量,其概率密度为

$$p(x) = \begin{cases} xe^{-x}, & x > 0, \\ 0, & x \leqslant 0. \end{cases}$$

若各周的需求量是相互独立的,试求:

(1) 两周的需求量的概率密度;

(2) 三周的需求量的概率密度.

20. 设随机变量 X,Y 相互独立,且 X,Y 的分布律分别如表 2—1 和表 2—2 所示.

表 2—1

X	-3	-2	-1
p_i	$\frac{1}{4}$	$\frac{1}{4}$	$\frac{1}{2}$

表 2—2

Y	1	2	3
p_i	$\frac{2}{5}$	$\frac{1}{5}$	$\frac{2}{5}$

求:(1) (X,Y) 的联合分布律;

(2) $Z_1 = 2X+Y$ 的分布律;

(3) $Z_2 = X-Y$ 的分布律.

21. 设 (X,Y) 的分布律如下:

X \ Y	1	2	3
1	$\frac{1}{6}$	$\frac{1}{9}$	$\frac{1}{18}$
2	$\frac{1}{3}$	α	β

问 α,β 为何值时,X 与 Y 相互独立.

22. 设随机变量 X 以概率1取值 0,而 Y 是任意的随机变量,证明 X 与 Y 相互独立.

23. 设随机变量 (X,Y) 的概率密度为

$$p(x,y) = \begin{cases} ce^{-(3x+4y)}, & x > 0, y > 0, \\ 0, & \text{其他}, \end{cases}$$

试求:(1) 常数 c;

(2) 联合分布函数 $F(x,y)$;

(3) 讨论 X 与 Y 的独立性.

(B)

1. 设随机变量 X 服从正态分布 $N(\mu,\sigma^2)$,则随 σ 的增大,概率 $P(|X-\mu|<\sigma)$ 　　　(　)

(A) 单调增加　　　　　　　　　　(B) 单调减少

(C) 保持不变　　　　　　　　　　(D) 增减不定

2. 设随机变量 X 的分布函数为

$$F(x)=\begin{cases} 0, & x<-1, \\ \dfrac{1}{8}, & x=-1, \\ ax+b, & -1<x<1, \\ 1, & x\geqslant 1, \end{cases}$$

又已知 $P(X=1)=\dfrac{1}{4}$,则 　　　　　　　　　　　　　　　　(　)

(A) $a=\dfrac{5}{16},\ b=\dfrac{7}{16}$　　　　　　(B) $a=\dfrac{7}{16},\ b=\dfrac{9}{16}$

(C) $a=\dfrac{1}{2},\ b=\dfrac{1}{2}$　　　　　　　(D) $a=\dfrac{3}{8},\ b=\dfrac{3}{8}$

3. 设随机变量 X 的概率密度函数为 $p(x)$,且 $p(-x)=p(x)$,$F(x)$ 是 X 的分布函数,则对任意实数 a,有 　　　　　　　　　　　　　　(　)

(A) $F(-a)=1-\displaystyle\int_0^a p(x)\mathrm{d}x$　　　　(B) $F(-a)=\dfrac{1}{2}-\displaystyle\int_0^a p(x)\mathrm{d}x$

(C) $F(-a)=F(a)$　　　　　　　(D) $F(-a)=2F(a)-1$

4. 假设随机变量 X 的分布函数为 $F(x)$,概率密度函数为 $p(x)$.若 X 与 $-X$ 有相同的分布函数,则 　　　　　　　　　　　　　　　　(　)

(A) $F(x)=F(-x)$　　　　　　　(B) $F(x)=-F(-x)$

(C) $p(x)=p(-x)$　　　　　　　(D) $p(x)=-p(-x)$

5. 设连续型随机变量 X 的概率密度函数和分布函数分别是 $p(x)$ 与 $F(x)$,则(　)

(A) $p(x)$可以是奇函数　　　　　　(B) $p(x)$可以是偶函数

(C) $F(x)$可以是奇函数　　　　　　(D) $F(x)$可以是偶函数

6. 设随机变量 $X_i\sim\begin{bmatrix} -1 & 0 & 1 \\ \dfrac{1}{4} & \dfrac{1}{2} & \dfrac{1}{4} \end{bmatrix}$ $(i=1,2)$,且满足 $P(X_1X_2=0)=1$,则

$P(X_1=X_2)$ 等于 　　　　　　　　　　　　　　　　　　　　　(　)

(A) 0　　　　　　(B) $\dfrac{1}{4}$　　　　　(C) $\dfrac{1}{2}$　　　　(D) 1

7. 设随机变量 X 与 Y 相互独立且同分布,X 的概率密度为

$$p(x)=\begin{cases} 3x^2, & 0\leqslant x\leqslant 1, \\ 0, & \text{其他}, \end{cases}$$

如果实数 a 满足 $P(X+Y\leqslant a)=\dfrac{1}{20}$，则一定有 （　　）

(A) $a<1$　　　　(B) $a=1$　　　　(C) $1<a<2$　　　　(D) $a=2$

8. 设二维连续型随机变量 (X_1,X_2) 与 (Y_1,Y_2) 的联合概率密度分别为 $p_1(x,y)$ 与 $p_2(x,y)$，令

$$p(x,y)=ap_1(x,y)+bp_2(x,y),$$

要使函数 $p(x,y)$ 是某个二维随机变量的联合概率密度，则当且仅当 a,b 满足条件（　　）

(A) $a+b=1$ 　　　　　　　　(B) $a>0$ 且 $b>0$

(C) $0\leqslant a\leqslant 1,0\leqslant b\leqslant 1$ 　　　(D) $a\geqslant 0,b\geqslant 0$ 且 $a+b=1$

9. 假设随机变量 X 与 Y 都服从正态分布 $N(0,\sigma^2)$，且 $P(X\leqslant 1,Y\leqslant -1)=\dfrac{1}{4}$，则 $P(X>1,Y>-1)=$ （　　）

(A) $\dfrac{1}{4}$ 　　　　(B) $\dfrac{2}{4}$ 　　　　(C) $\dfrac{3}{4}$ 　　　　(D) 1

10. 设随机变量 X 与 Y 相互独立，且分别服从参数为 3 与参数为 2 的泊松分布，则 $P(X+Y=0)=$ （　　）

(A) e^{-5} 　　　　(B) e^{-3} 　　　　(C) e^{-2} 　　　　(D) e^{-1}

11. 设 X_1 和 X_2 是任意两个相互独立的连续型随机变量，它们的概率密度分别为 $p_1(x)$ 和 $p_2(x)$，分布函数分别为 $F_1(x)$ 和 $F_2(x)$，则 （　　）

(A) $p_1(x)+p_2(x)$ 必为某一随机变量的概率密度

(B) $p_1(x)p_2(x)$ 必为某一随机变量的概率密度

(C) $F_1(x)+F_2(x)$ 必为某一随机变量的分布函数

(D) $F_1(x)F_2(x)$ 必为某一随机变量的分布函数

第 3 章　随机变量的数字特征

随机变量的分布函数能够完整地描述随机变量的统计规律. 但是, 要确定一个随机变量的分布函数, 在某些情况下是不容易的, 而且往往也是没有必要的. 在实际工作中, 有时只要知道随机变量取值的平均数以及描述取值分散程度等一些数字特征就可以了. 随机变量的这些数字特征不仅在一定程度上可以简单地刻画出随机变量的基本性态, 而且也可以用数理统计方法估计它们. 因此, 研究随机变量的数字特征无论在理论上还是在实际应用中都有着重要的意义.

§3.1　数　学　期　望

(一) 离散型随机变量的数学期望

为了给出数学期望这个特征数的定义, 我们先引入加权平均的概念. 例如, 检查一批圆形零件的直径, 任意抽测 10 件, 其结果如下

直径(mm)	98	99	100	102
件数	1	4	2	3

求这 10 个零件的平均直径.

显然, 我们不能用

$$\frac{98 + 99 + 100 + 102}{4} = 99.75 (\text{mm})$$

作为这 10 个零件的平均值, 因为 99.75 只是 98, 99, 100, 102 这 4 个数的算术平均, 不是 10 个零件直径的平均值. 正确的做法是

$$\frac{98 \times 1 + 99 \times 4 + 100 \times 2 + 102 \times 3}{10}$$

$$= 98 \times \frac{1}{10} + 99 \times \frac{4}{10} + 100 \times \frac{2}{10} + 102 \times \frac{3}{10}$$

$$= 100 (\text{mm}).$$

我们称这种平均为依频率的**加权平均**,其中 $1/10, 4/10, 2/10, 3/10$ 分别是 $98, 99, 100, 102$ 出现的频率.

显然 4 个数的依频率加权平均比其算术平均更能反映零件的真实直径,这是因为算术平均没有考虑到每个数字在 10 个零件中出现的频数不同.

一般地,对于一组给定的数值 $x_1, x_2, \cdots, x_m$,知道了它们在 n 次观测中出现的频率分别为 $f_1 = \mu_1/n, f_2 = \mu_2/n, \cdots, f_m = \mu_m/n$,则它们的依频率的加权平均为

$$x_1 \frac{\mu_1}{n} + x_2 \frac{\mu_2}{n} + \cdots + x_m \frac{\mu_m}{n} \xlongequal{\text{def}} \sum_{i=1}^{m} x_i f_i.$$

同样地,借助于加权平均的概念也可以表示随机变量取值的平均,其权数是随机变量 X 取值 x_i 出现的概率 p_i.

定义 3.1 设离散型随机变量 X 的概率分布为

X	x_1	x_2	$\cdots$	x_n
$P(X=x_i)$	p_1	p_2	$\cdots$	p_n

则称 $\sum_{i=1}^{n} x_i p_i$ 为 X 的**数学期望**或**均值**,记作 $E(X)$.

当 X 的可能取值 x_i 为可列个时,则 $E(X) \xlongequal{\text{def}} \sum_{i=1}^{\infty} x_i p_i$,这时要求 $\sum_{i=1}^{\infty} |x_i| p_i < +\infty$,以保证和式 $\sum_{i=1}^{\infty} x_i p_i$ 的值不随和式中各项次序的改变而改变.

例 1 设袋中装有 2 个白球和 3 个红球. 从中无放回地抽取,直到出现两个红球为止,用 X 表示第 2 次取得红球时的取球次数,求 $E(X)$.

解 X 为离散型随机变量,且有

$$P(X=2) = \frac{C_3^2}{C_5^2} = 0.3,$$

$$P(X=3) = \frac{C_2^1 C_3^1}{C_5^2} \cdot \frac{2}{3} = 0.4,$$

$$P(X=4) = \frac{C_2^2 C_3^1}{C_5^3} \cdot \frac{2}{2} = 0.3,$$

即 X 的分布列为

X	2	3	4
p_i	0.3	0.4	0.3

从而 $E(X) = 2 \times 0.3 + 3 \times 0.4 + 4 \times 0.3 = 3$,即第 2 次取得红球时平均取球次数为 3 次.

例 2 对某一目标连续射击,直到击中目标为止. 设每次射击的命中率为 p. 求射击次数的数学期望(或平均射击次数).

解 设 X 表示直到击中目标为止所需的射击次数,则 X 的概率分布为

$$P(X=k)=pq^{k-1} \quad (q=1-p, k=1,2,\cdots),$$

所以

$$E(X)=\sum_{k=1}^{\infty} kpq^{k-1}=p\sum_{k=1}^{\infty} kq^{k-1}$$

$$=p\sum_{k=1}^{\infty}(q^k)'=p\left(\sum_{k=1}^{\infty}q^k\right)'=p\left(\frac{q}{1-q}\right)'$$

$$=p\frac{1}{(1-q)^2}=\frac{1}{p}.$$

例 3 设随机变量 X 的概率分布为

$$P(X=k)=\frac{AB^k}{k!}, \quad k=0,1,2,\cdots.$$

若已知 $E(X)=a$,求常数 A,B.

解 因为 $\sum_{k=0}^{\infty} P(X=k)=1$,所以

$$\sum_{k=0}^{\infty}\frac{AB^k}{k!}=A\sum_{k=0}^{\infty}\frac{B^k}{k!}=Ae^B=1, \quad 即 \quad A=e^{-B}.$$

又因为

$$a=E(X)=\sum_{k=0}^{\infty}k\frac{AB^k}{k!}=AB\sum_{k=1}^{\infty}\frac{B^{k-1}}{(k-1)!}$$

$$=AB\sum_{k=0}^{\infty}\frac{B^k}{k!}=ABe^B=e^{-B}Be^B=B,$$

所以

$$B=a, \quad A=e^{-a}.$$

(二) 连续型随机变量的数学期望

对于连续型随机变量,其概率密度为 $p(x)$,注意到 $p(x)dx$ 的作用与离散型随机变量中的 p_i 类似,于是有下面的定义.

定义 3.2 若连续型随机变量 X 的概率密度函数为 $p(x)$,并且 $\int_{-\infty}^{+\infty}|x|p(x)dx<+\infty$,

则称 $\int_{-\infty}^{+\infty}xp(x)dx$ 为 X 的数学期望,记作 $E(X)$,即

$$E(X)=\int_{-\infty}^{+\infty}xp(x)dx.$$

例 4 设随机变量 X 的概率密度函数为

$$p(x)=\begin{cases} x, & 0<x\leqslant 1, \\ 2-x, & 1<x\leqslant 2, \\ 0, & 其他, \end{cases}$$

求 $E(X)$.

解 由定义,有

$$E(X) = \int_{-\infty}^{+\infty} xp(x)\,\mathrm{d}x = \int_0^1 x^2\,\mathrm{d}x + \int_1^2 x(2-x)\,\mathrm{d}x$$

$$= \frac{1}{3}x^3 \Big|_0^1 + \left(x^2 - \frac{1}{3}x^3\right)\Big|_1^2 = 1.$$

(三) 随机变量函数的数学期望

在实际问题中,我们常常需要讨论随机变量函数的数学期望问题. 例如,球的直径 X 的分布已知,怎样求球的体积 $V = \frac{\pi}{6}X^3$ 的数学期望? 一般的提法是,已知随机变量 X 的分布,如何求随机变量 X 的函数 $Y = f(X)$ 的数学期望? 当然我们可以先求出随机变量 X 的函数 $Y = f(X)$ 的分布,再由定义求 Y 的数学期望,但这样计算过于烦琐. 下面的定理告诉我们,可以直接利用随机变量 X 的分布来求 $Y = f(X)$ 的数学期望,而不必先算出 Y 的分布.

定理 3.1 若随机变量 X 的概率分布已知,则随机变量函数 $Y = f(X)$ 的数学期望为

$$E(Y) = E[f(X)] = \begin{cases} \sum_{i=1}^{\infty} f(x_i)p_i, & \text{当 } X \text{ 为离散型时,} \\ \int_{-\infty}^{+\infty} f(x)p(x)\,\mathrm{d}x, & \text{当 } X \text{ 为连续型时,} \end{cases}$$

这里要求上述级数与积分都是绝对收敛的.

上述定理称为**一维表示性定理**.

例 5 设随机变量 X 的分布列为

X	-2	0	2
p_i	0.4	0.3	0.3

试求 $Y = X^2$ 的数学期望.

解 $E(Y) = E(X^2) = (-2)^2 \times 0.4 + 0^2 \times 0.3 + 2^2 \times 0.3 = 2.8$.

例 6 设 $X \sim P(\lambda)$,求 $E(X^2)$.

解 考虑到 X 的分布律为

$$P(X = k) = \frac{\lambda^k \mathrm{e}^{-\lambda}}{k!} \quad (k = 0, 1, 2, \cdots; \lambda > 0),$$

函数 $f(X) = X^2$,由定义有

$$E(X^2) = \sum_{k=0}^{\infty} k^2 \frac{\lambda^k}{k!} \mathrm{e}^{-\lambda} = \sum_{k=1}^{\infty} (k-1+1) \frac{\lambda^k}{(k-1)!} \mathrm{e}^{-\lambda}$$

$$= \sum_{k=2}^{\infty} \frac{\lambda^{k-2}}{(k-2)!} \lambda^2 \mathrm{e}^{-\lambda} + \sum_{k=1}^{\infty} \frac{\lambda^k}{(k-1)!} \mathrm{e}^{-\lambda}$$

$$= \lambda^2 + \lambda.$$

例 7 设 $X \sim U(a, b)$,求 $E(X^2)$.

解 由定义有

$$E(X^2) = \int_{-\infty}^{+\infty} x^2 p(x)\mathrm{d}x = \int_a^b \frac{x^2}{b-a}\mathrm{d}x = \frac{a^2 + ab + b^2}{3}.$$

例 8　地铁到达一站的时间为每个整点的第 5 分钟、第 25 分钟、第 55 分钟,设一乘客在早 8 点到 9 点之间随时到达,求候车时间的数学期望.

解　设 X 表示乘客到站的时刻,已知 X 在 $[0,60]$ 上服从均匀分布,其概率密度为

$$p(x) = \begin{cases} \dfrac{1}{60}, & 0 \leqslant x \leqslant 60, \\ 0, & \text{其他}. \end{cases}$$

设 Y 是乘客等候地铁的时间(单位:分),则

$$Y = f(X) = \begin{cases} 5-X, & 0 < X \leqslant 5, \\ 25-X, & 5 < X \leqslant 25, \\ 55-X, & 25 < X \leqslant 55, \\ 60-X+5, & 55 < X \leqslant 60. \end{cases}$$

因此

$$E(Y) = E(f(X)) = \int_{-\infty}^{+\infty} f(x) \cdot p(x)\mathrm{d}x = \frac{1}{60}\int_0^{60} f(x)\mathrm{d}x$$

$$= \frac{1}{60}\left[\int_0^5 (5-x)\mathrm{d}x + \int_5^{25} (25-x)\mathrm{d}x \right.$$

$$\left. + \int_{25}^{55} (55-x)\mathrm{d}x + \int_{55}^{60} (65-x)\mathrm{d}x \right]$$

$$= \frac{1}{60}\left[12.5 + 200 + 450 + 37.5 \right] \approx 11.67.$$

定理 3.2　若 $\xi = (X,Y)$ 的分布已知,则随机向量的函数 $Z = f(X,Y)$ 的数学期望为

$$E(Z) = E[f(X,Y)] = \begin{cases} \displaystyle\sum_i \sum_j f(x_i, y_j) p_{ij}, & \xi \text{ 为离散型随机向量时}, \\ \displaystyle\iint_{-\infty}^{+\infty} \int_{-\infty}^{+\infty} f(x,y) p(x,y)\mathrm{d}x\mathrm{d}y, & \xi \text{ 为连续型随机向量时}, \end{cases}$$

这里要求上述的级数和积分都是绝对收敛的.

上述定理称为**二维表示性定理**.

例 9　设二维随机变量 (X,Y) 的联合概率分布为

X \ Y	0	1
0	1/8	1/2
1	1/4	1/8

求 $E(X^2 Y)$.

解　设 $Z = f(X,Y) = X^2 Y$,则

$$E(Z) = \sum_i \sum_j f(x_i, y_j) p_{ij}$$

$$= f(0,0) \times \frac{1}{8} + f(0,1) \times \frac{1}{2} + f(1,0) \times \frac{1}{4} + f(1,1) \times \frac{1}{8}$$

$$= 0 \times \frac{1}{8} + 0 \times \frac{1}{2} + 0 \times \frac{1}{4} + 1 \times \frac{1}{8} = \frac{1}{8}.$$

例 10 设随机变量 X, Y 相互独立,且均服从 $N(0,1)$,求 $E(\sqrt{X^2 + Y^2})$.

解 因 X 与 Y 相互独立,且均服从 $N(0,1)$,所以 (X,Y) 的联合概率密度为

$$p(x,y) = \frac{1}{2\pi} e^{-\frac{x^2+y^2}{2}}, \quad -\infty < x, y < +\infty.$$

故

$$E(\sqrt{X^2+Y^2}) = \int_{-\infty}^{+\infty} \int_{-\infty}^{+\infty} \sqrt{x^2+y^2} \frac{1}{2\pi} e^{-\frac{x^2+y^2}{2}} \mathrm{d}x\mathrm{d}y$$

$$= \int_0^{2\pi} \int_0^{+\infty} \rho \frac{1}{2\pi} e^{-\frac{\rho^2}{2}} \rho \mathrm{d}\rho \mathrm{d}\theta = 2\pi \frac{1}{2\pi} \int_0^{+\infty} \rho^2 e^{-\frac{\rho^2}{2}} \mathrm{d}\rho$$

$$= -\int_0^{+\infty} \rho \mathrm{d}(e^{-\frac{\rho^2}{2}}) = \left[-\rho e^{-\frac{\rho^2}{2}}\right]\Big|_0^{+\infty} + \int_0^{+\infty} e^{-\frac{\rho^2}{2}} \mathrm{d}\rho$$

$$= \frac{\sqrt{2\pi}}{2} = \sqrt{\frac{\pi}{2}}.$$

(四) 数学期望的性质

利用数学期望的定义可以证明下述性质对一切数学期望存在的随机变量都成立.

性质 1 常量 C 的数学期望等于它本身,即

$$E(C) = C.$$

性质 2 常量 C 与随机变量 X 乘积的数学期望等于常量 C 与这个随机变量的数学期望的积,即

$$E(CX) = CE(X).$$

性质 3 随机变量和的数学期望等于随机变量数学期望的和,即

$$E(X+Y) = E(X) + E(Y).$$

推论 1 有限个随机变量和的数学期望等于它们各自数学期望的和,即

$$E\left(\sum_{i=1}^n X_i\right) = \sum_{i=1}^n E(X_i).$$

性质 4 设随机变量 X 与 Y 相互独立,则它们乘积的数学期望等于它们数学期望的乘积,即

$$E(X \cdot Y) = E(X) \cdot E(Y).$$

推论 2 有限个相互独立的随机变量乘积的数学期望等于它们各自数学期望的乘积,即

$$E\left(\prod_{i=1}^n X_i\right) = \prod_{i=1}^n E(X_i).$$

例 11　一辆送客汽车,载有 m 位乘客从起点站开出,沿途有 n 个车站可以下车,若到达一个车站,没有乘客下车就不停车.设每位乘客在每一个车站下车是等可能的,试求汽车平均停车次数.

解　由于所求的是汽车平均停车的次数,因此,我们从每一个车站有没有人下车来考虑,而不要着眼于每一个乘客在哪一站下车.这里,设

$$X_i = \begin{cases} 1, & \text{第 } i \text{ 站有人下车,} \\ 0, & \text{第 } i \text{ 站没有人下车,} \end{cases} \quad i = 1, 2, \cdots, n.$$

于是,我们有

$$P(X_i = 0) = \left(\frac{n-1}{n}\right)^m, \quad P(X_i = 1) = 1 - \left(\frac{n-1}{n}\right)^m,$$

因此,随机变量 $X_i \sim B\left(1, 1 - \left(\frac{n-1}{n}\right)^m\right)$,其均值

$$E(X_i) = 1 - \left(\frac{n-1}{n}\right)^m.$$

又设停车次数为 S,于是有

$$S = \sum_{i=1}^{n} X_i,$$

其均值

$$E(S) = n\left(1 - \left(\frac{n-1}{n}\right)^m\right).$$

可见,汽车平均停车次数为 $n\left(1 - \left(\frac{n-1}{n}\right)^m\right)$.

在上例中,我们把一个比较复杂的随机变量 X 分解成 n 个比较简单的随机变量 X_i 之和,然后通过这些比较简单的随机变量的数学期望,根据数学期望的性质求得 X 的数学期望.这种方法是概率论中常用的方法.

§3.2　方　差

数学期望反映了随机变量的平均取值,它是随机变量的重要数字特征之一.但是在很多情况下,仅知道数学期望是不够的,因为它不能揭示随机变量取值的分散程度.例如,检查一批圆形零件的直径,如果它们的平均值达到规定标准,但产品的直径参差不齐,粗的很粗,细的很细,这时尽管平均直径符合要求,但也不能认为这批零件是合格的.可见研究随机变量的取值对于数学期望的偏离(我们称 $X - E(X)$ 为随机变量 X 的离差)程度是十分必要的.为此我们来讨论随机变量的另一重要的数字特征——**方差**.

(一) 方差的定义

我们已经知道对于一组给定的数值 $x_1, x_2, \cdots, x_m$,如果已经算出其平均数 $\bar{x}$,那么这组值对其平均数 $\bar{x}$ 的平均偏离程度可用

$$\sum_{i=1}^{n} (x_i - \bar{x})^2 f_i$$

表示,其中 f_i 是 x_i 出现的频率,$(x_i - \bar{x})^2$ 为 x_i 与 $\bar{x}$ 的偏差的平方. 同样,为了反映随机变量取值的平均偏离程度,我们也可以把上面的方法应用于随机变量,就得到下面的定义.

定义 3.3 设 X 为随机变量,若 $E\{[X-E(X)]^2\}$ 存在,则称 $E\{[X-E(X)]^2\}$ 为 X 的**方差**,记为 $D(X)$,即

$$D(X) = E\{[X-E(X)]^2\}.$$

同时称 $\sqrt{D(X)}$ 为 X 的**标准差**或**均方差**,记为 $\sigma(X)$,即

$$\sigma(X) = \sqrt{D(X)}.$$

$D(X)$ 与 $\sigma(X)$ 均度量了 X 与 $E(X)$ 的偏离程度,但 $D(X)$ 与 X 的量纲不一致,而 $\sigma(X)$ 与 X 有相同的量纲,故在实际应用中常采用标准差 $\sigma(X)$.

因为方差 $D(X)$ 实际上就是随机变量 X 的函数 $[X-E(X)]^2$ 的数学期望(即离差平方的数学期望),所以由表示性定理就可以计算 $D(X)$.

(1) 若 X 为离散型随机变量,其分布律为

$$P(X = x_k) = p_k, \quad k = 1, 2, \cdots,$$

则

$$D(X) = E\{[X-E(X)]^2\} = \sum_{k=1}^{\infty} [x_k - E(X)]^2 p_k.$$

(2) 若 X 为连续型随机变量,其概率密度为 $p(x)$,则

$$D(X) = E\{[X-E(X)]^2\} = \int_{-\infty}^{+\infty} [x - E(X)]^2 p(x)\mathrm{d}x.$$

由方差的定义和数学期望的性质,有

$$D(X) = E(X-E(X))^2 = E[X^2 - 2XE(X) + (E(X))^2]$$
$$= E(X^2) - 2E(X) \cdot E(X) + (E(X))^2$$
$$= E(X^2) - (E(X))^2.$$

于是,我们得到了随机变量 X 的方差的计算公式

$$D(X) = E(X^2) - (E(X))^2.$$

这就是说,要计算随机变量 X 的方差,在求出 $E(X)$ 后,再根据随机变量函数的数学期望公式算出 $E(X^2)$ 即可.

例 1 设随机变量 X 的概率分布为

X	2	3	4
p_i	0.3	0.4	0.3

求 X 的方差 $D(X)$.

解 因为

$$E(X) = 2 \times 0.3 + 3 \times 0.4 + 4 \times 0.3 = 3,$$

$$E(X^2) = 2^2 \times 0.3 + 3^2 \times 0.4 + 4^2 \times 0.3 = 9.6,$$

所以

$$D(X) = E(X^2) - [E(X)]^2 = 9.6 - 3^2 = 0.6.$$

例 2　设连续型随机变量 X 的分布函数为

$$F(x) = \begin{cases} 0, & x < -1, \\ \dfrac{1}{2} + \dfrac{1}{\pi}\arcsin x, & -1 \leqslant x < 1, \\ 1, & x \geqslant 1. \end{cases}$$

试求 $D(X)$.

解　由题设知随机变量 X 的概率密度为

$$p(x) = F'(x) = \begin{cases} \dfrac{1}{\pi}\dfrac{1}{\sqrt{1-x^2}}, & -1 \leqslant x < 1, \\ 0, & \text{其他}, \end{cases}$$

于是

$$E(X) = \int_{-1}^{1} x p(x) \mathrm{d}x = \int_{-1}^{1} \frac{x}{\pi\sqrt{1-x^2}} \mathrm{d}x = 0,$$

$$E(X^2) = \int_{-1}^{1} x^2 p(x) \mathrm{d}x = \int_{-1}^{1} \frac{x^2}{\pi\sqrt{1-x^2}} \mathrm{d}x$$

$$= \frac{2}{\pi} \int_{0}^{1} \frac{x^2}{\sqrt{1-x^2}} \mathrm{d}x \xrightarrow{\text{令 } x = \sin\theta} \frac{2}{\pi} \int_{0}^{\frac{\pi}{2}} \frac{\sin^2\theta}{\sqrt{1-\sin^2\theta}} \cos\theta \mathrm{d}\theta$$

$$= \frac{2}{\pi} \int_{0}^{\frac{\pi}{2}} \sin^2\theta \mathrm{d}\theta = \frac{2}{\pi} \int_{0}^{\frac{\pi}{2}} \frac{1}{2}(1-\cos2\theta) \mathrm{d}\theta$$

$$= \frac{2}{\pi} \cdot \frac{1}{2} \left[\theta - \frac{1}{2}\sin2\theta\right] \Big|_{0}^{\frac{\pi}{2}} = \frac{1}{2},$$

所以

$$D(X) = E(X^2) - [E(X)]^2 = \frac{1}{2}.$$

（二）方差的性质

利用方差的定义可以证明下述性质对一切方差存在的随机变量都成立.

性质 1　常量 C 的方差等于零,即

$$D(C) = 0.$$

性质 2　随机变量 X 与常量 C 的和的方差等于这个随机变量的方差,即

$$D(X + C) = D(X).$$

性质 3　常量 C 与随机变量 X 乘积的方差等于这个常量的平方与随机变量的方差的积,即

$$D(CX) = C^2 D(X).$$

性质 4　设随机变量 X 与 Y 相互独立,则它们和的方差等于它们的方差的和,即

$$D(X+Y) = D(X) + D(Y).$$

推论 3 有限个相互独立的随机变量和的方差等于它们各自方差的和,即

$$D\left(\sum_{i=1}^{n} X_i\right) = \sum_{i=1}^{n} D(X_i).$$

性质 5 对于一般的随机变量 X 与 Y,则

$$D(X \pm Y) = D(X) + D(Y) \pm 2E[(X - E(X))(Y - E(Y))].$$

例 3 设二维随机变量 (X, Y) 的联合概率密度为

$$p(x,y) = \begin{cases} 2xy e^{-x^2-y}, & x > 0, y > 0, \\ 0, & \text{其他}. \end{cases}$$

(1) 试求 X, Y 的边缘概率密度,并验证 X 与 Y 是否相互独立.

(2) 求 $E(2X \pm 3Y)$,$D(2X \pm 3Y)$.

解 (1) X 的边缘概率密度为

$$p_X(x) = \int_{-\infty}^{+\infty} p(x,y) \mathrm{d}y = \begin{cases} \int_0^{+\infty} 2xy e^{-x^2-y} \mathrm{d}y = 2x e^{-x^2}, & x > 0, \\ 0, & x \leqslant 0; \end{cases}$$

同理可求得 Y 的边缘概率密度为

$$p_Y(y) = \begin{cases} y e^{-y}, & y > 0, \\ 0, & y \leqslant 0. \end{cases}$$

因为 $p(x,y) = p_X(x) p_Y(y)$($-\infty < x, y < +\infty$),所以 X 与 Y 相互独立.

(2) 因为

$$E(X) = \int_{-\infty}^{+\infty} x p_X(x) \mathrm{d}x = \int_0^{+\infty} 2x^2 e^{-x^2} \mathrm{d}x$$

$$= \left[-x e^{-x^2}\right]\Big|_0^{+\infty} + \int_0^{+\infty} e^{-x^2} \mathrm{d}x = \frac{\sqrt{\pi}}{2},$$

$$E(X^2) = \int_0^{+\infty} x^2 \cdot 2x e^{-x^2} \mathrm{d}x = \left[-x^2 e^{-x^2}\right]\Big|_0^{+\infty} + \int_0^{+\infty} 2x e^{-x^2} \mathrm{d}x$$

$$= \left[-e^{-x^2}\right]\Big|_0^{+\infty} = 1,$$

所以 $\qquad D(X) = E(X^2) - [E(X)]^2 = 1 - \dfrac{\pi}{4}.$

类似地,$E(Y) = 2$,$E(Y^2) = 6$,所以

$$D(Y) = E(Y^2) - [E(Y)]^2 = 6 - 4 = 2.$$

所以

$$E(2X \pm 3Y) = 2E(X) \pm 3E(Y) = \sqrt{\pi} \pm 6,$$

$$D(2X \pm 3Y) = 4D(X) + 9D(Y)$$

$$= 4\left(1 - \frac{\pi}{4}\right) + 18 = 22 - \pi.$$

在概率统计中,经常需要对随机变量做"标准化",即对任何随机变量 X,若它的数学期望 $E(X)$ 和方差 $D(X)$ 都存在,且 $D(X) > 0$,则称

$$X^* = \frac{X - E(X)}{\sqrt{D(X)}}$$

为 X 的**标准化随机变量**. 易见 X^* 是一无量纲的随机变量, 且 $E(X^*) = 0, D(X^*) = 1$. 这正是标准化随机变量所具有的特征. 特别地, 若 $X \sim N(\mu, \sigma^2)$, 则 X 的标准化随机变量为

$$X^* = \frac{X - \mu}{\sigma} \sim N(0, 1).$$

§3.3　几种常见分布的数学期望与方差

(一) 0—1 分布

设随机变量 X 服从 0—1 分布,

$$X \sim \begin{bmatrix} 0 & 1 \\ q & p \end{bmatrix} \quad (0 < p < 1, q = 1 - p),$$

则有

$$E(X) = 0 \times q + 1 \times p = p,$$
$$E(X^2) = 0^2 \times q + 1^2 \times p = p,$$
$$D(X) = E(X^2) - [E(X)]^2 = p - p^2 = p(1 - p) = pq.$$

(二) 二项分布

设随机变量 $X \sim B(n, p)$, 其分布律为

$$P(X = k) = C_n^k p^k q^{n-k},$$
$$k = 0, 1, 2, \cdots, n; \ 0 < p < 1, \ q = 1 - p.$$

令 $X_1, X_2, \cdots, X_n$ 相互独立, 且同服从于 0—1 分布, 则 $X = X_1 + X_2 + \cdots + X_n$.

因为
$$E(X_i) = p, \quad E(X_i^2) = p, \quad i = 1, 2, \cdots, n,$$
$$D(X_i) = E(X_i^2) - [E(X_i)]^2 = p - p^2$$
$$= p(1 - p) = pq, \quad i = 1, 2, \cdots, n,$$

所以
$$E(X) = \sum_{i=1}^{n} E(X_i) = np,$$
$$D(X) = \sum_{i=1}^{n} D(X_i) = npq.$$

(三) 泊松分布

设随机变量 $X \sim P(\lambda)$, 其分布律为

$$P(X = k) = e^{-\lambda} \frac{\lambda^k}{k!}, \quad k = 0, 1, 2, \cdots,$$

则

$$E(X) = \sum_{k=0}^{\infty} k e^{-\lambda} \frac{\lambda^k}{k!} = \lambda e^{-\lambda} \sum_{k=1}^{\infty} \frac{\lambda^{k-1}}{(k-1)!}$$

$$= \lambda e^{-\lambda} \sum_{k=0}^{\infty} \frac{\lambda^k}{k!} = \lambda e^{-\lambda} e^{\lambda} = \lambda,$$

$$E(X^2) = E(X^2 - X + X) = E[X(X-1) + X]$$

$$= E[X(X-1)] + E(X) = E[X(X-1)] + \lambda$$

$$= \sum_{k=0}^{\infty} k(k-1) e^{-\lambda} \frac{\lambda^k}{k!} + \lambda = \lambda^2 e^{-\lambda} \sum_{k=2}^{\infty} \frac{\lambda^{k-2}}{(k-2)!} + \lambda$$

$$= \lambda^2 e^{-\lambda} \sum_{k=0}^{\infty} \frac{\lambda^k}{k!} + \lambda = \lambda^2 e^{-\lambda} e^{\lambda} + \lambda = \lambda^2 + \lambda,$$

$$D(X) = E(X^2) - [E(X)]^2 = \lambda^2 + \lambda - \lambda^2 = \lambda.$$

(四) 均匀分布

设随机变量 $X \sim U(a,b)$，其概率密度为

$$p(x) = \begin{cases} \dfrac{1}{b-a}, & a \leqslant x \leqslant b, \\ 0, & \text{其他}, \end{cases}$$

则

$$E(X) = \int_{-\infty}^{+\infty} x p(x) \mathrm{d}x = \int_a^b x \frac{1}{b-a} \mathrm{d}x$$

$$= \left[\frac{x^2}{2(b-a)} \right] \bigg|_a^b = \frac{b^2 - a^2}{2(b-a)} = \frac{a+b}{2},$$

$$E(X^2) = \int_a^b x^2 \frac{1}{b-a} \mathrm{d}x = \frac{b^3 - a^3}{3(b-a)} = \frac{1}{3}(a^2 + ab + b^2),$$

$$D(X) = E(X^2) - [E(X)]^2 = \frac{1}{12}(b-a)^2.$$

(五) 指数分布

设随机变量 $X \sim E(\lambda)$，其概率密度为

$$p(x) = \begin{cases} \lambda e^{-\lambda x}, & x > 0, \\ 0, & x \leqslant 0, \end{cases}$$

则

$$E(X) = \int_0^{+\infty} x \lambda e^{-\lambda x} \mathrm{d}x = \left[-x e^{-\lambda x} \right] \bigg|_0^{+\infty} + \int_0^{+\infty} e^{-\lambda x} \mathrm{d}x$$

$$= \left[-\frac{1}{\lambda} e^{-\lambda x} \right] \bigg|_0^{+\infty} = \frac{1}{\lambda},$$

$$E(X^2) = \int_0^{+\infty} x^2 \lambda e^{-\lambda x} \mathrm{d}x = \left[-x^2 e^{-\lambda x} \right] \bigg|_0^{+\infty} + \int_0^{+\infty} e^{-\lambda x} \mathrm{d}(x^2)$$

$$= 2 \int_0^{+\infty} x \mathrm{e}^{-\lambda x} \mathrm{d}x = -\frac{2}{\lambda} \left(\left[x \mathrm{e}^{-\lambda x} \right] \Big|_0^{+\infty} - \int_0^{+\infty} \mathrm{e}^{-\lambda x} \mathrm{d}x \right)$$

$$= \left[-\frac{2}{\lambda^2} \mathrm{e}^{-\lambda x} \right] \Big|_0^{+\infty} = \frac{2}{\lambda^2},$$

$$D(X) = E(X^2) - \left[E(X) \right]^2 = \frac{2}{\lambda^2} - \left(\frac{1}{\lambda} \right)^2 = \frac{1}{\lambda^2}.$$

(六) 正态分布

设随机变量 $X \sim N(\mu, \sigma^2)$，其概率密度为

$$p(x) = \frac{1}{\sqrt{2\pi}\sigma} \mathrm{e}^{-\frac{(x-\mu)^2}{\sigma^2}}, \quad -\infty < x < +\infty,$$

则由数学期望和方差的定义可以直接算出

$$E(X) = \int_{-\infty}^{+\infty} x p(x) \mathrm{d}x = \int_{-\infty}^{+\infty} x \frac{1}{\sqrt{2\pi}\sigma} \mathrm{e}^{-\frac{(x-\mu)^2}{2\sigma^2}} \mathrm{d}x$$

$$\xrightarrow{\diamondsuit x - \mu = t} \int_{-\infty}^{+\infty} (t + \mu) \frac{1}{\sqrt{2\pi}\sigma} \mathrm{e}^{-\frac{t^2}{2\sigma^2}} \mathrm{d}t$$

$$= \frac{1}{\sqrt{2\pi}\sigma} \int_{-\infty}^{+\infty} t \mathrm{e}^{-\frac{t^2}{2\sigma^2}} \mathrm{d}t + \mu \int_{-\infty}^{+\infty} \frac{1}{\sqrt{2\pi}\sigma} \mathrm{e}^{-\frac{t^2}{2\sigma^2}} \mathrm{d}t$$

$$= 0 + \mu = \mu,$$

$$D(X) = \int_{-\infty}^{+\infty} (x - \mu)^2 \frac{1}{\sqrt{2\pi}\sigma} \mathrm{e}^{-\frac{(x-\mu)^2}{2\sigma^2}} \mathrm{d}x \xrightarrow{\diamondsuit t = \frac{x-\mu}{\sigma}} \int_{-\infty}^{+\infty} \frac{\sigma^2}{\sqrt{2\pi}} t^2 \mathrm{e}^{-\frac{t^2}{2}} \mathrm{d}t$$

$$= \frac{\sigma^2}{\sqrt{2\pi}} \left(-t \mathrm{e}^{-\frac{t^2}{2}} \Big|_{-\infty}^{+\infty} + \int_{-\infty}^{+\infty} \mathrm{e}^{-\frac{t^2}{2}} \mathrm{d}t \right)$$

$$= 0 + \sigma^2 \int_{-\infty}^{+\infty} \frac{1}{\sqrt{2\pi}} \mathrm{e}^{-\frac{t^2}{2}} \mathrm{d}t = \sigma^2.$$

§3.4　随机变量矩、协方差与相关系数

对于二维随机变量 (X, Y)，除了讨论随机变量 X 与 Y 的数学期望和方差外，还要讨论描述随机变量 X 与 Y 之间关系的数字特征——协方差与相关系数. 我们首先简要介绍数理统计中广泛使用的一种数字特征——矩.

(一) 原点矩与中心矩

定义 3.4　对于正整数 k，随机变量 X 的 k 次幂的数学期望称为 X 的 k 阶**原点矩**，记为 v_k，即

$$v_k = E(X^k), \quad k = 1, 2, \cdots.$$

于是,我们有

$$
v_k = \begin{cases} \sum_i x_i^k p_i, & \text{当 } X \text{ 为离散型时,} \\ \int_{-\infty}^{+\infty} x^k p(x)\mathrm{d}x, & \text{当 } X \text{ 为连续型时.} \end{cases}
$$

可以看出,随机变量 X 的 1 阶原点矩就是 X 的数学期望.

定义 3.5 对于正整数 k,随机变量 X 与 $E(X)$ 差的 k 次幂的数学期望称为 X 的 k 阶**中心矩**,记为 μ_k,即

$$
\mu_k = E(X - E(X))^k, \quad k = 1, 2, \cdots.
$$

于是,我们有

$$
\mu_k = \begin{cases} \sum_i (x_i - E(X))^k p_i, & \text{当 } X \text{ 为离散型时,} \\ \int_{-\infty}^{+\infty} (x - E(X))^k p(x)\mathrm{d}x, & \text{当 } X \text{ 为连续型时.} \end{cases}
$$

可以看出,X 的 1 阶中心矩为 0;X 的 2 阶中心矩为 X 的方差.

定义 3.6 对于随机变量 X 与 Y,如果 $E(X^k Y^l)$ 存在,则称之为 X 与 Y 的 $k+l$ 阶**混合原点矩**,记为 v_{kl},即

$$
v_{kl} = E(X^k Y^l);
$$

如果 $E[(X - E(X))^k (Y - E(Y))^l]$ 存在,则称之为 X 与 Y 的 $k+l$ 阶**混合中心矩**,记为 μ_{kl},即

$$
\mu_{kl} = E[(X - E(X))^k (Y - E(Y))^l].
$$

(二) 协方差

我们知道,如果随机变量 X 与 Y 相互独立,则

$$
E\{[X - E(X)][Y - E(Y)]\} = 0.
$$

因此,对于任意两个随机变量 X 与 Y,若

$$
E\{[X - E(X)][Y - E(Y)]\} \neq 0,
$$

则随机变量 X 与 Y 不相互独立,从而说明随机变量 X 与 Y 之间有一定的联系. 对此,我们引入如下定义.

定义 3.7 对于随机变量 X 与 Y,称它们的二阶混合中心矩 μ_{11} 为 X 与 Y 的**协方差**或**相关矩**,记为 σ_{XY} 或 $\mathrm{cov}(X, Y)$,即

$$
\sigma_{XY} = \mu_{11} = E[(X - E(X))(Y - E(Y))].
$$

与记号 σ_{XY} 相对应,X 与 Y 的方差 $D(X)$ 与 $D(Y)$ 也可分别记为 σ_{XX} 与 σ_{YY}.

特别地,当 $X = Y$ 时,有

$$
\mathrm{cov}(X, X) = D(X).
$$

由数学期望的性质即得协方差的基本计算公式:

$$
\mathrm{cov}(X, Y) = E(XY) - E(X)E(Y).
$$

事实上，
$$\begin{aligned}
\text{cov}(X,Y) &= E\{[X-E(X)][Y-E(Y)]\} \\
&= E(XY)-2E(X)E(Y)+E(X)E(Y) \\
&= E(XY)-E(X)E(Y).
\end{aligned}$$

由协方差的定义，可得下面关于协方差的性质.

性质 1　$\text{cov}(X,Y)=\text{cov}(Y,X)$.

性质 2　若 a,b 为常数，则 $\text{cov}(aX,bY)=ab\text{cov}(X,Y)$.

性质 3　$\text{cov}(X_1+X_2,Y)=\text{cov}(X_1,Y)+\text{cov}(X_2,Y)$.

（三）相关系数

协方差虽然在一定程度上反映了随机变量 X 与 Y 相互间的联系，但它还受随机变量 X 与 Y 本身数值大小的影响. 比如说，令随机变量 X 与 Y 各自增大 k 倍，即令 $X_1=kX$，$Y_1=kY$，这时，随机变量 X_1 与 Y_1 之间的相互联系和随机变量 X 与 Y 之间的相互联系应该是一样的，可是反映这种联系的协方差却增大了 k^2 倍，即有
$$\text{cov}(X_1,Y_1)=k^2\text{cov}(X,Y).$$
因此，协方差给出的是 X 与 Y 之间联系的一个绝对量，这是协方差的一个缺陷. 协方差另外一个明显缺点是它的数值大小依赖于随机变量 X 与 Y 的度量单位. 为了克服这些缺点，我们将协方差标准化，引入相关系数的概念.

定义 3.8　对于随机变量 X 与 Y，若 $D(X)>0,D(Y)>0$，则称
$$\frac{\text{cov}(X,Y)}{\sqrt{D(X)D(Y)}}$$

为 X 与 Y 的**相关系数**，记为 ρ 或 ρ_{XY}，即
$$\rho=\rho_{XY}=\frac{\text{cov}(X,Y)}{\sqrt{D(X)D(Y)}}=\frac{E\{[X-E(X)][Y-E(Y)]\}}{\sqrt{D(X)D(Y)}}.$$

虽然相关系数 ρ 与 $\text{cov}(X,Y)$ 在数值上只相差一个倍数，但相关系数是无量纲的，不受所有度量单位的影响，因此，相关系数给出的是随机变量 X 与 Y 之间关系的一个相对量. 可见随机变量的相关系数就是随机变量"标准化"后的协方差，即
$$\begin{aligned}
\rho=\rho_{XY} &= \frac{\text{cov}(X,Y)}{\sqrt{D(X)D(Y)}}=E\left[\frac{X-E(X)}{\sqrt{D(X)}}\cdot\frac{Y-E(Y)}{\sqrt{D(Y)}}\right] \\
&= \text{cov}(X^*,Y^*)=\rho_{X^*Y^*}.
\end{aligned}$$

定理 3.3　随机变量 X 与 Y 的相关系数 ρ_{XY} 具有如下性质：

(1) $|\rho_{XY}|\leqslant 1$;

(2) $|\rho_{XY}|=1$ 的充要条件是存在常数 $a\neq 0,b$，使 $P(Y=aX+b)=1$，即 $\rho_{XY}=1$ 或 $\rho_{XY}=-1$ 的充要条件是随机变量 X 与 Y 以概率 1 存在线性关系.

证明　(1) 令 $X^*=\dfrac{X-E(X)}{\sqrt{D(X)}}$，$Y^*=\dfrac{Y-E(Y)}{\sqrt{D(Y)}}$，则
$$E(X^*)=E(Y^*)=0,\quad D(X^*)=D(Y^*)=1,$$

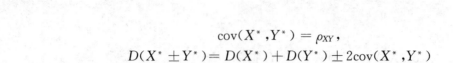

$$D(X^* \pm Y^*) = D(X^*) + D(Y^*) \pm 2\text{cov}(X^*, Y^*)$$
$$= 2 \pm 2\rho_{XY} = 2(1 \pm \rho_{XY}) \geqslant 0,$$

所以 $-1 \leqslant \rho_{XY} \leqslant 1$,即 $|\rho_{XY}| \leqslant 1$.

(2) $P(Y = aX + b) = P(Y - aX - b = 0) = 1 \Longleftrightarrow E(Y - aX - b) = 0, D(Y - aX - b) = 0$,

即 $E[(Y - aX - b)^2] = 0$,化简得

$$0 = E[(Y - aX - b)^2]$$
$$= E(Y^2) + a^2 E(X^2) + b^2 - 2aE(XY) - 2bE(Y) + 2abE(X)$$
$$= D(Y) + [E(Y)]^2 + a^2 D(X) + a^2 [E(X)]^2 + b^2$$
$$\quad - 2a\text{cov}(X, Y) - 2aE(X)E(Y) - 2bE(Y) + 2abE(X)$$
$$= D(Y) + a^2 D(X) + [E(Y) - aE(X) - b]^2 - 2a\text{cov}(X, Y)$$
$$= D(Y)\left[1 - \frac{[\text{cov}(X, Y)]^2}{D(X)D(Y)}\right] + D(X)\left[a - \frac{\text{cov}(X, Y)}{D(X)}\right]^2$$
$$\quad + [E(Y) - aE(X) - b]^2$$
$$= D(Y)(1 - \rho_{XY}^2) + D(X)\left[a - \frac{\text{cov}(X, Y)}{D(X)}\right]^2$$
$$\quad + [E(Y) - aE(X) - b]^2.$$

因为 $|\rho_{XY}| \leqslant 1$,所以上式右端三项均是非负的. 故 $1 - \rho_{XY}^2 = 0$,从而 $|\rho_{XY}| = 1$.

反之,若 $|\rho_{XY}| = 1$,则仍由上式可以看出,必存在 $a = \dfrac{\text{cov}(X, Y)}{D(X)} \neq 0$, $b = E(Y) - aE(X)$,使 $E[(Y - aX - b)^2] = 0$,即

$$E(Y - aX - b) = 0, \quad D(Y - aX - b) = 0,$$

从而 $P(Y = aX + b) = 1$.

相关系数 ρ_{XY} 是刻画随机变量 X 与 Y 之间的线性关系程度的数字特征,$|\rho_{XY}|$ 越大,随机变量 X 与 Y 之间的线性关系越明显,且当 $\rho_{XY} > 0$ 时,Y 就呈现出随着 X 的增加而增加的趋势;当 $\rho_{XY} < 0$ 时,Y 就呈现出随着 X 的增加而减少的趋势.

定义 3.9 若 $\rho = 0$,则称随机变量 X 与 Y **不相关**. 否则,称 X 与 Y **相关**,其中,若 $\rho > 0$,则称 X 与 Y **正相关**;若 $\rho < 0$,则称 X 与 Y **负相关**;若 $|\rho| = 1$,则称 X 与 Y **完全相关**.

定理 3.4 若随机变量 X 与 Y 相互独立,则 X 与 Y 不相关.

证明 由于 X 与 Y 相互独立,所以 $\text{cov}(X, Y) = 0$,从而 $\rho_{XY} = 0$,即 X 与 Y 不相关.

需要指出的是上述定理的逆定理不成立,即 $\rho_{XY} = 0$ 时,X 与 Y 不相关,但 X 与 Y 不一定相互独立.

例 1 设随机变量 $\theta \sim U[-\pi, \pi]$,$X = \sin\theta$,$Y = \cos\theta$,求 ρ_{XY} 并讨论 X 与 Y 的相互独立性.

解 由于

$$E(X) = \frac{1}{2\pi}\int_{-\pi}^{\pi} \sin\theta d\theta = 0,$$

$$E(Y) = \frac{1}{2\pi}\int_{-\pi}^{\pi} \cos\theta d\theta = 0,$$

$$D(X) = E(X^2) = \frac{1}{2\pi}\int_{-\pi}^{\pi}\sin^2\theta\mathrm{d}\theta = \frac{1}{2},$$

$$D(Y) = E(Y^2) = \frac{1}{2\pi}\int_{-\pi}^{\pi}\cos^2\theta\mathrm{d}\theta = \frac{1}{2},$$

$$E(XY) = \frac{1}{2\pi}\int_{-\pi}^{\pi}\sin\theta\cos\theta\mathrm{d}\theta = 0,$$

$$\mathrm{cov}(X,Y) = E(XY) - E(X)E(Y) = 0,$$

因此

$$\rho = \rho_{XY} = \frac{\mathrm{cov}(X,Y)}{\sqrt{D(X)D(Y)}} = 0.$$

可见, X 与 Y 不相关, 但却有 $X^2 + Y^2 = 1$, 因此 X 与 Y 存在着非线性关系, 即 X 与 Y 不相互独立.

两个随机变量相互独立与不相关是两个不同的概念, 不相关只说明两个随机变量之间没有线性关系, 但这时的 X 与 Y 可能有某种别的函数关系; 而相互独立说明两个随机变量之间没有任何关系, 既没有线性关系, 也没有其他关系. 至此我们就可以更好地理解"相互独立"必导致"不相关", 反之不一定成立. 但对于二维正态随机变量而言, 相互独立与不相关是等价的. 这是因为前面我们已经给出了 X 和 Y 相互独立的充要条件是参数 $\rho = 0$, 由相关系数的定义可以导出二维正态分布 X 与 Y 的相关系数 ρ_{XY} 就是参数 ρ, 因此也可以看出二维正态随机变量 (X, Y) 的分布完全由 X 与 Y 各自的数学期望、方差和它们的相关系数所确定.

例 2　将一枚均匀硬币重复掷 n 次, 并以 X 和 Y 分别表示正面向上和反面向上的次数. 求 X 和 Y 的相关系数 ρ_{XY}.

解　由条件知 $X \sim B\left(n, \frac{1}{2}\right), Y \sim B\left(n, \frac{1}{2}\right)$, 且 $X + Y = n$, 于是

$$D(X+Y) = D(n) = 0.$$

由于 $D(X+Y) = D(X) + D(Y) + 2\rho_{XY}\sqrt{D(X)}\sqrt{D(Y)}$, 而 $D(X) = D(Y) = \frac{n}{4}$, 因此解得 $\rho_{XY} = -1$.

注意, 本题也可根据完全相关的定义, 由 $X + Y = n$, 导出 $Y = -X + n$, 可见 $\rho = -1$.

例 3　设 A, B 为随机事件, 且 $P(A) = \frac{1}{4}, P(B|A) = \frac{1}{3}, P(A|B) = \frac{1}{2}$, 令

$$X = \begin{cases} 1, & A \text{ 发生}, \\ 0, & A \text{ 不发生}, \end{cases} \qquad Y = \begin{cases} 1, & B \text{ 发生}, \\ 0, & B \text{ 不发生}. \end{cases}$$

求: (1) 二维随机变量 (X, Y) 的概率分布;

(2) X 与 Y 的相关系数 ρ_{XY}.

解　(1) 由于

$$P(AB) = P(A)P(B \mid A) = \frac{1}{12},$$

$$P(B) = \frac{P(AB)}{P(A \mid B)} = \frac{1}{6},$$

所以

$$P\{X=1,Y=1\}=P(AB)=\frac{1}{12},$$

$$P\{X=1,Y=0\}=P(A\bar{B})=P(A)-P(AB)=\frac{1}{6},$$

$$P\{X=0,Y=1\}=P(\bar{A}B)=P(B)-P(AB)=\frac{1}{12},$$

$$P\{X=0,Y=0\}=P(\bar{A}\bar{B})=P(\overline{A\bigcup B})$$

$$=1-P(A\bigcup B)=1-[P(A)+P(B)-P(AB)]=\frac{2}{3}$$

$$\left(或 P\{X=0,Y=0\}=1-\frac{1}{12}-\frac{1}{6}-\frac{1}{12}=\frac{2}{3}\right).$$

故(X,Y)的概率分布为

Y \ X	0	1
0	$\frac{2}{3}$	$\frac{1}{12}$
1	$\frac{1}{6}$	$\frac{1}{12}$

(2) X,Y 的概率分布分别为

X	0	1
p_i	$\frac{3}{4}$	$\frac{1}{4}$

Y	0	1
p_i	$\frac{5}{6}$	$\frac{1}{6}$

则 $E(X)=\frac{1}{4}$, $E(Y)=\frac{1}{6}$, $D(X)=\frac{3}{16}$, $D(Y)=\frac{5}{36}$, $E(XY)=\frac{1}{12}$, 故

$$\operatorname{cov}(X,Y)=E(XY)-E(X)E(Y)=\frac{1}{24},$$

从而

$$\rho_{XY}=\frac{\operatorname{cov}(X,Y)}{\sqrt{D(X)}\,\sqrt{D(Y)}}=\frac{\sqrt{15}}{15}.$$

习 题 三

(A)

1. 袋中有 5 个乒乓球,编号为 1,2,3,4,5,从中任取 3 个. 以 X 表示取出的 3 个球中的最大编号,求 $E(X)$ 及 $D(X)$.

2. 设随机变量 X 的概率密度函数为

$$p(x) = \begin{cases} 2(1-x), & 0 \leqslant x \leqslant 1, \\ 0, & \text{其他}, \end{cases}$$

求 $E(X)$ 及 $D(X)$.

3. 罐中有 10 颗围棋子,3 颗白子,7 颗黑子. 如果无放回地每次从中任取一子,直到取得黑子为止,所取得的白子数是一个离散型随机变量. 写出这个随机变量的分布律,并计算它的期望与方差.

4. 设连续型随机变量 X 的分布函数为

$$F(x) = \begin{cases} 1 - \dfrac{8}{x^3}, & x \geqslant 2, \\ 0, & x < 2. \end{cases}$$

求 X 的期望与方差.

5. 设随机变量 $X \sim N(\mu, \sigma^2)$,求 $E(|X - \mu|)$.

6. 对圆的直径作近似测量,其值均匀分布在区间 $[a, b]$ 上,求圆的面积的数学期望.

7. 设 $D(X) = 25, D(Y) = 36, \rho_{XY} = 0.4$. 求 $D(X+Y)$ 及 $D(X-Y)$.

8. 设 $X \sim N(0, 4), Y \sim U(0, 4)$,且 X, Y 相互独立. 求 $E(XY), D(X+Y)$ 及 $D(2X - 3Y)$.

9. 设 (X, Y) 的联合概率密度为

$$p(x, y) = \begin{cases} \dfrac{1}{3}(x + y), & 0 \leqslant x \leqslant 1, 0 \leqslant y \leqslant 2, \\ 0, & \text{其他}. \end{cases}$$

求 X, Y 的期望与方差,协方差与相关系数.

10. 设 ξ, η 是两个随机变量,已知 $E(\xi) = 2, E(\xi^2) = 20, E(\eta) = 3, E(\eta^2) = 34, \rho_{\xi\eta} = 0.5$.

求:(1) $E(3\xi + 2\eta), E(\xi - \eta)$;

(2) $D(3\xi + 2\eta), D(\xi - \eta)$.

11. 设随机变量 $\xi = (X, Y)$ 的概率密度函数为

$$p(x, y) = \begin{cases} \dfrac{1}{4}\sin x \sin y, & 0 \leqslant x \leqslant \pi, 0 \leqslant y \leqslant \pi, \\ 0, & \text{其他}, \end{cases}$$

求 $E(\xi), D(\xi), \rho_{XY}$.

12. 设二维随机变量 $\xi = (X, Y)$ 的概率密度函数为

$$p(x, y) = \begin{cases} 2x \mathrm{e}^{-(y-5)}, & 0 \leqslant x \leqslant 1, y > 5, \\ 0, & \text{其他}, \end{cases}$$

讨论 X 与 Y 的独立性,并计算 $E(\xi)$.

(B)

1. 已知随机变量 X 服从二项分布,且 $E(X) = 2.4, D(X) = 1.44$,则二项分布的参数 n, p 的值为 　　　　　　　　　　　　　　　　　　　　　(　)

(A) $n = 4, p = 0.6$　　　　　　(B) $n = 6, p = 0.4$

(C) $n=8, p=0.3$ (D) $n=24, p=0.1$

2. 对于任意两个随机变量 X 和 Y，若 $E(XY)=E(X)E(Y)$，则   ( )

(A) $D(XY)=D(X)D(Y)$ (B) $D(X+Y)=D(X)+D(Y)$

(C) X 和 Y 独立   (D) X 和 Y 不独立

3. 设两个相互独立的随机变量 X 和 Y 分别服从正态分布 $N(0,1)$ 和 $N(1,1)$，则

                                                                                ( )

(A) $P\{X+Y\leqslant 0\}=\dfrac{1}{2}$ (B) $P\{X+Y\leqslant 1\}=\dfrac{1}{2}$

(C) $P\{X-Y\leqslant 0\}=\dfrac{1}{2}$ (D) $P\{X-Y\leqslant 1\}=\dfrac{1}{2}$

4. 设二维随机变量 (X,Y) 服从二维正态分布，则随机变量 $\xi=X+Y$ 与 $\eta=X-Y$ 不相关的充分必要条件是   ( )

(A) $E(X)=E(Y)$

(B) $E(X^2)-[E(X)]^2=E(Y^2)-[E(Y)]^2$

(C) $E(X^2)=E(Y^2)$

(D) $E(X^2)+[E(X)]^2=E(Y^2)+[E(Y)]^2$

5. 若 X 与 Y 满足 $D(X+Y)=D(X-Y)$，则必有   ( )

(A) X 与 Y 独立   (B) X 与 Y 不相关

(C) X 与 Y 不独立   (D) $D(X)=0$ 或 $D(Y)=0$

6. 从 $1,2,3,4,5$ 中任取一个数，记为 X；再从 $1,2,\cdots,X$ 中任取一个数，记为 Y，则 Y 的期望 $E(Y)=$ ( )

(A) 5   (B) 4   (C) 3   (D) 2

7. 设两个相互独立的随机变量 X 和 Y 的方差分别为 4 和 2，则随机变量 $3X-2Y$ 的方差是   ( )

(A) 8   (B) 16   (C) 28   (D) 44

第4章　大数定律与中心极限定理

对于随机现象来说,虽然无法确切地判断其状态的变化,但如果我们对它进行大量的重复试验,却呈现出明显的统计规律性.用极限的方法来研究其规律性所导出的一系列重要命题统称为大数定律和中心极限定理.大数定律和中心极限定理是概率论中最基本的理论之一,它在概率论和数理统计的理论研究和实际应用中都有十分重要的地位.本章仅就一些最基本的内容进行简单的介绍.

§4.1　切比雪夫不等式

在上一章里,我们知道一个随机变量离差平方的数学期望就是它的方差,而方差又是用来描述随机变量取值的分散程度的.下面我们来讨论随机变量的离差与方差之间的关系.

定理 4.1(切比雪夫不等式)　设随机变量具有有限的数学期望 $E(X)=\mu$ 和方差 $D(X)=\sigma^2$,则对于任意的正数 $\varepsilon>0$,有

$$P(|X-\mu|\geqslant\varepsilon)\leqslant\frac{\sigma^2}{\varepsilon^2},\quad 即\quad P(|X-\mu|<\varepsilon)\geqslant1-\frac{\sigma^2}{\varepsilon^2}.$$

证明　只证连续型随机变量的情形.设 X 的概率密度为 $p(x)$,则有

$$P(|X-\mu|\geqslant\varepsilon)=\int_{|x-\mu|\geqslant\varepsilon}p(x)\mathrm{d}x\leqslant\int_{|x-\mu|\geqslant\varepsilon}\frac{(x-\mu)^2}{\varepsilon^2}p(x)\mathrm{d}x$$

$$\leqslant\frac{1}{\varepsilon^2}\int_{-\infty}^{+\infty}[x-E(X)]^2p(x)\mathrm{d}x=\frac{D(X)}{\varepsilon^2}=\frac{\sigma^2}{\varepsilon^2},$$

即

$$P(|X-\mu|<\varepsilon)\geqslant1-\frac{\sigma^2}{\varepsilon^2}.$$

切比雪夫不等式给出了在随机变量 X 的分布未知的情况下,事件$\{|X-\mu|\geqslant\varepsilon\}$或事件$\{|X-\mu|<\varepsilon\}$的概率的一种估计方法.虽然它在理论上有重要意义,但这种估计往往是太粗略了.

推论 $D(X)=0$ 的充要条件是随机变量 X 以概率 1 取常数 $C=E(X)$,即 $P(X=E(X))=1$.

证明 设 $D(X)=\sigma^2=0$,则由切比雪夫不等式,对于任意正整数 n,有

$$P\left(\mid X-E(X)\mid\geqslant\frac{1}{n}\right)\leqslant\frac{\sigma^2}{(1/n)^2}=0,$$

即

$$P\left(\mid X-E(X)\mid<\frac{1}{n}\right)\geqslant1.$$

但概率不能大于 1,故对于任意正整数 n,有

$$P\left(\mid X-E(X)\mid<\frac{1}{n}\right)=1.$$

所以 $P(X=E(X))=1$.

反之,若 $P(X=E(X))=1$,则可以证明 $D(X)=0$.

例 1 设 X 是掷一颗骰子所出现的点数,若给定 $\varepsilon=1,2$,计算 $P(\mid X-EX\mid\geqslant\varepsilon)$,并验证切比雪夫不等式成立.

解 因为 X 的概率函数是 $P(X=k)=\frac{1}{6}$ $(k=1,2,\cdots,6)$,所以

$$E(X)=\frac{7}{2},\quad D(X)=\frac{35}{12},$$

$$P\left(\left|X-\frac{7}{2}\right|\geqslant1\right)=\frac{2}{3},$$

$$P\left(\left|X-\frac{7}{2}\right|\geqslant2\right)=P(X=1)+P(X=6)=\frac{1}{3},$$

$$\varepsilon=1:\frac{D(X)}{\varepsilon^2}=\frac{35}{12}>\frac{2}{3},$$

$$\varepsilon=2:\frac{D(X)}{\varepsilon^2}=\frac{1}{4}\times\frac{35}{12}=\frac{35}{48}>\frac{1}{3},$$

可见,X 满足切比雪夫不等式.

例 2 利用切比雪夫不等式估计随机变量与其数学期望之差大于 3 倍标准差的概率.

解 由切比雪夫不等式

$$P(\mid X-E(X)\mid>\varepsilon)\leqslant\frac{D(X)}{\varepsilon^2},$$

令 $\varepsilon=3\sqrt{D(X)}$,有

$$P(\mid X-E(X)\mid>3\sqrt{D(X)})\leqslant\frac{D(X)}{(3\sqrt{D(X)})^2}=\frac{1}{9}.$$

特别地,当 $X\sim N(\mu,\sigma^2)$ 时,由 §2.3 中的"3σ 原则"知

$$P(\mid X-\mu\mid\geqslant3\sigma)\approx0.003<\frac{1}{9},$$

可见,用切比雪夫不等式对概率进行估计太粗略了.

例 3 设随机变量 X 和 Y 的数学期望分别为 -2 和 2,方差分别为 1 和 4,而相关系数

为 -0.5,利用切比雪夫不等式,估计下面的概率值:

$$P(|X+Y| \geqslant 6).$$

解　设 $Z=X+Y$,则 $E(Z)=E(X)+E(Y)=0$,

$$D(Z) = D(X) + D(Y) + 2\sqrt{D(X)}\sqrt{D(Y)}\rho$$
$$= 1+4+2\times 1\times 2\times(-0.5) = 3.$$

由切比雪夫不等式

$$P(|Z-E(Z)| \geqslant \varepsilon) \leqslant \frac{D(Z)}{\varepsilon^2},$$

令 $\varepsilon=6$,又 $D(Z)=3$,有

$$P(|Z-0| \geqslant 6) \leqslant \frac{3}{36} = \frac{1}{12},$$

即

$$P(|X+Y| \geqslant 6) \leqslant \frac{1}{12}.$$

§4.2　大数定律

在第 1 章中,我们给出了概率的统计定义.大量事实表明,频率的稳定性是普遍存在的客观规律.下面我们分别介绍切比雪夫大数定律、伯努利大数定律和辛钦大数定律.

在介绍大数定律前,我们首先要了解以下三个定义:

定义 4.1(独立同分布的随机变量序列)　如果对于任何 $n \geqslant 1$,$X_1, X_2, \cdots, X_n$ 是相互独立的,那么称随机变量序列 $X_1, X_2, \cdots, X_n, \cdots$ 是相互独立的.此时,若所有的 X_i 都有共同的分布,则称 $X_1, X_2, \cdots, X_n, \cdots$ 是独立同分布的随机变量序列.

定义 4.2(依概率收敛)　设 $X_n(n=1,2,\cdots)$ 为一随机变量序列,若存在随机变量 X,对于任意 $\varepsilon>0$,有

$$\lim_{n\to\infty}P(|X_n-X| \geqslant \varepsilon) = 0 \quad \text{或} \quad \lim_{n\to\infty}P(|X_n-X| < \varepsilon) = 1,$$

则称随机变量序列 $\{X_n\}$ 依概率收敛于随机变量 X,并用下面的符号表示:

$$X_n \xrightarrow{P} X \quad \text{或} \quad \lim_{n\to\infty}X_n = X(P).$$

定义 4.3(大数定律)　设 $\{X_n\}$ 为一随机变量序列,并且 $E(X_n)$ 存在,若令

$$\overline{X}_n = \frac{1}{n}\sum_{i=1}^n X_i,$$

由定义 4.2

$$\lim_{n\to\infty}P(|\overline{X}_n - E(\overline{X}_n)| \geqslant \varepsilon) = 0,$$
$$\lim_{n\to\infty}\overline{X}_n = E(\overline{X}_n)(P),$$

有

$$\lim_{n\to\infty}[\overline{X}_n - E(\overline{X}_n)] = o(P),$$

则称随机变量序列$\{X_n\}$服从**大数定律**.

定理 4.2(切比雪夫大数定律) 设随机变量 $X_1, X_2, \cdots$ 相互独立,均具有有限方差,且以同一常数 C 为界:

$$D(X_i) < C \quad (i = 1, 2, \cdots),$$

则对任意的 $\varepsilon > 0$,有

$$\lim_{n \to \infty} P\left\{ \left| \frac{1}{n} \sum_{i=1}^{n} X_i - \frac{1}{n} \sum_{i=1}^{n} E(X_i) \right| < \varepsilon \right\} = 1.$$

证明 令

$$Y_n = \frac{1}{n} \sum_{i=1}^{n} X_i, \quad n = 1, 2, \cdots,$$

于是

$$D(Y_n) = \frac{1}{n^2} \sum_{i=1}^{n} D(X_i) < \frac{C}{n}.$$

对于任意的 $\varepsilon > 0$,由切比雪夫不等式有

$$P\left\{ \left| Y_n - \frac{1}{n} \sum_{i=1}^{n} E(X_i) < \varepsilon \right| \right\} \geqslant 1 - \frac{C}{n\varepsilon^2}.$$

由于 $\lim\limits_{n \to \infty} \dfrac{C}{n\varepsilon^2} = 0$,又因为概率小于等于 1,所以

$$\lim_{n \to \infty} P\left\{ \left| Y_n - \frac{1}{n} \sum_{i=1}^{n} E(X_i) \right| < \varepsilon \right\} = 1,$$

即 $P\left\{ \left| \dfrac{1}{n} \sum\limits_{i=1}^{n} X_i - \dfrac{1}{n} \sum\limits_{i=1}^{n} E(X_i) \right| < \varepsilon \right\} = 1.$

切比雪夫大数定律指出,n 个相互独立且具有有限的相同的数学期望与方差的随机变量,当 n 很大时,它们的算术平均以很大的概率接近于它们的数学期望.

定理 4.3(伯努利大数定律) 设 n_A 是 n 次重复独立试验中事件 A 发生的次数,p 是在每次试验中事件 A 发生的概率,则对任何 $\varepsilon > 0$,有

$$\lim_{n \to \infty} P\left\{ \left| \frac{n_A}{n} - p \right| < \varepsilon \right\} = 1.$$

证明 令

$$X_k = \begin{cases} 1, & \text{在第 } k \text{ 次试验中 } A \text{ 发生,} \\ 0, & \text{在第 } k \text{ 次试验中 } A \text{ 不发生,} \end{cases} \quad k = 1, 2, \cdots.$$

显然,$n_A = \sum\limits_{k=1}^{n} X_k$,而 $X_k (k = 1, 2, \cdots)$ 相互独立,且 $E(X_k) = p$, $D(X_k) = pq$ ($k = 1, 2, \cdots$). 由切比雪夫大数定律可知,对于任意的 $\varepsilon > 0$,有

$$\lim_{n \to \infty} P\left\{ \left| \frac{1}{n} \sum_{k=1}^{n} X_k - p \right| < \varepsilon \right\} = 1,$$

即

$$\lim_{n \to \infty} P\left\{ \left| \frac{n_A}{n} - p \right| < \varepsilon \right\} = 1.$$

伯努利大数定律指出,事件 A 发生的频率 $\dfrac{n_A}{n}$ 总是在它的概率 $P(A)=p$ 的附近摆动,随着试验次数的增多,频率 $\dfrac{n_A}{n}$ 与概率 p 发生很大偏差的可能性会越来越小. 正是在这个意义上,我们有了概率的统计定义,即在实际应用中,当试验次数足够多时,我们往往用频率作为概率的近似.

定理 4.4(辛钦大数定律)　设 $X_1,X_2,\cdots,X_n,\cdots$ 是独立同分布的随机变量序列,且 $E(X_i)=\mu\,(i=1,2,\cdots)$,则对任何 $\varepsilon>0$,有

$$\lim_{n\to\infty}P\left\{\left|\frac{1}{n}\sum_{i=1}^{n}X_i-\mu\right|<\varepsilon\right\}=1.$$

证明　略.

辛钦大数定律指出,在实际中,我们要测量一个物理量,由于每一次测量都不可避免地带有随机误差,所以每次测量值都是相互独立且服从相同分布的随机变量,它们在要测量的物理量的真实值附近左右摆动,可以认为,物理量的真实值是它们共同的数学期望. 为了得到物理量的真实值,我们往往采用多次重复测量,然后计算它们的平均值. 事实证明,只要测量次数足够多,平均值与真实值的偏差就是很小的,而且随着测量次数增多,平均值与真实值发生很大偏差的可能性会越来越小. 也就是说,平均值具有稳定性. 而辛钦大数定律就是从理论上证明了平均值的稳定性.

§4.3　中心极限定理

在第 2 章中我们曾经指出,正态分布是自然界中最常见的一种分布. 其原因是很多随机变量都是大量的相互独立的随机因素作用的总效果,并且每一个随机因素的作用都是微小的,这样的随机变量就服从正态分布. 中心极限定理从理论上证明了这一事实. 中心极限定理有很多形式,下面介绍两个最简单且很常用的中心极限定理.

(一) 独立同分布中心极限定理

定理 4.5(林德伯格-列维中心极限定理)　设随机变量 $X_1,X_2,\cdots,X_n,\cdots$ 独立同分布,且具有有限的数学期望和方差:$E(X_i)=\mu$,$D(X_i)=\sigma^2\neq0(i=1,2,\cdots)$,则随机变量

$$Y_n=\frac{\sum\limits_{i=1}^{n}X_i-n\mu}{\sqrt{n}\sigma}=\frac{\frac{1}{n}\sum X_i-\mu}{\sqrt{\frac{\sigma^2}{n}}}=\frac{\overline{X}-\mu}{\sqrt{\frac{\sigma^2}{n}}}$$

的分布函数 $F_n(x)$ 对任意实数 x,有

$$\lim_{n\to\infty}F_n(x)=\lim_{n\to\infty}P\left\{\frac{\overline{X}-\mu}{\sqrt{\frac{\sigma^2}{n}}}\leqslant x\right\}=\frac{1}{\sqrt{2\pi}}\int_{-\infty}^{x}e^{-\frac{t^2}{2}}dt.$$

此定理也称为独立同分布中心极限定理.

林德伯格-列维中心极限定理的结论告诉我们,Y_n 的极限分布是标准正态分布 $N(0,$
$1)$. 所以,当 n 充分大时,有

$$Y_n \overset{\cdot}{\sim} N(0,1).$$

这也意味着,当 n 充分大时,有

$$\sum_{i=1}^{n} X_i \overset{\cdot}{\sim} N(n\mu, n\sigma^2),$$

即 $\sum_{i=1}^{n} X_i$ 近似服从正态分布 $N(n\mu, n\sigma^2)$. 由此可以推出,当 n 充分大时,对任何 x,有

$$P\left(\sum_{i=1}^{n} X_i \leqslant x\right) \approx \Phi\left(\frac{x - n\mu}{\sqrt{n}\sigma}\right);$$

对任何区间 $(a,b]$,有

$$P\left(a < \sum_{i=1}^{n} X_i \leqslant b\right) \approx \Phi\left(\frac{b - n\mu}{\sqrt{n}\sigma}\right) - \Phi\left(\frac{a - n\mu}{\sqrt{n}\sigma}\right).$$

例 1 一生产线生产的产品成箱包装,每箱的重量是随机的. 假设每箱平均重 50 千克,标准差为 5 千克. 若用最大载重量为 5 吨的汽车承运,试利用中心极限定理说明每辆车最多可以装多少箱,才能保障不超载的概率大于 0.977.

解 设 $X_i(i=1,2,\cdots,n)$ 是装运的第 i 箱的重量(单位:千克),n 是所求箱数. 由条件可以把 $X_1, X_2, \cdots, X_n$ 视为独立同分布的随机变量,而 n 箱的总重量

$$T_n = X_1 + X_2 + \cdots + X_n$$

是独立同分布的随机变量之和.

由条件知 $E(X_i)=50$,$\sqrt{D(X_i)}=5$;$E(T_n)=50n$,$\sqrt{D(T_n)}=5\sqrt{n}$(单位:千克).

根据林德伯格-列维中心极限定理,T_n 近似服从正态分布 $N(50n, 25n)$.

箱数 n 取决于条件

$$P\{T_n \leqslant 5\,000\} = P\left\{\frac{T_n - 50n}{5\sqrt{n}} \leqslant \frac{5\,000 - 50n}{5\sqrt{n}}\right\}$$

$$\approx \Phi\left(\frac{1\,000 - 10n}{\sqrt{n}}\right) > 0.977 = \Phi(2).$$

由此可见

$$\frac{1\,000 - 10n}{\sqrt{n}} > 2,$$

从而 $n < 98.019\,9$,即最多可以装 98 箱.

(二) 二项分布中心极限定理

定理 4.6(棣莫弗-拉普拉斯中心极限定理) 设 n_A 为 n 次伯努利试验中事件 A 出现的次数,$p(0<p<1)$ 是每次试验中事件 A 发生的概率,即 $n_A \sim B(n,p)$,则随机变量

$$Y_n = \frac{n_A - np}{\sqrt{np(1-p)}}$$

的分布函数 $F_n(x)$ 收敛于标准正态分布函数 $\Phi(x)$,即对任意实数 x,有

$$\lim_{n\to\infty}F_n(x)=\lim_{n\to\infty}P\left\{\frac{n_A-np}{\sqrt{np(1-p)}}\leqslant x\right\}=\frac{1}{\sqrt{2\pi}}\int_{-\infty}^{x}\mathrm{e}^{-\frac{t^2}{2}}\mathrm{d}t.$$

此定理也称为**二项分布中心极限定理**.

证明　令

$$X_i=\begin{cases}1,&\text{第 }i\text{ 次试验中 }A\text{ 发生},\\0,&\text{第 }i\text{ 次试验中 }A\text{ 不发生},\end{cases}\quad i=1,2,\cdots.$$

显然随机变量 $X_1,X_2,\cdots,X_n,\cdots$ 相互独立,都服从 0—1 分布,且 $E(X_i)=p$,$D(X_i)=p(1-p)(i=1,2,\cdots)$,而 $n_A=\sum\limits_{i=1}^{n}X_i$,故由林德伯格-列维中心极限定理即得本定理成立.

同样,棣莫弗-拉普拉斯中心极限定理的结论告诉我们,$Y_n=\dfrac{n_A-np}{\sqrt{np(1-p)}}$ 的极限分布是标准正态分布 $N(0,1)$.所以,当 n 充分大时,近似地有

$$Y_n=\frac{n_A-np}{\sqrt{np(1-p)}}\sim N(0,1).$$

这也意味着,当 n 充分大时,近似地有

$$n_A\sim N(np,np(1-p)),$$

即 n_A 近似服从正态分布 $N(np,np(1-p))$.由此可以推出,当 n 充分大时,对任何 x,有

$$P(n_A\leqslant x)\approx\Phi\left(\frac{x-np}{\sqrt{np(1-p)}}\right);$$

对任何区间 $(a,b]$,有

$$P(a<n_A\leqslant b)\approx\Phi\left(\frac{b-np}{\sqrt{np(1-p)}}\right)-\Phi\left(\frac{a-np}{\sqrt{np(1-p)}}\right).$$

例 2　某车间有 200 台车床,在生产时间内由于需要检修、调换刀具、变换位置、调换工件等常需停车.设开工率为 0.6,并设每台车床的工作是相互独立的,且在开工时需电力 1 千瓦,问至少供应该车间多少千瓦电力,才能以 99.9% 的概率保证该车间不会因供电不足而影响生产.

解　首先,我们把对每台车床的观察作为一次试验,把观察到车床正在工作作为事件 A,而由题意可知 A 发生的概率为 0.6.由于 200 台车床是独立地工作,因此这是一个重复独立试验.把某时刻正在工作的车床数记为 S_n,并把第 i 台车床开工用 $\{X_i=1\}$ 表示,停工用 $\{X_i=0\}$ 表示,则 $X_i\sim B(1,0.6)(i=1,2,\cdots,200)$,且 $S_n=X_1+X_2+\cdots+X_{200}$,显然有 $0\leqslant S_n\leqslant200$.现在的问题是要求最大值 M,使

$$P(S_n\leqslant M)=\sum_{k=0}^{M}\mathrm{C}_{200}^{k}(0.6)^k(0.4)^{200-k}\geqslant0.999.$$

由于

$$P(S_n \leqslant M) = P\{0 \leqslant S_n \leqslant M\}$$

$$= P\left(\frac{0 - 200 \times 0.6}{\sqrt{200 \times 0.6 \times 0.4}} \leqslant \frac{S_n - 200 \times 0.6}{\sqrt{200 \times 0.6 \times 0.4}} \leqslant \frac{M - 200 \times 0.6}{\sqrt{200 \times 0.6 \times 0.4}} \right),$$

然后根据棣莫弗-拉普拉斯中心极限定理,

$$P(S_n \leqslant M) = \sum_{k=0}^{M} \mathrm{C}_{200}^{k} (0.6)^k (0.4)^{200-k}$$

$$= P\left(\frac{-120}{\sqrt{48}} \leqslant \frac{S_n - 120}{\sqrt{48}} \leqslant \frac{M - 120}{\sqrt{48}} \right)$$

$$\approx \int_{\frac{-120}{\sqrt{48}}}^{\frac{M-120}{\sqrt{48}}} \frac{1}{\sqrt{2\pi}} \mathrm{e}^{-\frac{1}{2}t^2} \mathrm{d}t$$

$$\approx \Phi\left(\frac{M-120}{6.928} \right) - \Phi(-17.32)$$

$$= \Phi\left(\frac{M-120}{6.928} \right) \geqslant 0.999.$$

当 $\Phi\left(\frac{M-120}{6.928} \right) = 0.999$ 时,得 $\frac{M-120}{6.928} = 3.1$,所以 $M = 141.4768$,取 M 为 142,故至少要供应该车间 142 千瓦电力.

例3 历史上皮尔逊曾进行过掷硬币的试验,当年皮尔逊掷硬币 12 000 次,正面出现 6 019 次.现在如果我们重复皮尔逊的试验,求正面出现的频率与概率之差的绝对值不大于皮尔逊试验中所发生的偏差的概率.

解 将一枚均匀硬币抛掷 12 000 次,记 X 表示正面出现的次数. X 服从参数 $n = 12\,000, p = 0.5$ 的二项分布. $E(X) = 6\,000, D(X) = 3\,000$,则

$$P\left\{ \left| \frac{X}{12\,000} - 0.5 \right| \leqslant \frac{6\,019}{12\,000} - 0.5 \right\}$$

$$= P\{ |X - 6\,000| \leqslant 19 \} = P\left\{ \left| \frac{X - 6\,000}{\sqrt{3\,000}} \right| \leqslant \frac{19}{\sqrt{3\,000}} \right\}$$

$$\approx 2\Phi(0.35) - 1 = 0.2736.$$

习 题 四

(A)

1. 设随机变量 X 有有限的期望 $E(X)$ 及方差 $D(X) = \sigma^2$,试用切比雪夫不等式估计 $P\{E(X) - 3\sigma < X < E(X) + 3\sigma\}$ 的值.

2. 设随机变量 X 的方差为 2.5,试用切比雪夫不等式估计概率 $P\{|X - E(X)| \geqslant 5\}$ 的值.

3. 将一颗均匀骰子掷 10 次,X 为点数 6 出现的次数,用切比雪夫不等式估计

$P\{|X-E(X)|<2\}$ 的值,并计算 $P\{|X-E(X)|<2\}$ 的值.

4. 某计算机系统有 120 个终端,各终端使用与否相互独立. 如果每个终端有 20% 的时间在使用,求使用的终端为 30~50 个的概率.

5. 一系统由 100 个相互独立的部件组成,在系统运行期间每个部件损坏的概率为 0.05,而系统只有在损坏的部件不多于 10 个时才能正常运行,求系统的可靠度(即系统正常运行的概率).

6. 某工厂有 400 台同类机器,各台机器发生故障的概率都是 0.02. 假设各台机器工作是相互独立的,试求机器出故障的台数不少于 2 的概率.

7. 试利用(1) 切比雪夫不等式,(2) 中心极限定理,分别确定投掷一枚均匀硬币的次数,使得出现"正面向上"的频率在 0.4~0.6 之间的概率不小于 0.9.

8. 某保险公司多年的统计资料表明,在索赔户中被盗索赔户占 20%,以 X 表示在随机抽查的 100 个索赔户中因被盗向保险公司索赔的户数.

(1) 写出 X 的概率分布;

(2) 利用棣莫弗-拉普拉斯定理,求被盗索赔户不少于 14 户且不多于 30 户的概率的近似值.

9. (1) 一个复杂系统由 100 个相互独立的元件组成,在系统运行期间每个元件损坏的概率为 0.10,又已知为使系统正常运行,至少要有 85 个元件工作,求系统的可靠度(即正常运行的概率);(2) 上述系统假如由 n 个相互独立的元件组成,而且又要求至少有 80% 的元件工作才能使整个系统正常运行,问 n 至少为多大时才能保证系统的可靠度为 0.95?

10. 计算机做加法运算时,要对每个加数取整(即取最接近它的整数),设所有的取整误差是相互独立的,且它们都服从均匀分布 $U[-0.5,0.5]$,如果将 1 500 个数相加,求误差总和的绝对值超过 15 的概率.

(B)

1. 设 X 为一随机变量,若 $E(X^2)=1.1$, $D(X)=0.1$,则一定有( ).

(A) $P\{-1<X<1\}\geqslant 0.9$ (B) $P\{0<X<2\}\geqslant 0.9$

(C) $P\{|X+1|\geqslant 1\}\leqslant 0.9$ (D) $P\{|X|\geqslant 1\}\leqslant 0.1$

2. 设 X,Y 是两个独立的随机变量,则下列说法中( )正确.

(A) 当已知 X 与 Y 的分布时,对于随机变量 $X+Y$ 可使用切比雪夫不等式进行概率估计

(B) 当 X 与 Y 的期望与方差都存在时,可用切比雪夫不等式估计 $X+Y$ 落在任意区间 (a,b) 内的概率

(C) 当 X 与 Y 的期望与方差都存在时,可用切比雪夫不等式估计 $X+Y$ 落在对称区间 $(-a,a)$ 内的概率 $(a>0$,为常数)

(D) 当 X 与 Y 的期望与方差都存在时,可用切比雪夫不等式估计 $X+Y$ 落在区间 $(EX+EY-a,EX+EY+a)$ 内的概率 $(a>0$,为常数)

3. 设 $X_1, X_2, \cdots, X_n, \cdots$ 为独立同分布的随机变量序列,若(   )时,则 $\{X_n\}$ 服从切比雪夫大数定律.

(A) X_i 的概率函数为 $P\{X_i = k\} = \dfrac{1}{ek!}(k=0,1,2,\cdots)$

(B) X_i 的概率函数为 $P\{X_i = k\} = \dfrac{1}{k(k+1)}(k=1,2,\cdots)$

(C) X_i 的概率密度为 $p(x) = \dfrac{1}{\pi(1+x^2)}(-\infty < x < +\infty)$

(D) X_i 的概率密度为 $p(x) = \begin{cases} \dfrac{A}{x^3}, & x \geqslant 1 \\ 0, & x < 1 \end{cases}(i=1,2,3,\cdots)$

4. 若 $X_1, X_2, \cdots, X_{1000}$ 是相互独立的随机变量,且 $X_i \sim B(1,p)(i=1,2,\cdots,1000)$,则下列(   )不正确.

(A) $\dfrac{1}{1000}\sum\limits_{i=1}^{1000} X_i \approx p$

(B) $\sum\limits_{i=1}^{1000} X_i \sim B(1000, p)$

(C) $P\left\{a < \sum\limits_{i=1}^{1000} X_i < b\right\} \approx \Phi(b) - \Phi(a)$

(D) $P\left\{a < \sum\limits_{i=1}^{1000} X_i < b\right\} \approx \Phi\left(\dfrac{b-1000p}{\sqrt{1000pq}}\right) - \Phi\left(\dfrac{a-1000p}{\sqrt{1000pq}}\right)$

(其中 $\Phi(x)$ 为标准正态分布函数,$q=1-p$)

第5章 抽样分布

数理统计是具有广泛应用的一个数学分支,它的任务之一就是以概率论为基础根据实际观测到的数据,对有关事件的概率或随机变量的分布、数字特征做出估计或推测.统计推断是数理统计学的主要理论部分,它对于统计实践有指导作用.统计推断的内容大致可分为两个方面:参数估计与假设检验,我们将在第 6 章、第 7 章中分别介绍有关内容.

本章我们主要介绍数理统计中的一些基本概念和几个重要的统计量及其分布,它们是数理统计的基础.

§5.1 总体与样本

在实际工作中,我们常常会遇到一些数理统计问题.例如,通过对部分产品进行测试来研究一批产品的寿命,讨论这批产品的平均寿命是否不小于某个数值 a. 又如,通过对某地区一部分人的测量了解该地区的全体男性成人的身高及体重的分布情况.解决这类问题采用的方法是随机抽样法.这种方法的基本思想是,从所研究的对象的全体中抽取一小部分进行观察和讨论,从而对整体进行推断.

在数理统计中,我们把被考察对象的一个(或多个)指标的全体称为**总体**或**母体**,而把总体中的每个单元称为**样品**或**个体**.例如,当研究一批产品的寿命时,该批产品寿命数据的集合就构成一个总体,其中每个产品的寿命就是一个个体.在实际问题中,我们真正关心的并不是总体或个体的本身,而是它们的某项数量指标(或某几项数量指标).每个个体所取的值一般是不同的,但从整体来看,个体的取值却有一定的概率分布,因而数量指标 X 是随机变量.因此,我们可以把总体和数量指标 X 可能取值的全体组成的集合等同起来.如果 X 的分布函数为 $F(x)$,则称这一总体 X 是具有分布函数 $F(x)$ 的总体,因此对总体的研究就归结为对表示总体某个数量指标 X 的研究,而所谓总体的分布及数字特征就是指表示总体数量指标的随机变量 X 的分布及数字特征.为了方便,今后仍用英文大写字母 X,Y,Z 等来表示总体.

我们把从总体中抽取的部分样品称为**样本**. 样本中所含的样品数称为**样本容量**. 由于样本是从总体中随机抽取出来的,并且样本容量相对于总体来说都是很小的,因此,在取了一个样品以后可以认为总体的分布没有发生任何变化,而且每个样品的取值不受其他任何样品值的影响,也就是说,它们之间是互相独立的. 在一般情况下,总是把样本看成是 n 个相互独立的且与总体有相同分布的随机变量. 这样的样本称为**简单随机样本**(以后我们只讨论这种样本). 但是在一次抽取后样本就是 n 个具体的数值,称这 n 个值为**样本值**,记作 $x_1, x_2, \cdots, x_n$. 在以下的讨论中为使叙述简练,我们对样本与样本值所使用的符号不再加以区别,也就是说,我们赋予样本双重意义:在泛指任一次抽取的结果时,$X_1, X_2, \cdots, X_n$ 表示 n 个**随机变量(样本)**;在具体的一次抽取之后,$x_1, x_2, \cdots, x_n$ 表示 n 个具体的**数值(样本值)**.

§5.2 样本函数与样本分布函数

(一) 样本函数

样本是从总体中随机抽取的部分样品,它包含总体的部分信息,由于样本所含的信息一般不能直接用于解决我们所要研究的问题,因而需要对其进行必要的加工和计算. 通常的做法是针对不同的问题构造出样本的某种函数,以便把样本中所包含的信息集中起来,这种函数在统计学中称为样本函数.

定义 5.1 设 $X_1, X_2, \cdots, X_n$ 是总体 X 的一个样本,$\varphi = \varphi(X_1, X_2, \cdots, X_n)$ 为一个连续的实值函数——**样本函数**. 如果 φ 中不包含任何未知参数,则称 $\varphi(X_1, X_2, \cdots, X_n)$ 为**统计量**.

由于样本具有两重性,统计量作为样本的函数也具有两重性,即对一次具体的观测或试验,它们都是具体的数值,但当脱离具体的某次观测或试验时,样本是随机变量,因此样本函数也是随机变量.

样本函数是用来对总体分布参数进行估计或检验的,它包含了样本中有关参数的信息. 在数理统计中,根据不同的目的构造了许多不同的样本函数. 下面介绍几种常用的样本函数.

设 $X_1, X_2, \cdots, X_n$ 是总体 X 的样本,可定义样本函数:

1. 样本均值

$$\overline{X} = \frac{1}{n} \sum_{i=1}^{n} X_i.$$

2. 样本方差

$$S^2 = \frac{1}{n-1} \sum_{i=1}^{n} (X_i - \overline{X})^2.$$

3. 样本均方差或样本标准差

$$S = \sqrt{\frac{1}{n-1} \sum_{i=1}^{n} (X_i - \overline{X})^2}.$$

4. 样本 k 阶原点矩

$$\hat{v}_k = \frac{1}{n}\sum_{i=1}^{n} X_i^k.$$

5. 样本 k 阶中心矩

$$\hat{\mu}_k = \frac{1}{n}\sum_{i=1}^{n} (X_i - \overline{X})^k.$$

定义 5.2 设 $X_1, X_2, \cdots, X_n$ 是取自总体 X 的样本, 记 $x_1, x_2, \cdots, x_n$ 是样本的任一组观测值, 将它们按由小到大的顺序重新排列为 $x_{(1)} \leqslant x_{(2)} \leqslant \cdots \leqslant x_{(n)}$. 若 $X_{(k)} = x_{(k)}(k=1, 2, \cdots, n)$, 则称 $X_{(1)}, X_{(2)}, \cdots, X_{(n)}$ 为样本 $X_1, X_2, \cdots, X_n$ 的**次序统计量**, 称 $X_{(i)}$ 为**第 i 个次序统计量**. 特别地, $X_{(1)} = \min\{X_1, X_2, \cdots, X_n\}$ 和 $X_{(n)} = \max\{X_1, X_2, \cdots, X_n\}$ 分别称为**最小次序统计量和最大次序统计量**, 它们的值分别称为**极小值和极大值**.

由于次序统计量 $X_{(k)}(k=1, 2, \cdots, n)$ 是样本的函数, 所以 $X_{(1)}, X_{(2)}, \cdots, X_{(n)}$ 一般不是相互独立的.

(二) 样本分布函数

1. 直方图与概率密度函数

在实际工作中, 要分析研究随机现象, 就需要收集原始数据. 一般来讲, 这些数据是通过随机抽样得到的, 并且这样得到的数据常常是大量的和分散的, 为了揭示这些数据的分布规律, 必须对它们进行加工整理和统计分析. 在这里, 我们首先介绍一种常用的统计分析的方法——直方图, 通过它, 就可根据原始数据, 近似地描绘出概率密度函数.

作直方图的步骤

(1) 从 n 个原始数据中, 确定最大值和最小值, 取 a 略小于最小值, b 略大于最大值.

(2) 对数据进行整理分组. 分组的个数可根据实际的经验来确定, 例如: 数据在 50 个以下, 可分为 5~6 个组; 50~100 个数据, 可分为 6~10 个组; 100~250 个数据, 可分成 7~12 个组; 等等. 如果数据太少, 作直方图就没有多少意义.

(3) 求出组距和组限. 设分组的个数为 K, 那么每个组的组距 $d = \dfrac{b-a}{K}$, 第一组应包含数据的最小值, 最后一组应包含数据的最大值.

(4) 计算频数、频率、频率密度. 每组包含的数据的个数, 称为频数, 记为 f_i, $i=1, 2, \cdots, K$, 频数除以数据的总数 n, 即 $\dfrac{f_i}{n}$, 称为频率. 把第一组至第 i 组的频率累加, 称为第 i 组的累积频率, 频率和组距 d 的比称为频率密度.

(5) 列出有关组距、频数、频率、频率密度等的统计表.

(6) 制作直方图.

建立平面直角坐标系 xOy, 横坐标表示随机变量的取值, 即数据的范围; 纵坐标表示频率密度, 即频率与组距的比值. 这样, 以每一组的组距 d 为底, 以相应于这个小区间的频率密度为高, 就得到一排竖直的小长方形, 这样作出的图形称为频率直方图, 简称直方图.

显然, 直方图中所有的小长方形的面积之和为 1, 这是由于:

$$小长方形的面积 = \frac{频率}{组距} \times 组距 = 频率,$$

故所有的小长方形的面积之和就刚好等于频率的总和,即为 1.

总之,直方图是用小长方形的面积的大小来表示样本数据(即随机变量的取值)落在某个区间(某一个小组)内的可能性的大小,因而它可以直观并且大致反映随机变量概率分布密度的情况.

有了直方图,就可以近似画出概率密度函数的曲线,即用光滑的曲线分别连接各小长方形的顶边,就可以得到连续型随机变量的概率密度函数的近似曲线,在此基础上,可以对随机变量作进一步的分析和研究.

例 1 某企业生产某种电子元件,因受到各种偶然因素的影响,其长度是有差异的,将其长度 X 看成随机变量,用直方图法分析 X 服从什么分布,抽样取得的 100 个数据如下:

1.36	1.49	1.43	1.41	1.37	1.40	1.32	1.42	1.47	1.39
1.41	1.36	1.40	1.34	1.42	1.42	1.45	1.35	1.42	1.39
1.44	1.42	1.39	1.42	1.42	1.30	1.34	1.42	1.37	1.36
1.37	1.34	1.37	1.37	1.44	1.45	1.32	1.48	1.40	1.45
1.39	1.46	1.39	1.53	1.36	1.48	1.40	1.39	1.38	1.40
1.36	1.45	1.50	1.43	1.38	1.43	1.41	1.48	1.39	1.45
1.37	1.37	1.39	1.45	1.31	1.41	1.44	1.44	1.42	1.47
1.35	1.36	1.39	1.40	1.38	1.35	1.38	1.43	1.42	1.42
1.42	1.40	1.41	1.37	1.46	1.36	1.37	1.27	1.37	1.38
1.42	1.34	1.43	1.42	1.41	1.41	1.44	1.48	1.55	1.37

解 (1)先找出数据中的最大值 1.55,最小值 1.27,并取 $a = 1.265, b = 1.565$. a 略小于最小值,b 略大于最大值,使最大值、最小值在组内.

(2)对数据进行分组,可分成 10 组,即 $K = 10$.

(3)找出组距:$\frac{b-a}{K} = \frac{1.565-1.265}{10} = 0.03$. 显然,第一组为 $[1.265, 1.295]$,…,第十组为 $[1.535, 1.565]$.

(4)计算频数、频率、频率密度等.

(5)列出有关组距、频数、频率、频率密度的分布表:

组序号	分组组距	唱票统计	频数	频率	频率密度
1	1.265~1.295	一	1	0.01	0.33
2	1.295~1.325	正	4	0.04	1.33
3	1.325~1.355	正丁	7	0.07	2.33
4	1.355~1.385	正正正正丁	22	0.22	7.33
5	1.385~1.415	正正正正正	24	0.24	8.00
6	1.415~1.445	正正正正正	24	0.24	8.00
7	1.445~1.475	正正	10	0.10	3.33
8	1.475~1.505	正一	6	0.06	2.00
9	1.505~1.535	一	1	0.01	0.33
10	1.535~1.565	一	1	0.01	0.33
合计			100	1.00	

（6）作直方图（见图 5—1）．

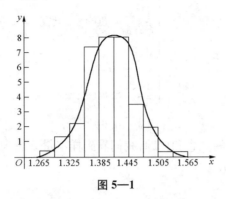

图 5—1

由上面的例子可以看出，频率直方图能大致地描述出 X 的概率分布情况，而每个长方形面积正好近似地代表了长度 X 的取值落入相应一组的概率．结合连续型随机变量概率密度函数的直观意义，可以看出，只要有了频率直方图，就可以大致画出概率密度函数曲线．因而可以通过增加观测数据，把频率直方图作为概率密度曲线的一种近似．但是，它只适用于连续型随机变量．下面介绍一种更为普遍的估计总体分布的方法，即经验分布函数法，它对连续型与离散型总体均适用．

2．样本分布函数

由给定的一组样本值 $x_i, i = 1, 2, \cdots, n$，我们可以构造一个经验分布函数．

设总体 X 的 n 个样本值可以按大小次序排列成：

$$x_1 \leqslant x_2 \leqslant \cdots \leqslant x_n,$$

如果 $x_k \leqslant x < x_{k+1}$，则不大于 x 的样本值的频率为 $\dfrac{k}{n}$．因而函数

$$F_n(x) = \begin{cases} 0, & x < x_1, \\ \cdots \\ \dfrac{k}{n}, & x_k \leqslant x < x_{k+1}, \quad (k = 1, 2, \cdots, n-1) \\ \cdots \\ 1, & x \geqslant x_n, \end{cases}$$

与事件 $\{X \leqslant x\}$ 在 n 次重复独立试验中的频率是相同的．我们称 $F_n(x)$ 为**样本分布函数**或**经验分布函数**．

在图 5—2 中，阶梯形的曲线是经验分布函数，而光滑曲线是总体 X 的分布函数 $F(x)$ 的近似曲线．

例 2　已知样本值：$6.60, 4.60, 5.40, 5.80, 5.40,$ 试构造出它们的经验分布函数．

解　先将这一组数据从小到大重新排列：$4.60,$ $5.40, 5.40, 5.80, 6.60$，则经验分布函数为：

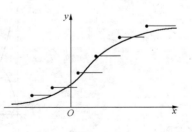

图 5—2

$$F_5(x) = \begin{cases} 0, & x < 4.60, \\ \dfrac{1}{5}, & 4.60 \leqslant x < 5.40, \\ \dfrac{3}{5}, & 5.40 \leqslant x < 5.80, \\ \dfrac{4}{5}, & 5.80 \leqslant x < 6.60, \\ 1, & 6.60 \leqslant x. \end{cases}$$

由上面经验分布函数的概念和例题,我们看到样本量 n 越大,样本取值的分布就越能近似地反映总体 X 的分布.

§5.3　抽样分布

(一) 几个常用的分布

我们知道,样本函数中的统计量是随机变量,因此它也有对应的概率分布,称之为统计量的**抽样分布**.下面我们先来介绍几个在数理统计中经常使用的分布及其性质,它们是:χ^2 分布、t 分布和 F 分布.

1. χ^2 分布

定义 5.3　设 $X_1, X_2, \cdots, X_n$ 为独立同分布的随机变量,且都服从 $N(0,1)$,则称统计量

$$X = X_1^2 + X_2^2 + \cdots + X_n^2 = \sum_{i=1}^{n} X_i^2$$

所服从的分布是**自由度为 n 的 χ^2 分布**,记作 $X \sim \chi^2(n)$.

$\chi^2(n)$ 分布含有一个参数 n 作为自由度.所谓自由度是指独立的随机变量的个数,它是随机变量分布中的一个重要参数.经推导可知,$\chi^2(n)$ 分布的概率密度为

$$p_n(x) = \begin{cases} \dfrac{1}{2^{\frac{n}{2}} \Gamma\left(\dfrac{n}{2}\right)} x^{\frac{n}{2}-1} \mathrm{e}^{-\frac{x}{2}}, & x > 0, \\ 0, & x \leqslant 0, \end{cases}$$

其中,$\Gamma\left(\dfrac{n}{2}\right) = \displaystyle\int_0^{+\infty} x^{\frac{n}{2}-1} \mathrm{e}^{-x} \mathrm{d}x.$ $p_n(x)$ 的图形如图 5—3 所示.

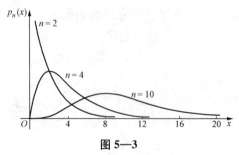

图 5—3

$\chi^2(n)$ 分布具有可加性.

例 1 设随机变量 $Y_1 \sim \chi^2(m)$, $Y_2 \sim \chi^2(n)$, 且 Y_1 与 Y_2 相互独立, 则
$$Y_1 + Y_2 \sim \chi^2(m+n).$$

证明 根据 χ^2 分布的定义及 Y_1 与 Y_2 相互独立, 我们可以把 Y_1 和 Y_2 分别表示为
$$Y_1 = X_1^2 + X_2^2 + \cdots + X_m^2,$$
$$Y_2 = X_{m+1}^2 + X_{m+2}^2 + \cdots + X_{m+n}^2,$$
其中 $X_1, X_2, \cdots, X_m, X_{m+1}, \cdots, X_{m+n}$ 相互独立且均服从分布 $N(0,1)$, 于是
$$Y_1 + Y_2 = X_1^2 + X_2^2 + \cdots + X_{m+n}^2.$$

再由 χ^2 分布的定义知, $Y_1 + Y_2 \sim \chi^2(m+n)$.

例 2 设 $X_1, X_2, \cdots, X_n$ 是来自正态总体 $X \sim N(\mu, \sigma^2)$ 的样本. 求随机变量
$Y = \dfrac{1}{\sigma^2} \sum\limits_{i=1}^{n} (X_i - \mu)^2$ 的概率分布.

解 因为 $X_1, X_2, \cdots, X_n$ 相互独立, 且 $X_i \sim N(\mu, \sigma^2)(i=1,2,\cdots,n)$, 故令
$$Y_i = \frac{X_i - \mu}{\sigma}, \quad i = 1, 2, \cdots, n,$$
则 $Y_1, Y_2, \cdots, Y_n$ 相互独立, 且 $Y_i \sim N(0,1)(i=1,2,\cdots,n)$.

根据定义可知, $Y = \dfrac{1}{\sigma^2} \sum\limits_{i=1}^{n} (X_i - \mu)^2 = \sum\limits_{i=1}^{n} Y_i^2$ 服从自由度为 n 的 χ^2 分布.

2. t 分布

定义 5.4 设随机变量 $X \sim N(0,1)$, $Y \sim \chi^2(n)$, 且 X 与 Y 相互独立, 则称随机变量
$$T = \frac{X}{\sqrt{Y/n}}$$
所服从的分布是**自由度为 n 的 t 分布**, 记作 $T \sim t(n)$.

根据定义, 可以证明 T 的概率密度为
$$p_n(t) = \frac{\Gamma\left(\dfrac{n+1}{2}\right)}{\sqrt{n\pi}\,\Gamma\left(\dfrac{n}{2}\right)} \left(1 + \frac{t^2}{n}\right)^{-\frac{n+1}{2}}, \quad -\infty < t < +\infty,$$

其图形如图 5—4 所示. 由于 $p_n(t)$ 是偶函数, 所以图形关于 y 轴对称, 从而 $E(T)=0$ 对一切 n 都成立. 另外, 可以证明, 当 n 充分大时, 自由度为 n 的 t 分布可近似地看成标准正态分布. 一般地, 当 $n > 45$ 时, t 分布与标准正态分布就已经非常接近了.

例 3 设 $X_1, X_2, \cdots, X_n$ 是来自正态总体 $X \sim N(0,4)$ 的样本. 试问: 统计量
$\dfrac{\sqrt{n-1}X_1}{\sqrt{\sum\limits_{i=2}^{n} X_i^2}}$ 服从什么分布?

解 因为 $X_i \sim N(0,4)(i=1,2,\cdots,n)$, 所以 $\dfrac{\sum\limits_{i=2}^{n} X_i^2}{4} \sim \chi^2(n-1)$, $\dfrac{X_1}{2} \sim N(0,1)$ 且它们相互独立. 根据 t 分布的定义, 有

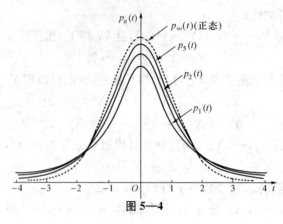

图 5—4

$$\frac{\sqrt{n-1}X_1}{\sqrt{\sum_{i=2}^{n}X_i^2}} = \frac{X_1/2}{\sqrt{\left.\dfrac{\sum_{i=2}^{n}X_i^2}{4}\right/(n-1)}} \sim t(n-1).$$

3. F 分布

定义 5.5 设随机变量 $X \sim \chi^2(m)$，$Y \sim \chi^2(n)$，且 X 与 Y 相互独立，则称随机变量

$$F = \frac{X/m}{Y/n}$$

所服从的分布是**自由度为 (m,n) 的 F 分布**，记作 $F \sim F(m,n)$。

若 $F \sim F(m,n)$，则可以证明 F 的概率密度为

$$p(y) = \begin{cases} \dfrac{\Gamma\left(\dfrac{m+n}{2}\right)}{\Gamma\left(\dfrac{m}{2}\right)\Gamma\left(\dfrac{n}{2}\right)}\left(\dfrac{m}{n}\right)^{\frac{m}{2}}y^{\frac{m}{2}-1}\left(1+\dfrac{m}{n}y\right)^{-\frac{m+n}{2}}, & y > 0, \\ 0, & y \leqslant 0, \end{cases}$$

其图形如图 5—5 所示。

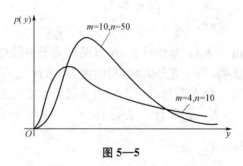

图 5—5

F 分布具有下列重要性质：

性质 1 若随机变量 $X \sim F(m,n)$，则 $1/X \sim F(n,m)$。

这个性质可以直接由 F 分布的定义推出。

性质 2 若随机变量 $X \sim t(n)$，则 $X^2 \sim F(1,n)$。

证明 根据 t 分布的定义，X 可表示为

$$X = \frac{Y}{\sqrt{Z/n}},$$

其中，$Y \sim N(0,1)$，$Z \sim \chi^2(n)$，且相互独立. 于是

$$X^2 = \frac{Y^2}{Z/n},$$

而 $Y^2 \sim \chi^2(1)$，根据 F 分布的定义知，$X^2 \sim F(1,n)$.

例 4 设 $X_1, X_2, \cdots, X_n$ 是来自正态总体 $X \sim N(0,1)$ 的样本. 试问：统计量

$$\frac{(n-3)\sum\limits_{i=1}^{3} X_i^2}{3\sum\limits_{i=4}^{n} X_i^2}$$

服从什么分布？

解 因为 $\sum\limits_{i=1}^{3} X_i^2 \sim \chi^2(3)$，$\sum\limits_{i=4}^{n} X_i^2 \sim \chi^2(n-3)$，且二者相互独立，所以

$$\frac{(n-3)\sum\limits_{i=1}^{3} X_i^2}{3\sum\limits_{i=4}^{n} X_i^2} = \frac{\sum\limits_{i=1}^{3} X_i^2 \big/ 3}{\sum\limits_{i=4}^{n} X_i^2 \big/ (n-3)} \sim F(3, n-3).$$

(二) 抽样分布的分位点

下面我们再介绍一下四种常见抽样分布的分位点概念.

定义 5.6 (1) 设 $X \sim N(0,1)$，对于给定的 $0 < \alpha < 1$，存在 u_α 满足

$$P(X > u_\alpha) = \int_{u_\alpha}^{+\infty} \varphi(x)\mathrm{d}x = \alpha,$$

即

$$\Phi(u_\alpha) = 1 - P(X > u_\alpha) = 1 - \alpha,$$

则称 u_α 为 X 关于 α 的**上侧分位点**（见图 5—6）.

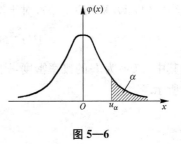

图 5—6

例如，当给定 $\alpha = 0.05$ 时，有

$$\Phi(u_{0.05}) = 0.95.$$

查附表 2 得 X 关于 $\alpha = 0.05$ 的上侧分位点 $u_\alpha = 1.64$，即 $\Phi(1.64) = 0.95$.

上侧分位点是一个临界值，这个概念也适用于其他的分布函数.

例 5 公共汽车车门的高度是按男子与车门碰头的概率在 0.01 以下来设计的，设男子身高（单位：cm）$X \sim N(170,36)$，问：车门高度应如何确定？

解 设车门高度为 h cm 时，男子与车门碰头概率是 0.01，则

$$P(X > h) = 1 - \Phi\left(\frac{h-170}{6}\right) = 0.01,$$

化简为

$$\Phi\left(\frac{h-170}{6}\right) = 1 - 0.01 = 0.99,$$

这里 $\dfrac{h-170}{6}$ 也就是标准正态随机变量的上侧分位点 $u_{0.01}$.

查附表 2 得 $\dfrac{h-170}{6}=u_{0.01}=2.33$，所以 $h=170+13.98\approx184$. 因此要使男子与车门碰头几率在 0.01 以下，车门高度至少为 184 cm.

(2) 设 $X\sim\chi^2(n)$，对于给定的 $0<\alpha<1$，存在 $\chi_\alpha^2(n)$ 满足

$$P(\chi^2>\chi_\alpha^2(n))=\int_{\chi_\alpha^2(n)}^{+\infty}f_n(x)\mathrm{d}x=\alpha,$$

其中，$p_n(x)$ 为 χ^2 的概率密度，则称点 $\chi_\alpha^2(n)$ 为 χ^2 **分布关于** α **的上侧分位点**，如图 5—7 所示.

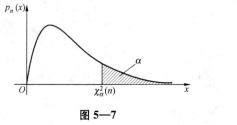 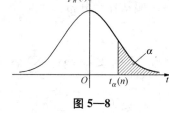

图 5—7　　　　　　　　　　　　图 5—8

(3) 设 $X\sim t(n)$，对于给定的 $0<\alpha<1$，存在 $t_\alpha(n)$ 满足

$$P(T>t_\alpha(n))=\int_{t_\alpha(n)}^{+\infty}p_n(t)\mathrm{d}t=\alpha,$$

其中，$p_n(t)$ 为 T 的概率密度，则称点 $t_\alpha(n)$ 为 t **分布关于** α **的上侧分位点**，如图 5—8 所示.

(4) 设 $X\sim F(m,n)$，对于给定的 $0<\alpha<1$，存在 $F_\alpha(m,n)$ 满足

$$P(F>F_\alpha(m,n))=\int_{F_\alpha(m,n)}^{+\infty}p(y)\mathrm{d}y=\alpha,$$

其中，$p(y)$ 为 F 的概率密度，则称点 $F_\alpha(m,n)$ 为 F **分布关于** α **的上侧分位点**，如图 5—9 所示.

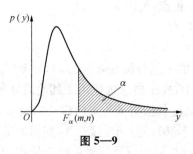

图 5—9

本书后面给出了几种常见分布的分位点附表. 通常当给定 α 时，可从附表中查出常见分布关于 α 的上侧分位点；反之，给定某个上侧分位点时可以查出相应的概率.

容易证明关于正态分布、χ^2 分布、t 分布及 F 分布的分位点有如下一些性质：

(1) $u_{1-\alpha}=-u_\alpha$；

(2) $t_{1-\alpha}(n)=-t_\alpha(n)$；

(3) $F_\alpha(m,n) = \dfrac{1}{F_{1-\alpha}(n,m)}$;

(4) 当 n 较大 ($n > 45$) 时,有

$$\chi_\alpha^2(n) \approx \frac{1}{2}(u_\alpha + \sqrt{2n-1})^2, \quad t_\alpha(n) \approx u_\alpha,$$

这里 u_α 是标准正态分布 $N(0,1)$ 关于 α 的上侧分位点.

(三) 正态总体的抽样分布

对于正态总体,关于样本均值和样本方差以及某些重要统计量的抽样分布具有非常完善的理论结果,它们是参数估计和假设检验的理论基础. 下面我们不加证明地给出有关的几个定理.

定理 5.1 设 $X_1, X_2, \cdots, X_n$ 是来自正态总体 $X \sim N(\mu, \sigma^2)$ 的样本,则

(1) $\overline{X} \sim N\left(\mu, \dfrac{\sigma^2}{n}\right)$;   (2) $\dfrac{(n-1)S^2}{\sigma^2} \sim \chi^2(n-1)$;

(3) $\overline{X}$ 与 S^2 相互独立;   (4) $\dfrac{\sqrt{n}(\overline{X} - \mu)}{S} \sim t(n-1)$.

这里 $\overline{X}$ 为样本均值, S^2 为样本方差,即

$$\overline{X} = \frac{1}{n}\sum_{i=1}^{n} X_i, \quad S^2 = \frac{1}{n-1}\sum_{i=1}^{n}(X_i - \overline{X})^2.$$

定理 5.2 设 $X_1, X_2, \cdots, X_m$ 是来自正态总体 $X \sim N(\mu_1, \sigma^2)$ 的样本, $Y_1, Y_2, \cdots, Y_n$ 是来自正态总体 $Y \sim N(\mu_2, \sigma^2)$ 的样本,且 X 与 Y 相互独立,则

$$\frac{(\overline{X} - \overline{Y}) - (\mu_1 - \mu_2)}{S_w \sqrt{\dfrac{1}{m} + \dfrac{1}{n}}} \sim t(m+n-2),$$

其中

$$\overline{X} = \frac{1}{m}\sum_{i=1}^{m} X_i, \quad S_1^2 = \frac{1}{m-1}\sum_{i=1}^{m}(X_i - \overline{X})^2,$$

$$\overline{Y} = \frac{1}{n}\sum_{i=1}^{n} Y_i, \quad S_2^2 = \frac{1}{n-1}\sum_{i=1}^{n}(Y_i - \overline{Y})^2,$$

$$S_w^2 = \frac{(m-1)S_1^2 + (n-1)S_2^2}{m+n-2} = \frac{m-1}{m+n-2}S_1^2 + \frac{n-1}{m+n-2}S_2^2,$$

即 S_w^2 是 S_1^2 和 S_2^2 的加权平均.

定理 5.3 设 $X_1, X_2, \cdots, X_m$ 是来自正态总体 $X \sim N(\mu_1, \sigma_1^2)$ 的样本, $Y_1, Y_2, \cdots, Y_n$ 是来自正态总体 $Y \sim N(\mu_2, \sigma_2^2)$ 的样本,且 X 与 Y 相互独立,则

$$\frac{S_1^2/\sigma_1^2}{S_2^2/\sigma_2^2} \sim F(m-1, n-1),$$

其中

$$S_1^2 = \frac{1}{m-1}\sum_{i=1}^{m}(X_i - \overline{X})^2, \quad S_2^2 = \frac{1}{n-1}\sum_{i=1}^{n}(Y_i - \overline{Y})^2.$$

习 题 五

(A)

1. 观察一个连续型随机变量,抽到 100 株"豫农一号"玉米的穗位(单位:cm),得到如表 5—1 中所列数据. 按区间 $[70,80)$,$[80,90)$,$\cdots$,$[150,160)$,将 100 个数据分成 9 个组,列出分组数据的统计表(包括频率及累积频率),并画出频率及累积频率的直方图.

表 5—1

127	118	121	113	145	125	87	94	118	111
102	72	113	76	101	134	107	118	114	128
118	114	117	120	128	94	124	87	88	105
115	134	89	141	114	119	150	107	126	95
137	108	129	136	98	121	91	111	134	123
138	104	107	121	94	126	108	114	103	129
103	127	93	86	113	97	122	86	94	118
109	84	117	112	112	125	94	73	93	94
102	108	158	89	127	115	112	94	118	114
88	111	111	104	101	129	144	128	131	142

2. 测得 20 个毛坯重量(单位:g),列成简单表(见表 5—2):

表 5—2

毛坯重量	185	187	192	195	200	202	205	206
频 数	1	1	1	1	1	2	1	1
毛坯重量	207	208	210	214	215	216	218	227
频 数	2	1	1	1	2	1	2	1

将其按区间 $[183.5,192.5)$,$\cdots$,$[219.5,228.5)$ 分为 5 组,列出分组统计表,并画出频率直方图.

3. 设随机变量 $X_1,\cdots,X_{10}$;$Y_1,\cdots,Y_{15}$ 相互独立且都服从 $N(20,(\sqrt{3})^2)$ 分布,求 $P\{|\bar{X}-\bar{Y}|>0.3\}$.

(B)

1. 设 $X_1,X_2,\cdots,X_n$ 是来自正态总体 $N(\mu,\sigma^2)$ 的简单随机样本,$\bar{X}$ 是样本均值,记

$$S_1^2 = \frac{1}{n-1}\sum_{i=1}^{n}(X_i-\bar{X})^2,$$

$$S_2^2 = \frac{1}{n}\sum_{i=1}^{n}(X_i-\bar{X})^2,$$

$$S_3^2 = \frac{1}{n-1}\sum_{i=1}^{n}(X_i-\mu)^2,$$

$$S_4^2 = \frac{1}{n} \sum_{i=1}^{n} (X_i - \mu)^2,$$

则服从自由度为 $n-1$ 的 t 分布的随机变量是 （ ）

(A) $t = \dfrac{\overline{X} - \mu}{S_1 / \sqrt{n-1}}$ 　　　　　　　(B) $t = \dfrac{\overline{X} - \mu}{S_2 / \sqrt{n-1}}$

(C) $t = \dfrac{\overline{X} - \mu}{S_3 / \sqrt{n}}$ 　　　　　　　(D) $t = \dfrac{\overline{X} - \mu}{S_4 / \sqrt{n}}$

2. 设随机变量 X 服从正态分布 $N(0,1)$，对给定的 α（$0 < \alpha < 1$），数 u_α 满足 $P\{X > u_\alpha\} = \alpha$. 若 $P\{|X| < x\} = \alpha$，则 x 等于 （ ）

(A) $u_{\frac{\alpha}{2}}$ 　　　(B) $u_{1-\frac{\alpha}{2}}$ 　　　(C) $u_{\frac{1-\alpha}{2}}$ 　　　(D) $u_{1-\alpha}$

第6章 参 数 估 计

数理统计的基本问题之一就是根据样本所提供的信息来分析总体或总体的某些特征,即根据样本对总体进行统计推断. 当总体的分布类型已知,未知的只是它的一个或多个参数时,相应的统计推断称为**参数统计推断**,否则称为**非参数统计推断**. 本章所要探讨的是这样一类问题,即在总体所服从的分布类型已知的条件下,估计其某些未知的参数,如数学期望、方差等. 这类问题称为**参数估计**.

§6.1 点 估 计

设总体 X 的分布函数 $F(x;\theta)$ 的形式已知,$\theta=(\theta_1,\theta_2,\cdots,\theta_k)\in\Theta$,其中 Θ 是未知参数 θ 的可能的取值范围. 借助于总体 X 的一个样本值来估计总体未知参数 θ 的值的问题就称为**参数的点估计问题**.

定义 6.1 设总体 X 的分布函数为 $F(x;\theta)$, $\theta=(\theta_1,\theta_2,\cdots,\theta_k)\in\Theta$ 是未知参数,X_1,$X_2,\cdots,X_n$ 是来自 X 的样本,$x_1,x_2,\cdots,x_n$ 是样本观测值. 选取一个统计量 $\hat{\theta}=\hat{\theta}(X_1,X_2,\cdots,X_n)$,以数值 $\hat{\theta}(x_1,x_2,\cdots,x_n)$ 估计 θ,则称 $\hat{\theta}(X_1,X_2,\cdots,X_n)$ 是 θ 的一个**估计量**,称 $\hat{\theta}(x_1,x_2,\cdots,x_n)$ 是 θ 的**估计值**.

在不至于混淆的情况下,统称估计量和估计值为**估计**.

那么,怎样构造这个估计量呢? 通常的办法是根据某种原则建立起估计量应满足的方程,然后再求解这个方程. 下面我们来介绍两种方法.

(一) 矩法

所谓矩法就是利用样本各阶原点矩(或中心矩)与相应的总体矩,建立估计量应满足的方程,从而求出未知参数估计量的方法.

我们知道,当总体的 k 阶原点矩 $E(X^k)$ 存在时,由辛钦大数定律可以证明,对任意 $\varepsilon>0$,有

$$\lim_{n \to \infty} P(\mid v_k - E(X^k) \mid < \varepsilon) = 1,$$

其中 $v_k = \dfrac{1}{n} \sum\limits_{i=1}^{n} X_i^k$ 为样本的 k 阶原点矩. 也就是说,只要样本容量 n 足够大,样本的原点矩 v_k 在总体的原点矩 $E(X^k)$ 附近的可能性就很大. 考虑到在许多分布中所含的参数都是总体矩的函数,因此很自然地会想到用样本矩来代替总体矩,从而得到总体分布中未知参数的一个估计. 这种方法称为**矩估计法**,简称**矩法**. 下面介绍用矩法构造未知参数估计量的基本步骤.

设总体 X 的分布函数为 $F(x;\theta)$, $\theta = (\theta_1, \theta_2, \cdots, \theta_k) \in \Theta$ 是未知参数(k 为未知参数的个数,$k = 1, 2, \cdots$),$X_1, X_2, \cdots, X_n$ 是来自 X 的样本,$x_1, x_2, \cdots, x_n$ 是样本观测值,则矩法构造未知参数估计量的步骤如下:

(1) 计算总体 X 的 k 阶原点矩 $E(X^k)$,并记

$$E(X^k) = v_k(\theta_1, \theta_2, \cdots, \theta_k);$$

(2) 用样本 k 阶原点矩替换总体 k 阶原点矩,列出方程组

$$\begin{cases} v_1(\theta_1, \theta_2, \cdots, \theta_k) = \dfrac{1}{n} \sum\limits_{i=1}^{n} X_i, \\ v_2(\theta_1, \theta_2, \cdots, \theta_k) = \dfrac{1}{n} \sum\limits_{i=1}^{n} X_i^2, \\ \cdots \cdots \\ v_k(\theta_1, \theta_2, \cdots, \theta_k) = \dfrac{1}{n} \sum\limits_{i=1}^{n} X_i^k; \end{cases}$$

(3) 解此方程组得

$$\theta_r = \hat{\theta}_r(X_1, X_2, \cdots, X_n) \quad (r = 1, 2, \cdots, k),$$

则以 $\hat{\theta}_r(X_1, X_2, \cdots, X_n)$ 作为 θ_r 的估计量 $\hat{\theta}_r(r = 1, 2, \cdots, k)$,并称

$$\hat{\theta}_r = \hat{\theta}_r(X_1, X_2, \cdots, X_n) \quad (r = 1, 2, \cdots, k)$$

为 $\theta_r(r = 1, 2, \cdots, k)$ 的**矩估计量**,而称 $\hat{\theta}_r(x_1, x_2, \cdots, x_n)$ 为 $\theta_r(r = 1, 2, \cdots, k)$ 的**矩估计值**.

需要指出的是,对于双参数的矩估计,我们可以对于一阶使用原点矩建立方程,而对于二阶使用中心矩建立方程,可以证明这样的方程组与原方程组是同解的.

例 1　设总体 $X \sim N(\mu, \sigma^2)$,其中 μ, σ^2 是未知参数,试求 μ, σ^2 的矩估计量.

解　我们知道,对于正态分布来说,

$$E(X) = \mu, \quad D(X) = \sigma^2.$$

设 $X_1, X_2, \cdots, X_n$ 为总体 X 的样本,于是有

$$\begin{cases} E(X) = \dfrac{1}{n} \sum\limits_{i=1}^{n} X_i, \\ D(X) = \dfrac{1}{n} \sum\limits_{i=1}^{n} (X_i - \overline{X})^2, \end{cases}$$

得到 μ, σ^2 的矩估计量分别为

$$\begin{cases} \hat{\mu} = \overline{X}, \\ \hat{\sigma}^2 = \dfrac{1}{n}\sum_{i=1}^{n}(X_i - \overline{X})^2. \end{cases}$$

例 2 设总体 $X \sim B(n,p)$，其中 n 已知，求 p 的矩估计量.

解 我们知道，二项分布的

$$E(X) = np.$$

设 $X_1, X_2, \cdots, X_n$ 为总体 X 的样本，于是有

$$E(X) = np = \frac{1}{n}\sum_{i=1}^{n}X_i,$$

解方程得 p 的矩估计量为 $\hat{p} = \dfrac{\overline{X}}{n}$.

例 3 设总体 X 在 $[a,b]$ 上服从均匀分布，其概率密度为

$$p(x;a,b) = \begin{cases} \dfrac{1}{b-a}, & a \leqslant x \leqslant b, \\ 0, & \text{其他}, \end{cases}$$

其中，a,b 是未知参数. 试求 a,b 的矩估计量.

解 我们知道，均匀分布的期望和方差分别为

$$E(X) = \frac{1}{2}(a+b), \quad D(X) = \frac{1}{12}(b-a)^2.$$

现设 $X_1, X_2, \cdots, X_n$ 为总体 X 的样本，于是，有

$$\begin{cases} \dfrac{1}{n}\sum_{i=1}^{n}X_i = E(X) = \dfrac{1}{2}(a+b), \\ \dfrac{1}{n}\sum_{i=1}^{n}(X_i - \overline{X})^2 = D(X) = \dfrac{1}{12}(b-a)^2. \end{cases}$$

由上式可得 a,b 的矩估计量分别为

$$\hat{a} = \overline{X} - \sqrt{3}\widetilde{S}, \quad \hat{b} = \overline{X} + \sqrt{3}\widetilde{S},$$

其中 $\widetilde{S}^2 = \dfrac{1}{n}\sum_{i=1}^{n}(X_i - \overline{X})^2$，而 $\widetilde{S} = \sqrt{\dfrac{1}{n}\sum_{i=1}^{n}(X_i - \overline{X})^2}$.

（二）最大似然估计法

所谓最大似然估计法就是当我们用样本的函数值估计总体参数时，应使得当参数取这些值时，所观测到的样本出现的概率最大. 最大似然估计法是最重要的一种点估计方法，所求的估计量有许多优良的性质. 下面先介绍似然函数的概念.

1. 似然函数

定义 6.2 设总体 X 的分布律或概率密度为 $p(x;\theta)$，$\theta = (\theta_1, \theta_2, \cdots, \theta_k)$ 是未知参数，$X_1, X_2, \cdots, X_n$ 是总体 X 的样本，则称 $X_1, X_2, \cdots, X_n$ 的联合分布律或概率密度函数

$$L(x_1, x_2, \cdots, x_n; \theta) = \prod_{i=1}^{n} p(x_i; \theta)$$

为样本的**似然函数**,简记为 $L(\theta)$.

注意,当总体 X 为离散型随机变量时,$p(x;\theta)$ 为 X 的分布律;当总体 X 为连续型随机变量时,$p(x;\theta)$ 为 X 的概率密度.

2. 最大似然估计法

最大似然估计法的基本思想是利用"概率最大的事件最可能出现"这一直观想法,即对 $L(\theta)$ 固定样本观测值 $x_i(i=1,2,\cdots,n)$,在 Θ 内选择适当的参数 $\hat{\theta}=(\theta_1,\theta_2,\cdots,\theta_k)$,使 $L(\theta)$ 达到最大值,并把 $\hat{\theta}$ 作为参数 θ 的估计值.

所谓最大似然估计法就是对于固定的样本观测值 $x_1,x_2,\cdots,x_n$,如果有 $\hat{\theta}(x_1,x_2,\cdots,x_n)\in\Theta$(这里 Θ 是 θ 的取值范围),使得

$$L(\hat{\theta}) = \max_{\theta\in\Theta}L(\theta) \quad (\text{或} L(\hat{\theta}) = \sup_{\theta\in\Theta}L(\theta)),$$

则称 $\hat{\theta}(x_1,x_2,\cdots,x_n)$ 为 θ 的**最大似然估计值**,而称相应的统计量 $\hat{\theta}(X_1,X_2,\cdots,X_n)$ 为**最大似然估计量**.

我们知道,$\ln x$ 是 x 的单调增加函数,因此,$\ln x$ 与 x 有相同的极大值点.有时选择 $\theta_1,\theta_2,\cdots,\theta_k$ 的值使 $\ln L(\theta)$ 达到最大较为方便,故 $\ln L(\theta)$ 也称为似然函数.

求最大似然估计量的步骤如下:

(1) 根据总体 X 的分布律或概率密度 $p(x;\theta)$,写出似然函数

$$L(\theta) = \prod_{i=1}^{n} p(x_i;\theta).$$

(2) 对似然函数取对数 $\ln L(\theta) = \sum_{i=1}^{n}\ln p(x_i;\theta)$.

(3) 写出似然方程

$$\frac{\mathrm{d}\ln L}{\mathrm{d}\theta} = 0 \quad \text{或} \quad \frac{\partial\ln L}{\partial\theta} = 0.$$

若方程有解,则求出 $L(\theta)$ 的最大值点 $\theta=\hat{\theta}(x_1,x_2,\cdots,x_n)$,于是,$\hat{\theta}=\hat{\theta}(X_1,X_2,\cdots,X_n)$ 即为 θ 的最大似然估计量.设 $x_1,x_2,\cdots,x_n$ 为样本的观测值,则 $\hat{\theta}(x_1,x_2,\cdots,x_n)$ 为 θ 的最大似然估计值.

注意,若似然函数中含有多个未知参数,则可解方程组

$$\frac{\partial\ln L(\theta)}{\partial\theta_i} = 0, \quad i=1,2,\cdots,k.$$

解得的驻点 $\hat{\theta}_i(x_1,x_2,\cdots,x_n)$,即 $\hat{\theta}_i(X_1,X_2,\cdots,X_n)$ 为 θ_i 的最大似然估计量;若似然方程无解,即似然函数没有驻点时,通常在边界点上达到最大值,并可由定义通过对边界点的分析直接推求.

例4 设 $X_1,X_2,\cdots,X_n$ 为取自正态总体 $X\sim N(\mu,\sigma^2)$ 的样本.求参数 μ,σ^2 的最大似然估计.

解 由题意可知,X 的概率密度为

$$p(x;\mu,\sigma^2) = \frac{1}{\sqrt{2\pi}\sigma}\exp\left[-\frac{1}{2\sigma^2}(x-\mu)^2\right].$$

(1) 样本的似然函数为

$$L(\mu,\sigma^2) = \prod_{i=1}^{n} \frac{1}{\sqrt{2\pi}\sigma} \exp\left[-\frac{1}{2\sigma^2}(x_i-\mu)^2\right]$$

$$= (2\pi)^{-\frac{n}{2}} (\sigma^2)^{-\frac{n}{2}} \exp\left[-\frac{1}{2\sigma^2}\sum_{i=1}^{n}(x_i-\mu)^2\right];$$

(2) 对似然函数取对数得

$$\ln L(\mu,\sigma^2) = -\frac{n}{2}\ln(2\pi) - \frac{n}{2}\ln\sigma^2 - \frac{1}{2\sigma^2}\sum_{i=1}^{n}(x_i-\mu)^2;$$

(3) 似然方程组为

$$\begin{cases} \dfrac{\partial \ln L}{\partial \mu} = \dfrac{1}{\sigma^2}\Big[\sum_{i=1}^{n}x_i - n\mu\Big] = 0, \\[3mm] \dfrac{\partial \ln L}{\partial \sigma^2} = -\dfrac{n}{2\sigma^2} + \dfrac{1}{2(\sigma^2)^2}\sum_{i=1}^{n}(x_i-\mu)^2 = 0, \end{cases}$$

解得

$$\hat{\mu} = \frac{1}{n}\sum_{i=1}^{n}x_i = \bar{x}, \quad \hat{\sigma}^2 = \frac{1}{n}\sum_{i=1}^{n}(x_i-\bar{x})^2.$$

因此, μ,σ^2 的最大似然估计量为

$$\hat{\mu} = \overline{X}, \quad \hat{\sigma}^2 = \widetilde{S}^2.$$

例 5 设一批产品中含有次品,且从中随机抽取 85 件,发现次品 10 件. 试估计这批产品的次品率.

解 设次品率为 p,则 $0<p<1$. 设

$$X_i = \begin{cases} 1, & \text{第 } i \text{ 次取得次品}, \\ 0, & \text{第 } i \text{ 次取得合格品}, \end{cases} \quad i=1,2,\cdots,85,$$

则 $P(X_i=1)=p$, $P(X_i=0)=1-p$ $(i=1,2,\cdots,85)$. 由于

$$p(x_i;p) = P(X_i=x_i) = p^{x_i}(1-p)^{1-x_i},$$

其中, $x_i=0$ 或 $1,i=1,2,\cdots,85$,故得似然函数为

$$L(p) = L(x_1,\cdots,x_{85};p) = p^{\sum\limits_{i=1}^{85}x_i}(1-p)^{85-\sum\limits_{i=1}^{85}x_i},$$

从而有

$$\ln L(p) = \Big(\sum_{i=1}^{85}x_i\Big)\ln p + \Big(85-\sum_{i=1}^{85}x_i\Big)\ln(1-p).$$

$$\frac{\mathrm{d}\ln L(p)}{\mathrm{d}p} = \Big(\sum_{i=1}^{85}x_i\Big)\frac{1}{p} - \Big(85-\sum_{i=1}^{85}x_i\Big)\frac{1}{1-p} = \frac{\sum\limits_{i=1}^{85}x_i - 85p}{p(1-p)}.$$

令 $\dfrac{\mathrm{d}\ln L(p)}{\mathrm{d}p}=0$,解得 p 的最大似然估计值为

$$\hat{p} = \frac{1}{85}\sum_{i=1}^{85}x_i = \frac{10}{85} = \frac{2}{17}.$$

例 6 设总体 X 的概率密度为
$$p(x) = \begin{cases} (\theta+1)x^\theta, & 0 < x < 1, \\ 0, & \text{其他}. \end{cases}$$

其中, $\theta > -1$ 是未知参数, $X_1, X_2, \cdots, X_n$ 是来自总体 X 的样本. 分别用矩法和最大似然估计法求 θ 的估计量.

解 (1) 因为
$$E(X) = \int_{-\infty}^{+\infty} x p(x) \mathrm{d}x = \int_0^1 x(\theta+1)x^\theta \mathrm{d}x = \frac{\theta+1}{\theta+2}.$$

由
$$E(X) = \overline{X},$$

即
$$\frac{\theta+1}{\theta+2} = \overline{X},$$

故 θ 的矩估计量为
$$\hat{\theta} = \frac{2\overline{X}-1}{1-\overline{X}}.$$

(2) θ 的似然函数为
$$L(\theta) = (\theta+1)^n \Big(\prod_{i=1}^n x_i\Big)^\theta \quad (0 < x_i < 1).$$

当 $0 < x_i < 1 (i=1,2,\cdots,n)$ 时, 恒有 $L(\theta) > 0$, 故
$$\ln L(\theta) = n\ln(\theta+1) + \theta\sum_{i=1}^n \ln x_i,$$

令 $\dfrac{\mathrm{d}\ln L(\theta)}{\mathrm{d}\theta} = \dfrac{n}{\theta+1} + \sum_{i=1}^n \ln x_i = 0$, 则有
$$\theta+1 = -\frac{n}{\displaystyle\sum_{i=1}^n \ln x_i},$$

故求得 θ 的最大似然估计量为
$$\hat{\theta} = -1 - \frac{n}{\displaystyle\sum_{i=1}^n \ln X_i}.$$

§6.2 估计量的评价标准

我们知道, 对于总体的同一参数 θ, 用不同的估计方法求出的估计量可能不相同. 这就是说, 同一参数可能具有多种不同的估计量. 一般来说, 任何统计量都可以作为未知参数的估计量. 那么如何评价估计量的优良性呢? 确定估计量的优良性必须在大量观察的基础上从统计的意义来评价. 也就是说, 估计量的好坏取决于估计量的统计性质. 设总体未知参数 θ 的估计量为 $\hat{\theta} = \hat{\theta}(X_1, X_2, \cdots, X_n)$, 我们认为估计量的优良性应该由以下标准来

衡量:

(1) $\hat{\theta}$ 与被估计参数 θ 的真值越接近越好. 由于 $\hat{\theta}$ 是随机变量,它有一定的波动性,因此只能在统计的意义上要求 $\hat{\theta}$ 的平均值离 θ 的真值越接近越好,最好是能满足 $E(\hat{\theta})=\theta$,即没有产生系统偏差. 这就是所谓的**"无偏性"**.

(2) $\hat{\theta}$ 围绕 θ 的真值偏离程度越小越好. 一般来说,同一个参数的满足无偏性要求的估计量往往不止一个. 无偏性只是要求估计量不要有系统偏差,而对于 $\hat{\theta}$ 偏离 θ 真值的程度没有提出进一步的要求. 当然,我们希望估计量方差尽可能地小,一般情况下,我们认为方差越小越有效. 这就是所谓的**"有效性"**.

(3) 当样本容量越来越大时,$\hat{\theta}$ 靠近 θ 的真值的可能性也应该越来越大,最好是当样本容量趋于无穷时,$\hat{\theta}$ 以概率 1 收敛于 θ 的真值. 这就是所谓的**"一致性"**.

无偏性、有效性和一致性是对好的估计量的三条最基本的要求. 下面对这三条性质分别予以介绍.

(一) 无偏性

定义 6.3 设 $\hat{\theta}=\hat{\theta}(X_1,X_2,\cdots,X_n)$ 是未知参数 θ 的估计量,若
$$E(\hat{\theta})=\theta,$$
则称 $\hat{\theta}=\hat{\theta}(X_1,X_2,\cdots,X_n)$ 是 θ 的**无偏估计量**.

例 1 设 $X_1,X_2,\cdots,X_n$ 来自存在有限数学期望 μ 和方差 σ^2 的总体. 证明:

(1) $\hat{\mu}=\overline{X}=\dfrac{1}{n}\sum\limits_{i=1}^{n}X_i$ 是总体均值 μ 的无偏估计量;

(2) $\hat{\sigma}^2=S^2=\dfrac{1}{n-1}\sum\limits_{i=1}^{n}(X_i-\overline{X})^2$ 是总体方差 σ^2 的无偏估计量.

证明 (1) 由于 $E(X_i)=\mu\ (i=1,2,\cdots,n)$,因此
$$E(\overline{X})=\frac{1}{n}E\Big(\sum_{i=1}^{n}X_i\Big)=\frac{1}{n}\sum_{i=1}^{n}E(X_i)=\mu,$$
由无偏估计量的定义可知,$\hat{\mu}=\overline{X}$ 是 μ 的无偏估计量.

(2) 由于 $D(X_i)=\sigma^2, D(\overline{X})=\dfrac{\sigma^2}{n}$,所以
$$E(X_i^2)=D(X_i)+[E(X_i)]^2=\sigma^2+\mu^2,\quad i=1,2,\cdots,n,$$
$$E(\overline{X}^2)=D(\overline{X})+[E(\overline{X})]^2=\frac{\sigma^2}{n}+\mu^2,$$
因此
$$E(S^2)=\frac{1}{n-1}E\Big(\sum_{i=1}^{n}X_i^2-n\overline{X}^2\Big)=\frac{1}{n-1}\Big[\sum_{i=1}^{n}E(X_i^2)-nE(\overline{X}^2)\Big]$$
$$=\frac{1}{n-1}\Big[n(\sigma^2+\mu^2)-n\Big(\frac{\sigma^2}{n}+\mu^2\Big)\Big]$$
$$=\frac{1}{n-1}\Big(n\sigma^2-n\frac{\sigma^2}{n}\Big)=\sigma^2,$$

由无偏估计量的定义可知,$\hat{\sigma}^2 = S^2$ 是 σ^2 的无偏估计量.

例 2 设 X_1, X_2, X_3 来自存在有限数学期望 μ 和方差 σ^2 的总体,试证下列统计量都是 μ 的无偏估计量:

(1) $\hat{\mu}_1 = \dfrac{1}{5}X_1 + \dfrac{3}{10}X_2 + \dfrac{1}{2}X_3$;

(2) $\hat{\mu}_2 = \dfrac{1}{3}X_1 + \dfrac{1}{4}X_2 + \dfrac{5}{12}X_3$;

(3) $\hat{\mu}_3 = \dfrac{1}{3}X_1 + \dfrac{3}{4}X_2 - \dfrac{1}{12}X_3$.

证明 因为 $E(X_i) = \mu \ (i = 1, 2, 3)$,所以

(1) $\begin{aligned}[t] E(\hat{\mu}_1) &= E\left(\dfrac{1}{5}X_1 + \dfrac{3}{10}X_2 + \dfrac{1}{2}X_3\right) \\ &= \dfrac{1}{5}E(X_1) + \dfrac{3}{10}E(X_2) + \dfrac{1}{2}E(X_3) \\ &= E(X) = \mu; \end{aligned}$

(2) $\begin{aligned}[t] E(\hat{\mu}_2) &= E\left(\dfrac{1}{3}X_1 + \dfrac{1}{4}X_2 + \dfrac{5}{12}X_3\right) = \dfrac{1}{3}E(X_1) + \dfrac{1}{4}E(X_2) + \dfrac{5}{12}E(X_3) \\ &= E(X) = \mu; \end{aligned}$

(3) $\begin{aligned}[t] E(\hat{\mu}_3) &= E\left(\dfrac{1}{3}X_1 + \dfrac{3}{4}X_2 - \dfrac{1}{12}X_3\right) = \dfrac{1}{3}E(X_1) + \dfrac{3}{4}E(X_2) - \dfrac{1}{12}E(X_3) \\ &= E(X) = \mu. \end{aligned}$

由无偏估计量的定义可知,$\hat{\mu}_1, \hat{\mu}_2, \hat{\mu}_3$ 均为 μ 的无偏估计量.

(二) 有效性

定义 6.4 设 $\hat{\theta}_1(X_1, X_2, \cdots, X_n)$ 和 $\hat{\theta}_2(X_1, X_2, \cdots, X_n)$ 均是未知参数 θ 的无偏估计量,若
$$D(\hat{\theta}_1) < D(\hat{\theta}_2),$$
则称 $\hat{\theta}_1$ 比 $\hat{\theta}_2$ **有效**.

由有效性的定义容易看出,在 θ 的无偏估计量中,方差越小者越有效.

例 3 评价例 2 中 $\hat{\mu}_1, \hat{\mu}_2, \hat{\mu}_3$ 哪个估计量最有效.

解 由例 2 可知,$\hat{\mu}_1, \hat{\mu}_2, \hat{\mu}_3$ 均是 μ 的无偏估计量.下面考虑其方差的大小:

$\begin{aligned} D(\hat{\mu}_1) &= D\left(\dfrac{1}{5}X_1 + \dfrac{3}{10}X_2 + \dfrac{1}{2}X_3\right) = \dfrac{1}{25}D(X_1) + \dfrac{9}{100}D(X_2) + \dfrac{1}{4}D(X_3) \\ &= \dfrac{19}{50}D(X) = \dfrac{19}{50}\sigma^2; \end{aligned}$

$\begin{aligned} D(\hat{\mu}_2) &= D\left(\dfrac{1}{3}X_1 + \dfrac{1}{4}X_2 + \dfrac{5}{12}X_3\right) = \dfrac{1}{9}D(X_1) + \dfrac{1}{16}D(X_2) + \dfrac{25}{144}D(X_3) \\ &= \dfrac{25}{72}D(X) = \dfrac{25}{72}\sigma^2; \end{aligned}$

$$D(\hat{\mu}_3) = D\left(\frac{1}{3}X_1 + \frac{3}{4}X_2 - \frac{1}{12}X_3\right) = \frac{1}{9}D(X_1) + \frac{9}{16}D(X_2) + \frac{1}{144}D(X_3)$$

$$= \frac{49}{72}D(X) = \frac{49}{72}\sigma^2,$$

因此,$D(\hat{\mu}_2) < D(\hat{\mu}_1) < D(\hat{\mu}_3)$. 根据有效性的定义可知,$\hat{\mu}_2$ 最有效.

(三) 一致性

对于一个估计量,我们不仅希望它是无偏的,同时也希望它是有效的. 然而估计量的无偏性和有效性都是在样本容量固定的条件下提出的. 因此,随着样本容量的增大,我们也希望其估计值能收敛于待估参数的真值. 为此,引入了如下一致性的概念.

定义 6.5 设 $\hat{\theta}$ 是未知参数 θ 的估计量,若对于任给的 $\varepsilon > 0$,有

$$\lim_{n \to \infty} P(|\hat{\theta} - \theta| < \varepsilon) = 1,$$

则称 $\hat{\theta}$ 是 θ 的**一致估计量**或**相合估计量**.

估计量的一致性是对于极限性质而言的,它只在样本容量 n 较大时才起作用.

例 4 设有一批产品,为估计其次品率 p,随机取一样本 $X_1, X_2, \cdots, X_n$,其中

$$X_i = \begin{cases} 0, & \text{取得合格品}, \\ 1, & \text{取得次品}, \end{cases} \quad i = 1, 2, \cdots, n.$$

证明:$\hat{p} = \overline{X} = \frac{1}{n}\sum_{i=1}^{n} X_i$ 是 p 的无偏估计量,并讨论该估计量的一致性.

证明 由题设可知,$X_i(i = 1, 2, \cdots, n)$ 服从 0—1 分布,故

$$E(X_i) = p, \quad i = 1, 2, \cdots, n;$$
$$D(X_i) = p(1-p), \quad i = 1, 2, \cdots, n,$$

于是

$$E(\hat{p}) = E(\overline{X}) = E\left(\frac{1}{n}\sum_{i=1}^{n} X_i\right) = \frac{1}{n}\sum_{i=1}^{n} E(X_i) = \frac{1}{n} \times np = p.$$

根据无偏估计的定义,$\hat{p}$ 是 p 的无偏估计量.

下面讨论估计量 $\hat{p}$ 的一致性.

由切比雪夫不等式知,对于任给的 $\varepsilon > 0$,有

$$P(|\hat{p} - p| < \varepsilon) \geqslant 1 - \frac{D(\overline{X})}{\varepsilon^2} = 1 - \frac{p(1-p)}{n\varepsilon^2},$$

因此,当 $n \to \infty$ 时,$P(|\hat{p} - p| < \varepsilon) = 1$,即 $\hat{p}$ 是 p 的一致估计量.

例 5 证明:样本均值 $\overline{X}$ 是总体均值 μ 的一致估计量.

证明 由于样本的个体相互独立且与总体 X 同分布,所以

$$E(\overline{X}) = \frac{1}{n}\sum_{i=1}^{n} E(X_i) = \mu.$$

根据辛钦大数定律,对于任给的 $\varepsilon > 0$,有

$$\lim_{n \to \infty} P\{|\overline{X} - \mu| < \varepsilon\} = 1,$$

因此,样本均值 $\overline{X}$ 是总体均值 μ 的一致估计量.

对于上述三个评价估计量的标准,在实际问题中难以同时兼顾.无偏性在直观上比较合理,但并不是每个参数都有无偏估计量;而有效性又要求这些估计量都具有无偏性;用一致性评价估计量的质量时则要求样本容量适当大,其优越性才明显.因此,我们应根据实际情况合理地选择评价标准.

§6.3 区 间 估 计

如果 $\hat{\theta}=\hat{\theta}(X_1,X_2,\cdots,X_n)$ 是未知参数 θ 的一个点估计,那么一旦获得样本的观测值,估计值就能给人们一个明确的数量概念,这是很有用的.但是点估计只是参数 θ 的一种近似值.估计值本身既没有反映出这种近似的精确度,又没有给出误差的范围.这在实际工作中可能会带来不便.而区间估计正好弥补了点估计的这个缺点.所谓区间估计是指找两个取值于 Θ 的统计量 $\hat{\theta}_1,\hat{\theta}_2(\hat{\theta}_1<\hat{\theta}_2)$ 使得区间 $(\hat{\theta}_1,\hat{\theta}_2)$ 以指定的较大的概率包含未知参数 θ.

事实上,由于 $\hat{\theta}_1,\hat{\theta}_2$ 是两个统计量,所以 $(\hat{\theta}_1,\hat{\theta}_2)$ 实际上是一个随机区间,它覆盖 θ(即 $\theta\in(\hat{\theta}_1,\hat{\theta}_2)$)就是一个随机事件,而这个随机事件的概率就反映了这个区间估计的可信程度;另一方面,区间的长度 $\hat{\theta}_2-\hat{\theta}_1$ 也是一个随机变量,$E(\hat{\theta}_2-\hat{\theta}_1)$ 反映了区间估计的精确程度.我们自然希望反映可信程度的概率越大越好,反映精确程度的区间长度越小越好,但在实际问题中,二者常常不能兼顾,因此,我们考虑在一定的可信程度下使区间的平均长度最短.为此,引入置信区间的概念,并给出在一定可信程度的前提下求置信区间的方法.

定义 6.6 设总体 X 的分布函数是 $F(x;\theta)$,其中 θ 是未知参数.对于给定值 $\alpha(0<\alpha<1)$,若由样本 $X_1,X_2,\cdots,X_n$ 确定的两个统计量 $\hat{\theta}_1(X_1,X_2,\cdots,X_n)$ 和 $\hat{\theta}_2(X_1,X_2,\cdots,X_n)$ 满足

$$P(\hat{\theta}_1<\theta<\hat{\theta}_2)=1-\alpha,$$

则称随机区间 $(\hat{\theta}_1,\hat{\theta}_2)$ 为参数 θ 的置信度为 $1-\alpha$ 的**置信区间**,其中 $\hat{\theta}_1$ 和 $\hat{\theta}_2$ 分别称为置信度为 $1-\alpha$ 的双侧置信区间的**置信下限**和**置信上限**,$1-\alpha$ 称为**置信度**.

我们知道,因为样本是随机抽取的,每次取得的样本值 $x_1,x_2,\cdots,x_n$ 是不同的,由此确定的区间 $(\hat{\theta}_1,\hat{\theta}_2)$ 也不相同,所以区间 $(\hat{\theta}_1,\hat{\theta}_2)$ 也是一个随机区间.每个这样的区间或者包含 θ 的真值,或者不包含 θ 的真值.置信度 $1-\alpha$ 是给出区间 $(\hat{\theta}_1,\hat{\theta}_2)$ 包含真值 θ 的可靠程度,而 α 表示区间 $(\hat{\theta}_1,\hat{\theta}_2)$ 不包含真值 θ 的可能性.例如,若 $\alpha=5\%$,即置信度为 $1-\alpha=95\%$,这时重复抽样 100 次,则在得到的 100 个区间中包含 θ 真值的有 95 个左右,不包含 θ 真值的仅有 5 个左右.通常在工业生产和科学研究中都采取 95% 的置信度,有时也取 99% 或 90% 的置信.一般来说,在样本容量一定的情况下,置信度不同,置信区间的长短就不同.置信度越高,置信区间就越长.换句话说,希望置信区间的可靠性越大,那么估计出的范围就越大;反之亦然.

对于给定的置信度,根据样本来确定未知参数 θ 的置信区间,称为参数 θ 的**区间估计**.

在下一节里,我们将分别讨论正态总体的均值和方差的区间估计问题,这里我们介绍

一下求未知参数 θ 的置信区间的一般步骤.

设 $X_1, X_2, \cdots, X_n$ 为总体 $X \sim N(\mu, \sigma^2)$ 的一个样本, 在置信度为 $1-\alpha$ 的情况下, 我们来确定 μ 和 σ^2 的置信区间 $(\hat{\theta}_1, \hat{\theta}_2)$, 具体步骤如下:

(1) 选择样本函数. 我们根据已知条件, 选择一个包含未知参数 θ 的样本函数 $\varphi = \varphi(X_1, X_2, \cdots, X_n)$, 其分布是已知的.

(2) 由置信度 $1-\alpha$, 查表找分位数. 对于给定的置信度 $1-\alpha$, 定出两个常数 a, b, 使 $P\{a < \varphi < b\} = 1 - \alpha$ (当 φ 为连续型随机变量时, 一般取 b 为 φ 的 $\alpha/2$ 分位数, 取 a 为 φ 的 $1 - \alpha/2$ 分位数).

(3) 导出置信区间 $(\hat{\theta}_1, \hat{\theta}_2)$. 将不等式 "$a < \varphi < b$" 变形, 导出 $\hat{\theta}_1(X_1, X_2, \cdots, X_n) < \theta < \hat{\theta}_2(X_1, X_2, \cdots, X_n)$, 则区间 $(\hat{\theta}_1, \hat{\theta}_2)$ 就是 θ 的一个置信度为 $1-\alpha$ 的置信区间.

§6.4 正态总体均值与方差的区间估计

(一) 单个总体的情形

设总体 $X \sim N(\mu, \sigma^2)$, $X_1, X_2, \cdots, X_n$ 是正态总体 X 的样本.

1. 正态总体均值 μ 的区间估计

(1) 已知方差, 估计均值.

(i) 选择样本函数.

设方差 $\sigma^2 = \sigma_0^2$, 其中 σ_0^2 为已知数. 我们知道 $\overline{X} = \dfrac{1}{n} \sum\limits_{i=1}^{n} X_i$ 是 μ 的一个点估计量, 并且知道包含未知参数 μ 的样本函数

$$u = \frac{\overline{X} - \mu}{\sigma_0 / \sqrt{n}} \sim N(0, 1).$$

(ii) 查表找分位数.

对于给定的置信度 $1-\alpha$, 查标准正态分布分位数表(见附表2), 找出分位数 $u_{\frac{\alpha}{2}}$, 使得

$$P(|u| < u_{\frac{\alpha}{2}}) = 1 - \alpha,$$

即

$$P\left(-u_{\frac{\alpha}{2}} < \frac{\overline{X} - \mu}{\sigma_0 / \sqrt{n}} < u_{\frac{\alpha}{2}} \right) = 1 - \alpha.$$

(iii) 导出置信区间.

由不等式

$$-u_{\frac{\alpha}{2}} < \frac{(\overline{X} - \mu)\sqrt{n}}{\sigma_0} < u_{\frac{\alpha}{2}}$$

推得

$$\overline{X} - u_{\frac{\alpha}{2}} \frac{\sigma_0}{\sqrt{n}} < \mu < \overline{X} + u_{\frac{\alpha}{2}} \frac{\sigma_0}{\sqrt{n}},$$

这就是说,随机区间

$$\left(\overline{X}-u_{\frac{\alpha}{2}}\frac{\sigma_0}{\sqrt{n}},\ \overline{X}+u_{\frac{\alpha}{2}}\frac{\sigma_0}{\sqrt{n}}\right)$$

以 $1-\alpha$ 的概率包含 μ.

例 1 现随机地从一批服从正态分布 $N(\mu,0.02^2)$ 的零件中抽取 16 个,分别测得其长度(单位:cm)如下:

$$2.14,\ 2.10,\ 2.13,\ 2.15,\ 2.13,\ 2.12,\ 2.13,\ 2.10,$$
$$2.15,\ 2.12,\ 2.14,\ 2.10,\ 2.13,\ 2.11,\ 2.14,\ 2.11.$$

试估计该批零件的平均长度 μ,并求 μ 的置信度为 95% 的置信区间.

解 首先计算样本均值 $\overline{x}$.

$$\overline{x}=\frac{2.14+\cdots+2.11}{16}=2.125.$$

由题意,$\alpha=0.05$,查正态分布表(附表 2)得相应的上侧分位点 $u_{\alpha/2}=u_{0.025}=1.96$. 又 $\sigma=0.02$,$n=16$,所以

$$\overline{x}-u_{\alpha/2}\frac{\sigma}{\sqrt{n}}=2.125-1.96\frac{0.02}{4}\approx2.115,$$

$$\overline{x}+u_{\alpha/2}\frac{\sigma}{\sqrt{n}}=2.125+1.96\frac{0.02}{4}\approx2.135.$$

因此,μ 的置信度为 95% 的置信区间为 $(2.115,2.135)$.

(2) 未知方差,估计均值.

(i) 选择样本函数.

设 $X_1,X_2,\cdots,X_n$ 为总体 $N(\mu,\sigma^2)$ 的一个样本,由于 σ^2 是未知的,不能再选取样本函数 u. 这时可用样本方差

$$S^2=\frac{1}{n-1}\sum_{i=1}^{n}(X_i-\overline{X})^2$$

来代替 σ^2,选取样本函数

$$t=\frac{\overline{X}-\mu}{S/\sqrt{n}}\sim t(n-1).$$

(ii) 查表找分位数.

对于给定的置信度 $1-\alpha$,查 t 分布分位数表(见附表 4),找出分位数 $t_{\frac{\alpha}{2}}(n-1)$,使得

$$P(|t|<t_{\frac{\alpha}{2}}(n-1))=1-\alpha,$$

即

$$P\left(-t_{\frac{\alpha}{2}}(n-1)<\frac{\overline{X}-\mu}{S/\sqrt{n}}<t_{\frac{\alpha}{2}}(n-1)\right)=1-\alpha.$$

(iii) 导出置信区间.

由不等式

$$-t_{\frac{\alpha}{2}}(n-1)<\frac{\overline{X}-\mu}{S/\sqrt{n}}<t_{\frac{\alpha}{2}}(n-1),$$

推得
$$\overline{X} - t_{\frac{\alpha}{2}}(n-1)\frac{S}{\sqrt{n}} < \mu < \overline{X} + t_{\frac{\alpha}{2}}(n-1)\frac{S}{\sqrt{n}},$$

这就是说，随机区间
$$\left(\overline{X} - t_{\frac{\alpha}{2}}(n-1)\frac{S}{\sqrt{n}},\ \overline{X} + t_{\frac{\alpha}{2}}(n-1)\frac{S}{\sqrt{n}}\right)$$

以 $1-\alpha$ 的概率包含 μ.

例 2 从一批零件中抽取 16 个零件，测得它们的直径（单位：mm）如下：

  12.15, 12.12, 12.01, 12.08, 12.09, 12.16, 12.03, 12.01,

  12.06, 12.13, 12.07, 12.11, 12.08, 12.01, 12.03, 12.06.

设这批零件的直径服从正态分布 $N(\mu, \sigma^2)$. 求零件直径的均值 μ 对应于置信度为 0.95 的置信区间.

解 因为 σ^2 未知，故 μ 的置信度为 $1-\alpha$ 的置信区间为
$$\left(\overline{X} - t_{\alpha/2}(n-1)\frac{S}{\sqrt{n}},\ \overline{X} + t_{\alpha/2}(n-1)\frac{S}{\sqrt{n}}\right).$$

由题设给定的样本值可得
$$n = 16,\quad \overline{X} = 12.075,\quad S^2 = 0.002\,44,$$

当置信度 $1-\alpha = 0.95$ 时，$\alpha = 0.05$，查 t 分布表（附表 4）得 $t_{\alpha/2}(n-1) = t_{0.025}(15) = 2.13$，所以
$$\overline{X} - t_{\alpha/2}(n-1)\frac{S}{\sqrt{n}} = 12.075 - 2.13\frac{\sqrt{0.002\,44}}{4} \approx 12.049,$$

$$\overline{X} + t_{\alpha/2}(n-1)\frac{S}{\sqrt{n}} \approx 12.075 + 2.13\frac{\sqrt{0.002\,44}}{4} \approx 12.101,$$

故所求的置信区间为 (12.049, 12.101).

2. 正态总体方差 σ^2 的区间估计

(i) 选择样本函数.

设 $X_1, X_2, \cdots, X_n$ 为来自总体 $N(\mu, \sigma^2)$ 的一个样本，我们知道 $S^2 = \dfrac{1}{n-1}\sum\limits_{i=1}^{n}(X_i - \overline{X})^2$ 是 σ^2 的一个点估计，并且知道包含未知参数 σ^2 的样本函数
$$w = \frac{(n-1)S^2}{\sigma^2} \sim \chi^2(n-1).$$

(ii) 查表找分位数.

对于给定的置信度 $1-\alpha$，查 χ^2 分布分位数表（见附表 3），找出两个分位数 $\chi^2_{1-\frac{\alpha}{2}}(n-1)$ 与 $\chi^2_{\frac{\alpha}{2}}(n-1)$，使得
$$P(\chi^2_{1-\frac{\alpha}{2}}(n-1) < w < \chi^2_{\frac{\alpha}{2}}(n-1)) = 1-\alpha.$$

由于 χ^2 分布不具有对称性，因此通常采取使得概率对称的区间，即
$$P(w < \chi^2_{1-\frac{\alpha}{2}}(n-1)) = P(w > \chi^2_{\frac{\alpha}{2}}(n-1)) = \frac{\alpha}{2},$$

于是有
$$P\left(\chi_{1-\frac{\alpha}{2}}^2(n-1)<\frac{(n-1)S^2}{\sigma^2}<\chi_{\frac{\alpha}{2}}^2(n-1)\right)=1-\alpha.$$

(iii) 导出置信区间.

由不等式
$$\chi_{1-\frac{\alpha}{2}}^2(n-1)<\frac{(n-1)S^2}{\sigma^2}<\chi_{\frac{\alpha}{2}}^2(n-1)$$

推得
$$\frac{(n-1)S^2}{\chi_{\frac{\alpha}{2}}^2(n-1)}<\sigma^2<\frac{(n-1)S^2}{\chi_{1-\frac{\alpha}{2}}^2(n-1)},$$

这就是说,随机区间

$$\left(\frac{(n-1)S^2}{\chi_{\frac{\alpha}{2}}^2(n-1)},\frac{(n-1)S^2}{\chi_{1-\frac{\alpha}{2}}^2(n-1)}\right)$$

以 $1-\alpha$ 的概率包含 σ^2,而随机区间

$$\left(\sqrt{\frac{n-1}{\chi_{\frac{\alpha}{2}}^2(n-1)}}S,\sqrt{\frac{n-1}{\chi_{1-\frac{\alpha}{2}}^2(n-1)}}S\right)$$

以 $1-\alpha$ 的概率包含 σ.

例 3 试求本节例 2 中零件直径的方差 σ^2 对应于置信度 98% 的置信区间.

解 由题设可知,μ 未知,给定置信度 $1-\alpha=0.98$,即 $\alpha=0.02$,查 χ^2 分布分位数表 (附表 3)得

$$\chi_{1-\alpha/2}^2(n-1)=\chi_{0.99}^2(15)=5.23,$$
$$\chi_{\alpha/2}^2(n-1)=\chi_{0.01}^2(15)=30.6,$$

故由单正态总体方差 σ^2 的置信区间估计可知,零件直径的方差 σ^2 对应于置信度 98% 的置信区间为

$$\left(\frac{15\times0.00244}{30.6},\frac{15\times0.00244}{5.23}\right),$$

即 $(0.001196,0.006998)$.

(二) 双总体的情形

设 $X_1,X_2,\cdots,X_{n_1}$,$Y_1,Y_2,\cdots,Y_{n_2}$ 分别是来自正态总体 $X\sim N(\mu_1,\sigma_1^2)$ 和正态总体 $Y\sim N(\mu_2,\sigma_2^2)$ 的样本,且两组样本相互独立.下面主要讨论两个总体均值差 $\mu_1-\mu_2$ 和方差比 $\frac{\sigma_1^2}{\sigma_2^2}$ 的区间估计.

1. 两个正态总体均值差 $\mu_1-\mu_2$ 的区间估计

由样本的独立性可知,$\overline{X}$ 和 $\overline{Y}$ 是独立的,所以

$$E(\overline{X}-\overline{Y})=E(\overline{X})-E(\overline{Y})=\mu_1-\mu_2,$$
$$D(\overline{X}-\overline{Y})=\frac{\sigma_1^2}{n_1}+\frac{\sigma_2^2}{n_2},$$

因此,$\overline{X}-\overline{Y}$ 服从正态分布 $N\left(\mu_1-\mu_2,\frac{\sigma_1^2}{n_1}+\frac{\sigma_2^2}{n_2}\right)$.$\overline{X}-\overline{Y}$ 经标准化后可得

$$U = \frac{\overline{X} - \overline{Y} - (\mu_1 - \mu_2)}{\sqrt{\dfrac{\sigma_1^2}{n_1} + \dfrac{\sigma_2^2}{n_2}}} \sim N(0,1).$$

下面分情况进行讨论.

(1) 当 σ_1,σ_2 都已知时.

记 $\eta = \overline{X} - \overline{Y}$, $\mu = \mu_1 - \mu_2$, $\sigma^2 = \dfrac{\sigma_1^2}{n_1} + \dfrac{\sigma_2^2}{n_2}$, 由上面的讨论可知, $\eta \sim N(\mu,\sigma^2)$.

因此,求两个正态总体均值差 $\mu_1 - \mu_2$ 的区间估计就相当于求单个正态总体 η 的参数 μ 的区间估计.

由于 σ_1,σ_2 都已知,所以 σ^2 已知,故给定置信度 $1-\alpha$,由单正态总体均值 μ 的置信区间估计可知,正态总体 μ 的区间估计为

$$(\eta - u_{\alpha/2}\sigma,\ \eta + u_{\alpha/2}\sigma),$$

即正态总体均值差 $\mu_1 - \mu_2$ 的置信区间为

$$\left(\overline{X} - \overline{Y} - u_{\alpha/2}\sqrt{\frac{\sigma_1^2}{n_1} + \frac{\sigma_2^2}{n_2}},\ \overline{X} - \overline{Y} + u_{\alpha/2}\sqrt{\frac{\sigma_1^2}{n_1} + \frac{\sigma_2^2}{n_2}} \right).$$

例 4 两台机床加工同一种轴,且第一台机床加工的轴的椭圆度 X 服从方差为 $\sigma_1^2 = 0.025^2\ \mathrm{mm}^2$ 的正态分布,第二台机床加工的轴的椭圆度 Y 服从方差为 $\sigma_2^2 = 0.062^2\ \mathrm{mm}^2$ 的正态分布. 现分别从两台机床所加工的轴中随机抽取 200 根和 150 根,测量其椭圆度,经计算得:

第一台机床: $n_1 = 200$, $\overline{X} = 0.081\ \mathrm{mm}$;

第二台机床: $n_2 = 150$, $\overline{Y} = 0.062\ \mathrm{mm}$.

给定置信度为 95%,试求两台机床加工的轴的平均椭圆度之差的置信区间.

解 记第一台机床加工的轴的平均椭圆度为 μ_1,第二台机床加工的轴的平均椭圆度为 μ_2. 给定置信水平 $1 - \alpha = 0.95$ 后,查标准正态分布表(附表 2)得 $u_{\alpha/2} = u_{0.025} = 1.96$,于是

$$\overline{X} - \overline{Y} - u_{\alpha/2}\sqrt{\frac{\sigma_1^2}{n_1} + \frac{\sigma_2^2}{n_2}}$$

$$= \left(0.081 - 0.062 - 1.96\sqrt{\frac{0.025^2}{200} + \frac{0.062^2}{150}} \right) \mathrm{mm}$$

$$\approx 0.0085\ \mathrm{mm},$$

$$\overline{X} - \overline{Y} + u_{\alpha/2}\sqrt{\frac{\sigma_1^2}{n_1} + \frac{\sigma_2^2}{n_2}}$$

$$= \left(0.081 - 0.062 + 1.96\sqrt{\frac{0.025^2}{200} + \frac{0.062^2}{150}} \right) \mathrm{mm}$$

$$\approx 0.0295\ \mathrm{mm},$$

得到两台机床加工的轴的平均椭圆度之差 $\mu_1 - \mu_2$ 的置信度为 95% 的置信区间为 $(0.0085, 0.0295)$.

（2）当 σ_1,σ_2 未知，但 $\sigma_1=\sigma_2=\sigma$ 时.

由于 $U=\dfrac{\overline{X}-\overline{Y}-(\mu_1-\mu_2)}{\sqrt{\dfrac{1}{n_1}+\dfrac{1}{n_2}}\,\sigma}\sim N(0,1)$ 分布，但 σ^2 未知，这时该如何构造统计量呢？

由于

$$T=\frac{\overline{X}-\overline{Y}-(\mu_1-\mu_2)}{S_w\sqrt{\dfrac{1}{n_1}+\dfrac{1}{n_2}}}\sim t(n_1+n_2-2),$$

故给定置信度 $1-\alpha$，得到正态总体均值差 $\mu_1-\mu_2$ 的置信区间为

$$\left(\overline{X}-\overline{Y}-t_{\alpha/2}(n_1+n_2-2)\sqrt{\frac{1}{n_1}+\frac{1}{n_2}}S_w,\ \overline{X}-\overline{Y}+t_{\alpha/2}(n_1+n_2-2)\sqrt{\frac{1}{n_1}+\frac{1}{n_2}}S_w\right),$$

其中 $S_w=\sqrt{\dfrac{(n_1-1)S_1^2+(n_2-1)S_2^2}{n_1+n_2-2}}$.

例 5 某公司利用两条自动化流水线灌装矿泉水，现从流水线上分别随机抽取样本 $X_1,X_2,\cdots,X_{12}$ 和 $Y_1,Y_2,\cdots,Y_{17}$，测量每瓶所装矿泉水的体积（单位：ml）. 计算得到样本均值 $\overline{X}=501.1,\overline{Y}=499.7$，样本方差 $S_1^2=2.4,\ S_2^2=4.7$. 设这两条流水线所装的矿泉水的体积 X,Y 都服从正态分布，分别为 $N(\mu_1,\sigma^2)$ 和 $N(\mu_2,\sigma^2)$. 求 $\mu_1-\mu_2$ 的置信度为 0.95 的置信区间.

解 由题意，σ_1,σ_2 未知，但 $\sigma_1=\sigma_2=\sigma$，$n_1=12,n_2=17,S_1^2=2.4,S_2^2=4.7$，因此，可计算得

$$S_w=\sqrt{\frac{(n_1-1)S_1^2+(n_2-1)S_2^2}{n_1+n_2-2}}=\sqrt{\frac{11\times2.4+16\times4.7}{12+17-2}}\approx1.940.$$

由于 $1-\alpha=0.95$，查 t 分布表（附表 4）得 $t_{\alpha/2}(27)=2.05$，于是

$$\overline{X}-\overline{Y}-t_{\alpha/2}(n_1+n_2-2)\sqrt{\frac{1}{n_1}+\frac{1}{n_2}}S_w$$

$$=501.1-499.7-2.05\times\sqrt{\frac{1}{12}+\frac{1}{17}}\times1.940$$

$$\approx-0.099,$$

$$\overline{X}-\overline{Y}+t_{\alpha/2}(n_1+n_2-2)\sqrt{\frac{1}{n_1}+\frac{1}{n_2}}S_w$$

$$=501.1-499.7+2.05\times\sqrt{\frac{1}{12}+\frac{1}{17}}\times1.940$$

$$\approx2.899,$$

于是，得到 $\mu_1-\mu_2$ 的置信度为 0.95 的置信区间为 $(-0.099,2.899)$.

（3）当 σ_1,σ_2 未知，且 $\sigma_1\neq\sigma_2$，但容量 n_1,n_2 很大（大于 50）时.

这时可用估计量 $S_1^2=\dfrac{1}{n_1-1}\sum\limits_{i=1}^{n_1}(X_i-\overline{X})^2$ 来近似代替 σ_1^2，用估计量 $S_2^2=$

$\dfrac{1}{n_2-1}\sum\limits_{i=1}^{n_2}(Y_i-\overline{Y})^2$ 来近似代替 σ_2^2,于是,这与 σ_1,σ_2 已知时的情况一样,由前面的讨论可知,正态总体均值差 $\mu_1-\mu_2$ 的置信度为 $1-\alpha$ 的置信区间为

$$\left[\overline{X}-\overline{Y}-u_{\alpha/2}\sqrt{\dfrac{S_1^2}{n_1}+\dfrac{S_2^2}{n_2}},\ \overline{X}-\overline{Y}+u_{\alpha/2}\sqrt{\dfrac{S_1^2}{n_1}+\dfrac{S_2^2}{n_2}}\right].$$

2. 两个正态总体方差比 $\dfrac{\sigma_1^2}{\sigma_2^2}$ 的区间估计

设两个独立正态总体为 $X\sim N(\mu_1,\sigma_1^2)$,$Y\sim N(\mu_2,\sigma_2^2)$,其中 $\mu_1,\sigma_1,\mu_2,\sigma_2$ 均未知. 现分别取总体 X 和 Y 的两个子样 $X_1,X_2,\cdots,X_{n_1}$ 和 $Y_1,Y_2,\cdots,Y_{n_2}$,下面我们来考虑在这种情况下方差比 $\dfrac{\sigma_1^2}{\sigma_2^2}$ 的区间估计问题.

由于

$$F=\dfrac{S_1^2/\sigma_1^2}{S_2^2/\sigma_2^2}\sim F(n_1-1,n_2-1),$$

给定置信度 $1-\alpha$,则存在 $F_{1-\alpha/2}(n_1-1,n_2-1),F_{\alpha/2}(n_1-1,n_2-1)$,使得

$$P\Big(F_{1-\alpha/2}(n_1-1,n_2-1)<\dfrac{S_1^2/\sigma_1^2}{S_2^2/\sigma_2^2}<F_{\alpha/2}(n_1-1,n_2-1)\Big)=1-\alpha,$$

整理得

$$P\Big(\dfrac{S_1^2}{S_2^2}\cdot\dfrac{1}{F_{\alpha/2}(n_1-1,n_2-1)}<\dfrac{\sigma_1^2}{\sigma_2^2}<\dfrac{S_1^2}{S_2^2}\cdot\dfrac{1}{F_{1-\alpha/2}(n_1-1,n_2-1)}\Big)=1-\alpha,$$

因此,$\dfrac{\sigma_1^2}{\sigma_2^2}$ 的置信度为 $1-\alpha$ 的置信区间为

$$\Big(\dfrac{S_1^2}{S_2^2}\cdot\dfrac{1}{F_{\alpha/2}(n_1-1,n_2-1)},\ \dfrac{S_1^2}{S_2^2}\cdot\dfrac{1}{F_{1-\alpha/2}(n_1-1,n_2-1)}\Big).$$

例6 某自动机床加工同类型套筒,假设套筒的直径服从正态分布. 现在从 A 和 B 两个不同班次的产品中各抽验了 5 个套筒,测量它们的直径,得如下数据:

A班: 2.066,2.063,2.068,2.060,2.067;

B班: 2.058,2.057,2.063,2.059,2.060.

试求两个班所加工的套筒直径的方差之比 $\dfrac{\sigma_A^2}{\sigma_B^2}$ 的置信度为 0.90 的置信区间.

解 由于两个班所加工的套筒直径的均值 μ_A,μ_B 及标准差 σ_1,σ_2 均未知,因此,两个班所加工的套筒直径的方差之比 $\dfrac{\sigma_A^2}{\sigma_B^2}$ 的置信度为 $1-\alpha$ 的置信区间为

$$\Big(\dfrac{S_A^2}{S_B^2}\cdot\dfrac{1}{F_{\alpha/2}(n_1-1,n_2-1)},\ \dfrac{S_A^2}{S_B^2}\cdot\dfrac{1}{F_{1-\alpha/2}(n_1-1,n_2-1)}\Big).$$

由题意,$1-\alpha=0.90$,$n_1-1=4$,$n_2-1=4$,查 F 分布表(附表5)得

$$F_{\alpha/2}(n_1-1,n_2-1)=F_{0.05}(4,4)=6.39,$$

$$F_{1-\alpha/2}(n_1-1, n_2-1) = F_{0.95}(4,4) = \frac{1}{F_{0.05}(4,4)} = \frac{1}{6.39}.$$

又由已知数据计算得

$$S_A^2 = \frac{1}{n_1-1}\sum_{i=1}^{n_1}(X_i-\overline{X})^2 = 0.000\,010\,7,$$

$$S_B^2 = \frac{1}{n_2-1}\sum_{i=1}^{n_2}(Y_i-\overline{Y})^2 = 0.000\,005\,3.$$

因此,方差之比$\dfrac{\sigma_A^2}{\sigma_B^2}$的置信度为 0.90 的置信区间为

$$\left(\frac{0.000\,010\,7}{6.39\times0.000\,005\,3}, \frac{0.000\,010\,7}{0.000\,005\,3/6.39}\right),$$

即$(0.315\,9, 12.9)$.

§6.5 非正态总体参数的区间估计

在实际问题中,所研究的总体有时为非正态总体.关于非正态总体的区间估计问题较困难.然而,对于大样本(样本容量 $n \geqslant 50$),根据中心极限定理,可以得出非正态总体的参数的区间估计.

(一) 0—1 分布参数的区间估计

设有一容量 $n>50$ 的大样本,它来自 0—1 分布的总体 X,其分布律为

$$P(X=1) = p, \quad P(X=0) = 1-p \quad (0<p<1),$$

其中 p 为未知参数.现在来求 p 的置信度为 $1-\alpha$ 的置信区间.

已知 0—1 分布的均值和方差分别为

$$E(X) = p, \quad D(X) = p(1-p).$$

设 $X_1, X_2, \cdots, X_n$ 是一个样本.因样本容量 n 较大,由中心极限定理,知

$$\frac{\sum\limits_{i=1}^{n}X_i - np}{\sqrt{np(1-p)}} = \frac{n\overline{X}-np}{\sqrt{np(1-p)}} \stackrel{\cdot}{\sim} N(0,1),$$

于是有

$$P\left\{-u_{\alpha/2} < \frac{n\overline{X}-np}{\sqrt{np(1-p)}} < u_{\alpha/2}\right\} \approx 1-\alpha.$$

而不等式

$$-u_{\alpha/2} < \frac{n\overline{X}-np}{\sqrt{np(1-p)}} < u_{\alpha/2}$$

等价于

$$(n+u_{\alpha/2}^2)p^2 - (2n\overline{X}+u_{\alpha/2}^2)p + n\overline{X}^2 < 0.$$

令
$$p_1 = \frac{1}{2a}(-b - \sqrt{b^2 - 4ac}),$$
$$p_2 = \frac{1}{2a}(-b + \sqrt{b^2 - 4ac}),$$

此处 $a = n + u_{\alpha/2}^2, b = -(2n\overline{X} + u_{\alpha/2}^2), c = n\overline{X}^2$. 于是得到 p 的置信度为 $1 - \alpha$ 的置信区间为
$$(p_1, p_2).$$

例 1 从一大批产品的 100 个样品中,检验得到一级品 60 个,求这批产品的一级品率 p 的置信度为 0.95 的置信区间.

解 一级品率 p 是 0—1 分布的参数,此处 $n = 100, \overline{x} = 60/100 = 0.6, 1 - \alpha = 0.95$, $\alpha/2 = 0.025, u_{\alpha/2} = 1.96$,利用上面结果可以求出 p 的置信区间,其中
$$a = n + u_{\alpha/2}^2 = 103.84, \quad b = -(2n\overline{x} + u_{\alpha/2}^2) = -123.84, \quad c = n\overline{x}^2 = 36.$$
从而
$$p_1 \approx 0.50, \quad p_2 \approx 0.69.$$

故 p 的置信度为 0.95 的置信区间近似为
$$(0.50, 0.69).$$

(二) 非正态总体均值的大样本区间估计

设总体 X 的分布函数为 $F(x), X_1, X_2, \cdots, X_n$ 为来自该总体的大样本. 设 $E(X) = \mu$, $D(X) = \sigma^2, \mu, \sigma^2$ 均为未知. 由中心极限定理,当 n 充分大时,设 $\overline{X}$ 为样本均值,有
$$\frac{\overline{X} - \mu}{\sigma}\sqrt{n} \sim N(0, 1).$$

但因 σ 未知,以样本标准差 S 代替总体标准差 σ,得样本函数 $\dfrac{\overline{X} - \mu}{S}\sqrt{n}$,当 n 充分大时仍近似于 $N(0, 1)$ 分布. 它可用于总体均值 μ 的区间估计. 设 u_α 为 $N(0, 1)$ 分布的上侧 α 分位数,有
$$P\left\{\left|\frac{\overline{X} - \mu}{S}\sqrt{n}\right| \leqslant u_{\frac{\alpha}{2}}\right\} \approx 1 - \alpha,$$
或者
$$P\left\{\overline{X} - u_{\frac{\alpha}{2}}\frac{S}{\sqrt{n}} \leqslant \mu \leqslant \overline{X} + u_{\frac{\alpha}{2}}\frac{S}{\sqrt{n}}\right\} \approx 1 - \alpha.$$

令
$$p_1 = \overline{X} - u_{\frac{\alpha}{2}}\frac{S}{\sqrt{n}}, \quad p_2 = \overline{X} + u_{\frac{\alpha}{2}}\frac{S}{\sqrt{n}},$$
于是得到总体均值 μ 的置信度为 $1 - \alpha$ 的区间估计为
$$(p_1, p_2).$$

例 2 从一台机床加工的轴中随机地抽取 200 根,测量其椭圆度,算得样本均值 $\overline{X} \approx 0.081$ 毫米,样本标准差 $S = 0.025$ 毫米. 求此机床加工的轴的平均椭圆度的置信度为 0.95 的置信区间.

解 $n = 200$,为大样本. $\alpha = 0.05, u_{\frac{\alpha}{2}} = 1.96$,

$$p_1 = 0.081 - 1.96 \times \frac{0.025}{\sqrt{200}}$$

$$\approx 0.078,$$

$$p_2 = 0.081 + 1.96 \times \frac{0.025}{\sqrt{200}}$$

$$\approx 0.084,$$

因此置信区间为

$$(0.078, 0.084).$$

习 题 六

(A)

1. 假设总体 X 服从正态分布 $N(10, 2^2)$, $X_1, \cdots, X_8$ 是取自总体 X 的一个样本, $\overline{X}$ 是样本均值, 求 $P\{\overline{X} \geqslant 11\}$.

2. 为了估计灯泡使用时数的均值 μ 和标准差 σ, 共测试了 10 个灯泡, 得 $\overline{x} = 1\,500\,\text{h}$, $S = 20\,\text{h}$. 如果已知灯泡使用时数是服从正态分布的, 求出 μ 和 σ 的置信区间 (置信度为 0.95).

3. 设总体 $X \sim N(\mu, \sigma^2)$, $X_1, \cdots, X_n$ 为其一个样本. 求未知参数 μ 和 σ^2 的最大似然估计.

4. 假设 $X_1, \cdots, X_n$ 是来自正态总体 $N(\mu, \sigma^2)$ 的一个样本, S^2 为样本方差, 求样本容量 n 的最小值, 使其满足概率不等式:

$$P\left\{ \frac{(n-1)S^2}{\sigma^2} \leqslant 15 \right\} \geqslant 0.95.$$

5. 某地某年每月因交通事故死亡的人数分别为 3, 4, 3, 0, 2, 5, 1, 0, 7, 2, 0, 3. 又若由统计资料知, 死亡人数服从参数为 λ 的泊松分布, 求 λ 的矩估计值.

6. 假设新生儿体重 X (单位: g) 服从正态分布 $N(\mu, \sigma^2)$, 现测量 10 名新生儿体重, 得数据如下:

$$3\,100 \quad 3\,480 \quad 2\,520 \quad 3\,700 \quad 2\,520$$
$$3\,200 \quad 2\,800 \quad 3\,800 \quad 3\,020 \quad 3\,260$$

(1) 求参数 μ 与 σ^2 的矩估计;

(2) 求参数 σ^2 的一个无偏估计.

7. 在测量反应时间中, 一位心理学家估计的标准差是 0.05 秒. 为了以 0.95 的置信度使平均反应时间的估计误差不超过 0.01 秒, 那么测量的样本容量 n 最少应取多大?

8. 从一大批产品的 100 件样品中, 检验到 22 件次品. 求次品率 p 的置信度为 0.99 的置信区间.

(B)

1. 设 $X_1, \cdots, X_n$ 是正态总体 $X \sim N(\mu, \sigma^2)$ 的随机样本, 若 μ, σ^2 均未知, 则 μ 的

$100(1-\alpha)\%$的置信区间为 （　　）

(A) $\left(\overline{X}-u_{\frac{\alpha}{2}}\dfrac{S}{\sqrt{n}},\overline{X}+u_{\frac{\alpha}{2}}\dfrac{S}{\sqrt{n}}\right)$

(B) $\left(\overline{X}-t_{\frac{\alpha}{2}}(n-1)\dfrac{S}{\sqrt{n}},\overline{X}+t_{\frac{\alpha}{2}}(n-1)\dfrac{S}{\sqrt{n}}\right)$

(C) $\left(\overline{X}-u_{\frac{\alpha}{2}}\dfrac{\sigma}{\sqrt{n}},\overline{X}+u_{\frac{\alpha}{2}}\dfrac{\sigma}{\sqrt{n}}\right)$

(D) $\left(\overline{X}-t_{\frac{\alpha}{2}}(n)\dfrac{S}{\sqrt{n}},\overline{X}+t_{\frac{\alpha}{2}}(n)\dfrac{S}{\sqrt{n}}\right)$

2. 设 $X\sim N(\mu,\sigma^2)$ 且 σ^2 未知,对均值作区间估计,置信度为 95% 的置信区间是 （　　）

(A) $\left(\overline{X}-\dfrac{S}{\sqrt{n}}t_{0.025},\overline{X}+\dfrac{S}{\sqrt{n}}t_{0.025}\right)$

(B) $\left(\overline{X}-\dfrac{\sigma}{\sqrt{n}}t_{0.025},\overline{X}+\dfrac{\sigma}{\sqrt{n}}t_{0.025}\right)$

(C) $\left(\overline{X}-\dfrac{S}{\sqrt{n}}u_{0.025},\overline{X}+\dfrac{S}{\sqrt{n}}u_{0.025}\right)$

(D) $\left(\overline{X}-\dfrac{\sigma}{\sqrt{n}}u_{0.025},\overline{X}+\dfrac{\sigma}{\sqrt{n}}u_{0.025}\right)$

3. 样本 $X_1,X_2,\cdots,X_n$ 取自总体 X,且 $E(X)=\mu,D(X)=\sigma^2$,则总体方差 σ^2 的无偏估计是 （　　）

(A) $\dfrac{1}{n}\sum\limits_{i=1}^{n-1}(X_i-\overline{X})^2$　　　　(B) $\dfrac{1}{n-1}\sum\limits_{i=1}^{n}(X_i-\overline{X})^2$

(C) $\dfrac{1}{n-1}\sum\limits_{i=1}^{n-1}(X_i-\overline{X})^2$　　　　(D) $\dfrac{1}{n}\sum\limits_{i=1}^{n}(X_i-\overline{X})^2$

4. 假设总体 X 服从区间 $[0,\theta]$ 上的均匀分布,$X_1,\cdots,X_n$ 是取自总体 X 的一个样本. 则未知参数 θ 的最大似然估计量 $\hat{\theta}$ 为 （　　）

(A) $\hat{\theta}=2\overline{X}$　　　　(B) $\hat{\theta}=\max\{X_1,\cdots,X_n\}$

(C) $\hat{\theta}=\min\{X_1,\cdots,X_n\}$　　　　(D) $\hat{\theta}$ 不存在

第7章 假 设 检 验

与参数估计一样,假设检验也是一种有重要理论价值和应用价值的统计推断形式.它的基本任务是,在总体的分布函数完全未知或不确知的情况下,为了推断总体的某些性质,首先对总体作出某种假设,然后根据样本所提供的信息,运用统计分析的方法进行检验,对所提假设做出"是"或"否"的结论性判断.由于假设检验有其独特的统计思想,许多实际问题都可以作为假设检验问题而得到有效的解决.

§7.1 假设检验的基本概念

(一) 统计假设

我们把关于总体(分布、特征、相互关系等)的论断称为**统计假设**,记作 H. 例如:

(1) 对某一总体 X 的分布提出某种假设,如 H: X 服从正态分布,或 H: X 服从二项分布,等等;

(2) 对于总体 X 的分布参数提出某种假设,如 H: $\mu = \mu_0$,或 H: $\mu \leqslant \mu_0$,或 H: $\sigma^2 = \sigma_0^2$,或 H: $\sigma^2 \leqslant \sigma_0^2$,等等(其中 μ_0, σ_0^2 是已知数,μ, σ^2 是未知参数);

(3) 对于两个总体 X 与 Y 提出某种假设,H: X, Y 具有相同的分布,H: X, Y 相互独立,等等.

统计假设一般可以分成参数假设与非参数假设两种. **参数假设**是指在总体分布类型已知的情况下,关于未知参数的各种统计假设;**非参数假设**是指在总体分布类型不确知或完全未知的情况下,关于它的各种统计假设. 例如,已知随机变量 $X \sim N(\mu, \sigma^2)$,其中参数 μ 和 σ^2 未知,那么统计假设 H: $\mu = 100$,或 H: $\sigma^2 = 1$,或 H: $\mu \leqslant 100$,或 H: $\sigma^2 \geqslant 1$ 都是参数假设. 设 X, Y 为随机变量,统计假设 H: X 服从正态分布,H: X 与 Y 相互独立等,都是非参数假设. 本章只讨论正态总体的参数假设.

关于总体的假设通常是提出两个相互对立的假设,我们把需要检验是否为真的假设称为**原假设**或**零假设**,用 H_0 表示,而把与之对立的另一个假设称为**备择假设**或**对立假**

设,用 H_1 表示.如零假设 H_0:$\mu=100$,其备择假设 H_1:$\mu\neq100$;又如零假设 H_0:X 服从 $N(\mu,\sigma^2)$,其备择假设 H_1:X 不服从 $N(\mu,\sigma^2)$ 等.

(二) 假设检验

我们把检验参数假设的问题称为**参数检验**;而把检验非参数(如分布)假设的问题称为**非参数检验(或分布检验)**.但是,不论在哪种统计检验中,所谓对 H_0 进行检验,就是建立一个准则来考核样本,若样本值满足该准则,我们就接受 H_0,否则就拒绝 H_0.我们称这种准则为**检验准则**,或简称为**检验**.

一个样本值或者满足准则或者不满足准则,没有其他可能.所以一个检验准则本质上就是将样本可能取值的集合 D(统称为**样本空间**)划分成两个部分 V 与 $\bar{V}$,即

$$V\cap\bar{V}=\varnothing,\quad V\cup\bar{V}=D.$$

检验方法如下:当样本值 $(x_1,x_2,\cdots,x_n)\in V$ 时,认为假设 H_0 不成立,从而否定 H_0(此时,若 H_1 存在,则判其成立,即接受 H_1);相反,当 $(x_1,x_2,\cdots,x_n)\notin V$,即 $(x_1,x_2,\cdots,x_n)\in\bar{V}$ 时,认为 H_0 成立,从而接受 H_0(此时否定 H_1).通常我们称 V 为 H_0 的**否定域**,$\bar{V}$ 为 H_0 的**接受域**.

(三) 两类错误

如果我们给出了某个检验准则,也就是给出了 D 的一个划分 V 与 $\bar{V}$.由于样本本身是具有随机性的,因此当我们通过样本进行判断时,仍然有可能犯以下两类错误:

(1) 当 H_0 为真时,样本值却落入了 V,按照我们规定的检验法则,应当否定 H_0.这时,我们把客观上 H_0 成立判为 H_0 不成立(即否定了真实的假设),称这种错误为"以真当假"的错误或**第一类错误**,记 $\tilde{\alpha}$ 为犯此类错误的概率,即

$$P\{否定\ H_0\ |\ H_0\ 为真\}=\tilde{\alpha};$$

(2) 当 H_1 为真时,而样本值却落入了 $\bar{V}$,按照我们规定的检验法则,应当接受 H_0.这时,我们把客观上 H_0 不成立判为 H_0 成立(即接受了不真实的假设),称这种错误为"以假当真"的错误或**第二类错误**,记 $\tilde{\beta}$ 为犯此类错误的概率,即

$$P\{接受\ H_0\ |\ H_1\ 为真\}=\tilde{\beta}.$$

在选定检验准则时,我们当然希望两类错误都少犯,即希望 $\tilde{\alpha}$ 与 $\tilde{\beta}$ 都要小.遗憾的是,当样本容量 n 固定时,建立 $\tilde{\alpha}$ 与 $\tilde{\beta}$ 都很小的检验准则一般是不可能的(就一般而论,$\tilde{\alpha}$ 小时 $\tilde{\beta}$ 就大,$\tilde{\beta}$ 小时 $\tilde{\alpha}$ 就大,因而不能做到 $\tilde{\alpha},\tilde{\beta}$ 都很小).因此问题的正确提法是:在样本容量一定的情况下,给出允许犯第一类错误的一个上界 α,对于固定的 n 和 α,我们选择检验准则,使得在犯第一类错误的概率 $\tilde{\alpha}$ 不大于 α 的情况下,第二类错误出现的概率 $\tilde{\beta}$ 最小.我们称这种检验准则为**最优检验准则**.由于最优检验准则有时很难找到,甚至可能不存在,因此在一般情况下,我们只对犯第一类错误的概率 $\tilde{\alpha}$ 加以限制,而不考虑犯第二类错误的概率.在这种情况下,确定否定域 V 时只涉及零假设 H_0,而不涉及对立假设 H_1(在后面的讨论中,我们只给出 H_0).这种统计假设检验问题称为**显著性检验**问题.一般来说,显著性检验准则比较容易建立.

在显著性检验中,我们把允许犯第一类错误的上界 α 称为**显著性水平**或**检验水平**.

(四) 否定域与检验统计量

如前所述,建立统计假设的检验准则本质上是要确定否定域 V. 我们将会看到,在多数情况下,一个好的统计检验准则,其否定域可以通过某个检验统计量 $K=K(x_1,x_2,\cdots,x_n)$ 来描述,即否定域 V 可表示为
$$V=\{(x_1,x_2,\cdots,x_n)\mid K(x_1,x_2,\cdots,x_n)\in R_\alpha\},$$
即 $(x_1,x_2,\cdots,x_n)\in V$ 与 $K(x_1,x_2,\cdots,x_n)\in R_\alpha$ 是等价的. 这里我们也称 R_α 为**否定域**,$\bar{R}_\alpha$ 为**相容域**. 于是有
$$P\{K\in R_\alpha\mid H_0 \text{为真}\}=P\{(x_1,x_2,\cdots,x_n)\in V\mid H_0 \text{为真}\}=\tilde{\alpha},$$
$$P\{K\in \bar{R}_\alpha\mid H_1 \text{为真}\}=P\{(x_1,x_2,\cdots,x_n)\in \bar{V}\mid H_1 \text{为真}\}=\tilde{\beta}.$$
这样一来,我们便可以根据样本值来计算统计量 K 的值 $\hat{K}$,做出等价的判断:当 $\hat{K}\in R_\alpha$ 时,我们就否定 H_0;当 $\hat{K}\in \bar{R}_\alpha$ 时,我们就接受 H_0.

在上面的讨论中否定域 R_α 常以下面三种形式给出:第一种是
$$R_\alpha=\{x\mid -\infty<x<\lambda_1 \text{ 或 } \lambda_2<x<+\infty\},$$
我们把否定域为上述形式的检验称为**双侧检验**;第二种是
$$R_\alpha=\{x\mid \lambda<x<+\infty\},$$
我们把否定域为上述形式的检验称为**右侧检验**;第三种是
$$R_\alpha=\{x\mid -\infty<x<\lambda\},$$
我们把否定域为上述形式的检验称为**左侧检验**. 左、右侧检验统称为**单侧检验**.

(五) 假设检验的基本思想

假设检验的统计思想是:概率很小的事件在一次试验中可以认为基本上是不会发生的,即**小概率原理**. 根据上一章的讨论我们知道,在大量重复的试验中事件出现的频率接近于它们的概率. 如果一个事件出现的概率很小,则在大量重复试验中它出现的频率也很小. 例如,某一事件出现的概率为 0.001 时,那么平均在 1 000 次重复试验中可能才出现一次. 因此,概率很小的事件在一次试验中几乎是不可能发生的. 于是,我们把"小概率事件在一次试验中发生了"看成是不合理的现象.

为了检验一个假设 H_0 是否成立,我们就先假定 H_0 是成立的. 如果根据这个假定导致了一个不合理的事件发生,就表明原来的假定 H_0 是不正确的,我们就**拒绝接受** H_0;如果由此没有导出不合理的现象,则不能拒绝接受 H_0,我们称 H_0 是**相容**的.

这里所说的小概率事件就是事件 $\{K\in R_\alpha\}$,其概率就是检验水平 α,通常我们取 $\alpha=0.05$,有时也取 0.01 或 0.10.

(六) 假设检验的一般步骤

为了方便起见,我们把单、双正态总体参数假设检验的一般步骤规定如下:
(1) 提出假设. 根据实际问题提出零假设 H_0 与备择假设 H_1,即说明所要检验的假设

的具体内容.

(2) 选择统计量. 在零假设 H_0 为真的条件下,该统计量的精确分布(小样本情况)或极限分布(大样本情况)已知.

(3) 由检验水平 α,找出临界值. 根据显著性水平 α 与统计量的分布查表,确定对应于此 α 的临界值.

(4) 做出判断. 根据样本观测值计算统计量的值,并与临界值比较,从而做出接受或拒绝零假设 H_0 的结论.

§7.2 单个正态总体参数的假设检验

设总体 $X \sim N(\mu, \sigma^2)$,从总体 X 中抽取一个容量为 n 的样本 $X_1, X_2, \cdots, X_n$,样本均值和样本方差分别为

$$\overline{X} = \frac{1}{n} \sum_{i=1}^{n} X_i, \quad S^2 = \frac{1}{n-1} \sum_{i=1}^{n} (X_i - \overline{X})^2.$$

(一) 单个正态总体均值的假设检验

1. 总体方差 σ^2 已知时,总体均值 μ 的假设检验

(1) **双侧检验**: 提出零假设 H_0: $\mu = \mu_0$,备择假设 H_1: $\mu \neq \mu_0$.

选择统计量

$$U = \frac{\overline{X} - \mu_0}{\sigma / \sqrt{n}}.$$

当 H_0 成立时,

$$\overline{X} \sim N\left(\mu_0, \frac{\sigma^2}{n}\right), \quad U \sim N(0, 1).$$

对于给定的显著性水平 α,查标准正态分布表(附表 2)得临界值 $u_{\alpha/2}$,有 $P(|U| > u_{\alpha/2}) = \alpha$ (见图 7—1). 由样本值计算统计量 U. 当 $|U| > u_{\alpha/2}$ 时,小概率事件发生,拒绝零假设 H_0; 当 $|U| \leqslant u_{\alpha/2}$ 时,接受零假设 H_0. 这种检验法称为 **U 检验法**.

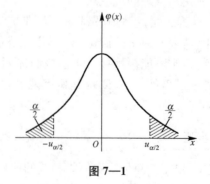

图 7—1

例 1 已知滚珠直径服从正态分布. 现随机地从一批滚珠中抽取 6 个, 测得其直径为 14.70, 15.21, 14.90, 14.91, 15.32, 15.32(mm). 假设滚珠直径总体分布的方差为 0.05, 问这一批滚珠的平均直径是否为 15.25 mm($\alpha = 0.05$)?

解 用 X 表示滚珠的直径, 已知 $X \sim N(\mu, \sigma^2)$, 其中 $\sigma^2 = 0.05$. 这是一个已知方差, 检验均值的问题.

首先提出零假设, 写出基本假设 H_0 的具体内容. 这里我们要检验这批滚珠平均直径是否为 15.25, 即 $H_0: \mu = 15.25$.

然后选择一个统计量, 即找一个(包括指定数值的)统计量, 使得它在 H_0 成立的条件下与一个(包括总体的待检验参数的)样本函数有关. 这里我们选前面所给出(包括指定数值 15.25)的 U 统计量,

$$U = \frac{\overline{X} - 15.25}{\sigma_0 / \sqrt{n}}.$$

在 H_0 成立的条件下, U 与(包括总体的待检参数 μ 的)样本函数

$$u = \frac{\overline{X} - \mu}{\sigma_0 / \sqrt{n}}$$

都服从标准正态分布, 即

$$U \xrightarrow{\text{在 } H_0 \text{ 下}} u \sim N(0, 1).$$

再由检验水平 $\alpha = 0.05$, 选择区域

$$R_\alpha = \{(-\infty, \lambda_1) \bigcup (\lambda_2, +\infty)\},$$

使得

$$P\{u \in (-\infty, \lambda_1)\} = P\{u \in (\lambda_2, +\infty)\} = \frac{\alpha}{2},$$

即

$$P\{u \in R_\alpha\} = \alpha,$$

可见这里 $\{u \in R_\alpha\}$ 是一个小概率事件.

由标准正态分布的对称性可知 $\lambda_2 = -\lambda_1 \triangleq \lambda$. 考虑到正态分布数值表的构造(前面已介绍), 令

$$\Phi(\lambda) = 1 - \frac{\alpha}{2},$$

可以找出临界值 λ: 这里的 $\alpha = 0.05$, 根据 $\Phi(\lambda) = 1 - \dfrac{0.05}{2} = 0.975$, 查标准正态分布表(见附表 2)得到 $\lambda = 1.96$, 故否定域

$$R_\alpha = \{(-\infty, -1.96) \bigcup (1.96, +\infty)\}.$$

最后由样本计算统计量 U 之值 $\hat{U}$, 这里

$$\overline{x} = 15.06, \quad \hat{U} = \frac{15.06 - 15.25}{\sqrt{0.05} / \sqrt{6}} \approx -2.08.$$

于是我们可以做出判断: 若 $\hat{U} \in R_\alpha$, 则否定 H_0, 否则认为 H_0 相容. 例 1 中 $|\hat{U}| = 2.08 > 1.96$, 即 $\hat{U} \in R_\alpha$.

这说明所给的样本值竟使"小概率事件"发生了,这是不合理的. 产生这个不合理现象的根源在于假定 H_0 是成立的,故应否定假设 H_0. 换句话说,这批滚珠平均直径不是 15.25 mm.

需要指出的是,这样的否定是强有力的. 这就是说,如果进行了 100 次这样的否定,则从平均意义讲,有 95 次都是正确的. 当然也可能会犯这样的错误,即把在客观上正确的假设 H_0：$\mu = 15.25$ 判为不成立. 不过出现这种情况的可能性比较小,约为 5%.

在例 1 中,如果我们进一步问,这批滚珠的平均直径是否为 15 mm? $(\alpha = 0.05)$按照上面步骤进行检验,最后得到 $|\hat{U}| \approx 0.66 \leqslant 1.96$,这说明小概率事件没有发生. 故可以下结论：$H_0$：$\mu = 15$ 是相容的,即通过这次检验没有发现滚珠的平均直径不等于 15 mm.

（2）**右侧检验**：提出零假设 H_0：$\mu \leqslant \mu_0$,备择假设 H_1：$\mu > \mu_0$.

选择样本函数

$$u = \frac{\overline{X} - \mu}{\sigma / \sqrt{n}} \sim N(0,1),$$

对于给定的显著性水平 α,查标准正态分布表（附表 2）得临界值 u_α,使得

$$P(u > u_\alpha) = \alpha,$$

如图 7—2 所示. 在零假设 H_0 成立时,有

$$U = \frac{\overline{X} - \mu_0}{\sigma / \sqrt{n}} \leqslant \frac{\overline{X} - \mu}{\sigma / \sqrt{n}} = u,$$

从而

$$P(U > u_\alpha) \leqslant P(u > u_\alpha) = \alpha,$$

即 $P(U > u_\alpha) \leqslant \alpha$.

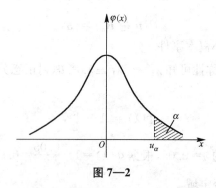

图 7—2

当 $U > u_\alpha$ 时,小概率事件发生,拒绝零假设 H_0；当 $U \leqslant u_\alpha$ 时,不能拒绝零假设 H_0.

例 2 问例 1 中的这批滚珠的平均直径是否小于等于 15.25 mm$(\alpha = 0.05)$？

我们仍用 X 表示滚珠的直径,有 $X \sim N(\mu, \sigma^2)$,其中 $\sigma^2 = 0.05$. 这也是一个已知方差,检验均值的问题. 但是由于所提出的零假设是 H_0：$\mu \leqslant 15.25$,从而使得所选取的统计量

$$U = \frac{\overline{X} - 15.25}{\sigma_0 / \sqrt{n}}$$

在 H_0：$\mu \leqslant 15.25$ 成立的条件下,有不等式

$$\frac{\overline{X}-15.25}{\sigma_0/\sqrt{n}} \leqslant \frac{\overline{X}-\mu}{\sigma_0/\sqrt{n}},$$

因此,U 与样本函数 $u=\dfrac{\overline{X}-\mu}{\sigma_0/\sqrt{n}}$ 有如下的关系

$$U \leqslant u \sim N(0,1),$$

这样由检验水平 α,选择 $R_\alpha=(\lambda,+\infty)$,使得

$$P\{u \in R_\alpha\}=\alpha.$$

可见这里 $\{u \in R_\alpha\}$ 是一个小概率事件.由正态分布数值表,可令

$$\Phi(\lambda)=1-\alpha,$$

由此找 λ 值.这里的 $\alpha=0.05$,根据 $\Phi(\lambda)=1-\alpha=0.95$,查标准正态分布表(见附表2)得到 $\lambda=1.65$,故否定域 $R_\alpha=(1.65,+\infty)$.由于样本函数 u 中含有总体未知参数 μ,所以无法算出 u 值.由上面的分析可见,在 H_0 成立的条件下有

$$U \leqslant u,$$

因而

$$\{U>\lambda\} \subset \{u>\lambda\},$$

故

$$P\{U>\lambda\} \leqslant P\{u>\lambda\}=\alpha.$$

这表明事件 $\{U>\lambda\}$ 是概率较 α 更小的小概率事件.由样本值 $x_1, x_2, \cdots, x_n$,算出 $\hat{U} \approx -2.08$.于是,我们可以做出这样的判断:若 $\hat{U} \in R_\alpha$,则否定 H_0,否则认为 H_0 相容.

例2中的 $\hat{U} \approx -2.08 < 1.65$,即 $\hat{U} \notin R_\alpha$.

这说明小概率事件 $\{U>\lambda\}$ 没有发生,即未发现不合理的现象.这时我们不能否定 H_0,故认为 H_0 相容.换句话说,没有发现滚珠平均直径不小于等于 $15.25\,\mathrm{mm}$.

在实际工作中,遇到这种相容的情形应如何对待假设 H_0 呢?如果需要迅速地明确表态,那么我们常常采取接受零假设 H_0 的态度.有时为了更慎重一些,暂不表态,继续进行一些观察(即增加样本容量),再进行检验.当然,在样本容量较大时,不应该再不表态了.

(3) **左侧检验**:提出零假设 $H_0: \mu \geqslant \mu_0$,备择假设 $H_1: \mu < \mu_0$(μ_0 已知).

类似右侧检验的分析,当统计量 $U < -u_\alpha$ 时,拒绝零假设 H_0;当 $U \geqslant -u_\alpha$ 时,不能拒绝零假设 H_0.

2. 总体方差 σ^2 未知时,总体均值 μ 的假设检验

总体方差 σ^2 未知,可用样本方差 S^2 代替,这时检验统计量

$$T = \frac{\overline{X}-\mu_0}{S/\sqrt{n}} \sim t(n-1).$$

利用 T 统计量进行假设检验的方法称为 **t 检验法**.

(1) **双侧检验**:提出零假设 $H_0: \mu = \mu_0$,备择假设 $H_1: \mu \neq \mu_0$.

给定显著性水平 α,查 t 分布表(附表4)得临界值 $t_{\alpha/2}(n-1)$,有

$$P(|T|>t_{\alpha/2}(n-1))=\alpha.$$

由样本计算统计量 T,当 $|T|>t_{\alpha/2}(n-1)$ 时,拒绝零假设 H_0;否则不能拒绝零假设 H_0.

例3 用某仪器间接测量温度,重复五次,所得数据是 $1\,250\,℃$, $1\,265\,℃$, $1\,245\,℃$,

1 260℃，1 275℃,而用别的精确办法测得温度为 1 277℃(可看作温度的真值),试问用此仪器间接测量温度有无系统偏差($\alpha = 0.05$)?

解 用 X 表示由这个仪器测得的数值,有 $X \sim N(\mu, \sigma^2)$,其中 σ^2 未知,这是一个未知方差,检验均值问题.

提出零假设 $H_0: \mu = 1277$;对于这类问题,我们选取一个包括指定数值 1 277 的统计量

$$T = \frac{\overline{X} - 1277}{S/\sqrt{n}},$$

其中 $S = \sqrt{\dfrac{1}{n-1} \sum\limits_{i=1}^{n} (X_i - \overline{X})^2}$. 在 H_0 成立的条件下,T 与样本函数

$$t = \frac{\overline{X} - \mu}{S/\sqrt{n}}$$

都服从 $t(n-1)$ 分布,即

$$T \xrightarrow{\text{在} H_0 \text{下}} t \sim t(n-1).$$

这里我们采取双侧检验. 由检验水平 α,选择

$$R_\alpha = \{(-\infty, \lambda_1) \bigcup (\lambda_2, +\infty)\}$$

且使得

$$P\{t \in (-\infty, \lambda_1)\} = P\{t \in (\lambda_2, +\infty)\} = \alpha/2,$$

即使得

$$P\{t \in R_\alpha\} = \alpha.$$

可见 $\{t \in R_\alpha\}$ 是一个小概率事件. 由 t 分布的对称性,可知 $\lambda_2 = -\lambda_1 \triangleq \lambda$. 考虑到 t 分布临界值表的构造(前面已介绍),可由 $t_{\alpha/2}(n-1)$ 查出 λ 之值.

例 3 中的 $\alpha = 0.05, n = 5$,由 $t_{0.025}(4)$ 查 t 分布临界值表,查得 $\lambda = 2.776$,故否定域为

$$R_\alpha = ((-\infty, -2.776) \bigcup (2.776, +\infty)).$$

由样本值 $x_1, x_2, \cdots, x_n$,计算

$$\overline{x} = \frac{1}{5}(1\,250 + \cdots + 1\,275) = 1\,259,$$

$$S^2 = \frac{1}{4}[(1\,250 - 1\,259)^2 + \cdots + (1\,275 - 1\,259)^2]$$

$$= 570 \times \frac{1}{4} = 142.5,$$

有
$$\hat{T} = \frac{1\,259 - 1\,277}{\sqrt{142.5/5}} \approx -3.37.$$

于是我们可以做出判断:若 $\hat{T} \in R_\alpha$,则否定 H_0,否则认为 H_0 相容.本例中 $\hat{T} \approx -3.37 < -2.776$,即 $\hat{T} \in R_\alpha$,故结论为否定 $H_0: \mu = 1277$.换句话说,该仪器间接测量温度有系统偏差.

(2) **右侧检验**:提出零假设 $H_0: \mu \leqslant \mu_0$,备择假设 $H_1: \mu > \mu_0$.

给定显著性水平 α，查 t 分布表(附表 4)得临界值 $t_\alpha(n-1)$，有

$$P(T>t_\alpha(n-1))\leqslant\alpha.$$

由样本计算统计量 T，当 $T>t_\alpha(n-1)$ 时，拒绝零假设 H_0，否则不能拒绝零假设 H_0.

例 4 在例 3 中，我们进一步问此仪器间接测量的温度是否偏低($\alpha=0.05$)？

解 用 X 表示由这个仪器测得的数值，有 $X\sim N(\mu,\sigma^2)$，其中 σ^2 未知，这是一个未知方差，检验均值的问题.

提出零假设 $H_0:\mu\leqslant 1\,277$. 这里我们仍选取 T 统计量

$$T=\frac{\overline{X}-1\,277}{S/\sqrt{n}}.$$

在 $H_0:\mu\leqslant 1\,277$ 成立的条件下，有不等式

$$\frac{\overline{X}-1\,277}{S/\sqrt{n}}\leqslant\frac{\overline{X}-\mu}{S/\sqrt{n}},$$

因此，T 与随机变量 $t=\dfrac{\overline{X}-\mu}{S/\sqrt{n}}$ 有如下的关系

$$T\leqslant t\sim t(n-1).$$

这里我们采取单侧检验，由检验水平 α，选择 $R_\alpha=(\lambda,+\infty)$，使得

$$P\{t>\lambda\}=\alpha,$$

根据 t 分布数值表的构造，由 $t_\alpha(n-1)$ 查得 λ，于是由

$$T\leqslant t$$

有

$$\{T>\lambda\}\subset\{t>\lambda\},$$

故

$$P\{T>\lambda\}\leqslant P\{t>\lambda\}=\alpha.$$

上式说明事件 $\left\{\dfrac{\overline{X}-1\,277}{S/\sqrt{n}}>\lambda\right\}$ 是概率比 α 更小的小概率事件.

例中 $\alpha=0.05$，$n=5$，由 $t_{0.05}(4)$ 查 t 分布临界值表，得到 $\lambda=2.132$，故否定域为

$$R_\alpha=(2.132,+\infty).$$

由样本值算出

$$\overline{x}=1\,259,\quad S^2=142.5,\quad \hat{T}=-3.37.$$

由于 $\hat{T}=-3.37<2.132$，即 $\hat{T}\notin R_\alpha$，故结论为 $H_0:\mu\leqslant 1\,277$ 相容. 换句话说，此仪器间接测量温度偏低.

(3) **左侧检验**：提出零假设 $H_0:\mu\geqslant\mu_0$，备择假设 $H_1:\mu<\mu_0$.

类似右侧检验，当统计量 $T<-t_\alpha(n-1)$ 时，拒绝零假设 H_0；则不能拒绝零假设 H_0.

(二) 单个正态总体方差的假设检验(总体均值 μ 未知时，总体方差 σ^2 的假设检验)

(1) **双侧检验**：提出零假设 $H_0:\sigma^2=\sigma_0^2$，备择假设 $H_1:\sigma^2\neq\sigma_0^2$($\sigma_0^2$ 已知).

若 μ 未知，用 $\overline{X}$ 代替 μ. 当 H_0 成立时，统计量

$$\chi^2=\frac{1}{\sigma_0^2}\sum_{i=1}^{n}(X_i-\overline{X})^2\sim\chi^2(n-1).$$

对于给定的显著性水平 α,查 χ^2 分布表(附表 3)得临界值 $\chi^2_{\alpha/2}(n-1)$ 和 $\chi^2_{1-\alpha/2}(n-1)$,有 $P(\chi^2 \geqslant \chi^2_{\alpha/2}(n-1)) = \alpha/2$ 和 $P(\chi^2 \leqslant \chi^2_{1-\alpha/2}(n-1)) = \alpha/2$. 用样本值计算统计量 χ^2,当 $\chi^2 > \chi^2_{\alpha/2}(n-1)$ 或 $\chi^2 < \chi^2_{1-\alpha/2}(n-1)$ 时拒绝零假设 H_0;否则不能拒绝 H_0.

例 5 已知幼儿的身高在正常情况下服从正态分布. 现从某一幼儿园 5 岁至 6 岁的幼儿中随机地抽查了 9 人,其高度(单位:cm)分别为 115, 120, 131, 115, 109, 115, 115, 105, 110. 问 5 岁至 6 岁的幼儿身高总体的方差是否为 49($\alpha = 0.05$)?

解 用 X 表示幼儿身高,有 $X \sim N(\mu, \sigma^2)$,其中 μ 未知. 这是一个未知均值,检验方差的问题.

这个问题的零假设是 $H_0: \sigma^2 = 49$. 我们选取统计量

$$W = \frac{(n-1)S^2}{49}.$$

由 $\alpha = 0.05, n = 9, \lambda_1 = \chi^2_{1-\alpha/2}(8)$ 和 $\lambda_2 = \chi^2_{\alpha/2}(8)$,查 χ^2 分布临界值表得到 $\lambda_1 = 2.18$, $\lambda_2 = 17.5$. 故否定域为

$$R_\alpha = \{(0, 2.18) \bigcup (17.5, +\infty)\}.$$

再由样本值算出

$$\bar{x} = 115, \quad S^2 = 55.25, \quad \hat{W} \approx 9.02.$$

由于 $2.18 < \hat{W} = 9.02 < 17.5$,即 $\hat{W} \notin R_\alpha$,故结论为 H_0 相容. 这就是说,没有发现身高的总体方差不等于 49.

(2) **右侧检验**:提出零假设 $H_0: \sigma^2 \leqslant \sigma_0^2$,备择假设 $H_0: \sigma^2 > \sigma_0^2$.

对于给定的显著性水平 α,查 χ^2 分布表(附表 3)得临界值 $\chi^2_\alpha(n-1)$,有 $P(\chi^2 \geqslant \chi^2_\alpha(n-1)) = \alpha$. 计算统计量 χ^2,当 $\chi^2 > \chi^2_\alpha(n-1)$ 时,拒绝零假设 H_0;否则不能拒绝 H_0.

例 6 问例 5 中,5 岁至 6 岁幼儿身高的总体方差是否小于等于 49($\alpha = 0.05$)?

解 用 X 表示幼儿身高,有 $X \sim N(\mu, \sigma^2)$,其中 μ 未知,这是一个未知均值,检验方差的问题.

这个问题的零假设是 $H_0: \sigma^2 \leqslant 49$. 我们仍选取统计量

$$W = \frac{(n-1)S^2}{49}.$$

根据 $\alpha = 0.05, n = 9$,由 $\lambda = \chi^2_{0.05}(8)$ 查 χ^2 分布临界值表得 $\lambda = 15.5$,故否定域为

$$R_\alpha = \{15.5, +\infty\}.$$

由样本值算出

$$\bar{x} = 115, \quad S^2 = 55.25, \quad \hat{W} = 9.02.$$

由于 $\hat{W} = 9.02 < 15.5$,即 $\hat{W} \notin R_\alpha$,故结论为 H_0 相容. 这就是说,没有发现身高的总体方差大于 49.

(3) **左侧检验**:提出零假设 $H_0: \sigma^2 \geqslant \sigma_0^2$,备择假设 $H_1: \sigma^2 < \sigma_0^2$.

类似右侧检验,当统计量 $\chi^2 < \chi^2_{1-\alpha}(n-1)$ 时,拒绝零假设 H_0;否则不能拒绝 H_0.

§7.3 两个正态总体参数的假设检验

（一）两个正态总体均值的假设检验

在实际工作中还常常需要对两个正态总体进行比较. 这类问题的解决类似于单个正态总体的情况.

设 $X \sim N(\mu_1, \sigma_1^2), Y \sim N(\mu_2, \sigma_2^2), X_1, X_2, \cdots, X_m$ 为 X 的样本, $Y_1, Y_2, \cdots, Y_n$ 为 Y 的样本, $X_1, X_2, \cdots, X_m; Y_1, Y_2, \cdots, Y_n$ 相互独立.

1. σ_1^2, σ_2^2 已知时均值的检验

（1）**双侧检验**：提出零假设 $H_0: \mu_1 = \mu_2$, 备择假设 $H_1: \mu_1 \neq \mu_2$.

已知

$$U_0 = \frac{(\overline{X} - \overline{Y}) - (\mu_1 - \mu_2)}{\sqrt{\dfrac{\sigma_1^2}{m} + \dfrac{\sigma_2^2}{n}}} \sim N(0, 1),$$

在 H_0 成立的条件下, 统计量

$$U = \frac{\overline{X} - \overline{Y}}{\sqrt{\dfrac{\sigma_1^2}{m} + \dfrac{\sigma_2^2}{n}}} \sim N(0, 1).$$

对于给定的显著性水平 α, 查标准正态分布表（附表 2）得临界值 $u_{\alpha/2}$, 满足 $P(|U| > u_{\alpha/2}) = \alpha$. 计算统计量 U, 当 $|U| > u_{\alpha/2}$ 时, 拒绝 H_0; 当 $|U| \leqslant u_{\alpha/2}$ 时, 接受 H_0.

（2）**右侧检验**：提出零假设 $H_0: \mu_1 \leqslant \mu_2$, 备择假设 $H_1: \mu_1 > \mu_2$.

对于给定的显著性水平 α, 查标准正态分布表（附表 2）得临界值 u_α, 满足 $P(U > u_\alpha) = \alpha$. 计算统计量 U, 当 $U > u_\alpha$ 时, 拒绝 H_0; 否则不能拒绝 H_0.

例 1 从甲、乙两厂所生产的钢丝总体 X, Y（它们均服从正态分布）中各取 50 束做拉力强度试验, 得 $\overline{x} = 1\,208\,\text{mPa}$, $\overline{y} = 1\,284\,\text{mPa}$. 已知 $\sigma_X = 80\,\text{mPa}$, $\sigma_Y = 94\,\text{mPa}$. 问：甲、乙两厂钢丝的抗拉强度是否有显著差异（$\alpha = 0.05$）？

解 检验零假设 $H_0: \mu_1 = \mu_2$, 备择假设 $H_1: \mu_1 \neq \mu_2$. 计算统计量

$$|U| = \frac{|\overline{X} - \overline{Y}|}{\sqrt{\dfrac{\sigma_1^2}{m} + \dfrac{\sigma_2^2}{n}}} = \frac{|1\,208 - 1\,284|}{\sqrt{\dfrac{80^2}{50} + \dfrac{94^2}{50}}} \approx 4.35.$$

对于给定的显著性水平 $\alpha = 0.05$, 查标准正态分布表（附表 2）求得临界值 $u_{\alpha/2} = 1.96$, 因为统计量 $|U| = 4.35 > 1.96$, 所以拒绝 H_0, 即认为甲、乙两厂钢丝的抗拉强度有显著差异.

2. $\sigma_1^2 = \sigma_2^2$ 未知时均值的检验

（1）**双侧检验**：提出零假设 $H_0: \mu_1 = \mu_2$, 备择假设 $H_1: \mu_1 \neq \mu_2$.

已知

$$T_0 = \frac{(\overline{X} - \overline{Y}) - (\mu_1 - \mu_2)}{S_w \sqrt{\dfrac{1}{m} + \dfrac{1}{n}}} \sim t(m + n - 2),$$

其中，$S_w = \sqrt{\dfrac{(m-1)S_1^2 + (n-1)S_2^2}{m+n-2}}$. 在 H_0 成立的条件下，统计量

$$T = \frac{\overline{X} - \overline{Y}}{S_w \sqrt{\dfrac{1}{m} + \dfrac{1}{n}}} \sim t(m+n-2).$$

对于给定的显著性水平 α，查 t 分布表（附表 4）得临界值 $t_{\alpha/2}$，满足 $P(|T| > t_{\alpha/2}(m+n-2)) = \alpha$（见图 7—3）. 计算统计量 T 的值，当 $|T| > t_{\alpha/2}(m+n-2)$ 时，拒绝 H_0；当 $|T| \leqslant t_{\alpha/2}(m+n-2)$ 时，不能拒绝 H_0.

（2）**右侧检验**：提出零假设 $H_0: \mu_1 \leqslant \mu_2$，备择假设 $H_1: \mu_1 > \mu_2$.

对于给定的显著性水平 α，查 t 分布表（附表 4）得临界值 t_α，满足 $P(T > t_\alpha(m+n-2)) = \alpha$（见图 7—4）. 由样本计算统计量 T 的值，当 $T > t_\alpha(m+n-2)$ 时，拒绝 H_0；否则不能拒绝 H_0.

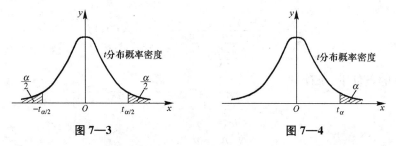

图 7—3　　　　　　　　　　图 7—4

必须注意的是，在实际问题中，若没有明确告诉我们方差是否相等，则必须先进行方差相等的检验，方差不等时，不能应用上述检验法. 关于方差不等的检验问题我们不讨论.

例 2　在一台自动车床上加工直径为 2.050 毫米的轴，现在相隔 2 小时，各取容量都为 10 的样本，所得数据如下表所示，问这台车床的生产是否稳定（$\alpha = 0.01$）？

零件编号	1	2	3	4	5	6	7	8	9	10
样本Ⅰ	2.066	2.063	2.068	2.060	2.067	2.063	2.059	2.062	2.062	2.060
样本Ⅱ	2.063	2.060	2.057	2.056	2.059	2.058	2.062	2.059	2.059	2.057

解　假设轴直径的分布是正态的，由于样本是取自同一台车床，可认为 $\sigma_1^2 = \sigma_2^2 = \sigma^2$，而 σ^2 是未知常数. 又 $m = n = 10$，由样本计算得

$$\overline{X} = 2.063, \quad \overline{Y} = 2.059,$$

$$S_1^2 \approx 0.000\,009\,56, \quad S_2^2 \approx 0.000\,004\,89.$$

检验零假设 $H_0: \mu_1 = \mu_2$，备择假设 $H_1: \mu_1 \neq \mu_2$.

由已知数据计算出

$$\begin{aligned}
S_w &= \sqrt{\frac{(m-1)S_1^2 + (n-1)S_2^2}{m+n-2}} \\
&= \sqrt{\frac{9 \times 0.000\,009\,56 + 9 \times 0.000\,004\,89}{10 + 10 - 2}} \\
&\approx 0.002\,688,
\end{aligned}$$

$$|T| = \left| \frac{\overline{X} - \overline{Y}}{S_w\sqrt{\frac{1}{m} + \frac{1}{n}}} \right| = \left| \frac{2.063 - 2.059}{0.002\,688 \times \sqrt{\frac{1}{10} + \frac{1}{10}}} \right| \approx 3.327.$$

给定显著性水平 $\alpha = 0.01$，查 t 分布表得临界值 $t_{0.01/2}(10+10-2) = t_{0.005}(18) = 2.88$。因为统计量 $|T| = 3.327 > 2.88$，所以拒绝零假设 H_0，即认为这台机床受时间的影响而生产不稳定。

(二) 两个正态总体方差的假设检验

1. μ_1, μ_2 已知时，正态总体方差的假设检验

(1) **双侧检验**：提出零假设 $H_0: \sigma_1^2 = \sigma_2^2$，备择假设 $H_1: \sigma_1^2 \neq \sigma_2^2$。

已知

$$F_0 = \frac{n\sigma_2^2 \sum\limits_{i=1}^{m}(X_i - \mu_1)^2}{m\sigma_1^2 \sum\limits_{i=1}^{n}(Y_i - \mu_2)^2} \sim F(m, n),$$

当 H_0 成立时，统计量

$$F = \frac{n \sum\limits_{i=1}^{m}(X_i - \mu_1)^2}{m \sum\limits_{i=1}^{n}(Y_i - \mu_2)^2} \sim F(m, n).$$

给定显著性水平 α，查 F 分布表（附表 5）得临界值 $F_{\alpha/2}$，满足 $P(F > F_{\alpha/2}(m,n)) = \alpha/2$，$P(F < F_{1-\alpha/2}(m,n)) = \alpha/2$，如图 7—5 所示。计算统计量 F，当 $F_{1-\alpha/2}(m,n) \leqslant F \leqslant F_{\alpha/2}(m,n)$ 时，不能拒绝 H_0；否则拒绝 H_0。其中 $F_{\alpha/2}(m,n)$ 可直接查 F 分布表，由于

$$F_{1-\alpha/2}(m,n) = \frac{1}{F_{\alpha/2}(n,m)},$$

可通过查 $F_{\alpha/2}(n,m)$ 算得 $F_{1-\alpha/2}(m,n)$。

(2) **右侧检验**：提出零假设 $H_0: \sigma_1^2 \leqslant \sigma_2^2$，备择假设 $H_1: \sigma_1^2 > \sigma_2^2$。

给定显著性水平 α，查 F 分布表（附表 5）得临界值 F_{α}，满足 $P(F > F_{\alpha}(m,n)) = \alpha$（见图 7—6）。计算统计量 F，当 $F > F_{\alpha}(m,n)$ 时，拒绝 H_0；否则不能拒绝 H_0。

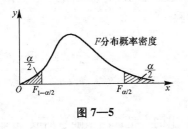

图 7—5

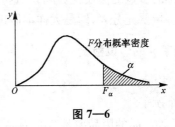

图 7—6

2. μ_1, μ_2 未知时，正态总体方差的假设检验

(1) **双侧检验**：提出零假设 $H_0: \sigma_1^2 = \sigma_2^2$，备择假设 $H_1: \sigma_1^2 \neq \sigma_2^2$。

已知

$$F_0 = \frac{S_1^2/\sigma_1^2}{S_2^2/\sigma_2^2} \sim F(m-1, n-1),$$

在 H_0 成立的条件下,统计量

$$F = \frac{S_1^2}{S_2^2} \sim F(m-1, n-1).$$

给定显著性水平 α,查 F 分布表(附表 5)得临界值 $F_{\alpha/2}$,$F_{1-\alpha/2}$,满足 $P(F > F_{\alpha/2}(m-1, n-1)) = \alpha/2$,$P(F < F_{1-\alpha/2}(m-1, n-1)) = \alpha/2$. 计算统计量 F,当 $F_{1-\alpha/2}(m-1, n-1) \leqslant F \leqslant F_{\alpha/2}(m-1, n-1)$ 时,接受 H_0;否则不能拒绝 H_0.

(2) **右侧检验**:提出零假设 $H_0 : \sigma_1^2 \leqslant \sigma_2^2$,备择假设 $H_1 : \sigma_1^2 > \sigma_2^2$.

给定显著性水平 α,查 F 分布表(附表 5)得临界值 F_α,满足 $P(F > F_\alpha(m-1, n-1)) = \alpha$. 计算统计量 F,当 $F > F_\alpha(m-1, n-1)$ 时,拒绝 H_0;否则不能拒绝 H_0.

例 3 在例 2 中我们假定两个总体的方差 $\sigma_1^2 = \sigma_2^2$,它们是真的相等吗?我们来检验一下($\alpha = 0.1$).

解 检验零假设 $H_0 : \sigma_1^2 = \sigma_2^2$,备择假设 $H_1 : \sigma_1^2 \neq \sigma_2^2$.

已知 $m = n = 10$,$S_1^2 \approx 0.000\,009\,56$,$S_2^2 \approx 0.000\,004\,89$. 由此计算统计量

$$F = \frac{S_1^2}{S_2^2} = \frac{0.000\,009\,56}{0.000\,004\,89} \approx 1.96.$$

给定显著性水平 $\alpha = 0.1$,查 F 分布表(附表 5)得临界值

$$F_{0.05}(9, 9) = 3.18,$$

$$F_{0.95}(9, 9) = \frac{1}{F_{0.05}(9, 9)} = \frac{1}{3.18} \approx 0.31.$$

因为 $0.31 \leqslant F = 1.96 \leqslant 3.18$,所以不能拒绝零假设 H_0,即认为两个总体的方差无明显差异.

§7.4 非正态总体参数的假设检验

上面我们分别讨论了单、双正态总体均值与方差的假设检验. 在实际问题中,还会遇到非正态总体的参数的假设检验问题. 这些假设检验的理论基础是中心极限定理,因而,讨论的样本容量要充分大,即是大样本假设检验.

(一)概率 p 的假设检验

(1) 双侧检验.

先看一个例子.

例 1 某种产品的废品率是 5%. 现从生产出的一批产品中随意抽取 50 个,检验得知有 4 个废品,问能否认为这批产品的废品率为 5%($\alpha = 0.05$).

这个假设检验需要检验的假设是:

$$H_0: p = 0.05, \quad H_1: p \neq 0.05.$$

这是属于概率 p 的假设检验. 这一问题的一般数学模型如下.

设总体 X 服从两点分布:

X	1	0
p_i	p	q

$(p+q=1, 0<p<1)$, 作下列假设检验:

$$H_0: p = p_0, \quad H_1: p \neq p_0.$$

从这一总体取样本 $X_1, X_2, \cdots, X_n (n$ 充分大$)$. $\overline{X} = \dfrac{1}{n} \sum_{i=1}^{n} X_i = \dfrac{m}{n}$ 即事件发生的频率, 在例 1 中即为废品率. 当假设 H_0 成立时,

$$E(\overline{X}) = p_0, \quad D(\overline{X}) = \frac{p_0 q_0}{n}$$

$(q_0 = 1 - p_0)$. 由棣莫弗-拉普拉斯中心极限定理,

$$u = \frac{\dfrac{m}{n} - p_0}{\sqrt{\dfrac{p_0 q_0}{n}}} \overset{\cdot}{\sim} N(0,1).$$

上述假设检验为双侧检验. 对显著性水平 α, 拒绝域 W 取为

$$W = \{ |u| > u_{\frac{\alpha}{2}} \}.$$

这样, 由样本值 $x_1, x_2, \cdots, x_n$ 得知事件发生的频率为 $\dfrac{m}{n}$, 算得 u 值. 当 $|u| > u_{\frac{\alpha}{2}}$ 时, 拒绝 H_0, 即不能认为事件发生的概率为 p_0; 当 $|u| \leqslant u_{\frac{\alpha}{2}}$ 时, 不能拒绝 H_0, 即可以认为事件发生的概率是 p_0.

在例 1 中, $\dfrac{m}{n} = \dfrac{4}{50} = 0.08, p_0 = 0.05, q_0 = 0.95$,

$$u = \frac{0.08 - 0.05}{\sqrt{\dfrac{0.05 \times 0.95}{50}}} \approx 0.973.$$

当 $\alpha = 0.05$ 时, $u_{\frac{\alpha}{2}} = 1.96$, 因为

$$|u| = 0.973 < u_{\frac{\alpha}{2}} = 1.96,$$

所以不能拒绝 H_0, 即可以认为该批产品的废品率为 5%.

(2) 右侧检验.

例 2 设某厂生产的产品每批数量很大, 出厂标准是废品率不超过 0.02, 现从一批产品中随机抽取 400 个, 经检测, 发现有 12 个不合格. 问是否应该让这批产品出厂$(\alpha = 0.05)$?

设 p 为这批产品的废品率, 问题归结为假设检验:

$$H_0: p \leqslant 0.02, \quad H_1: p > 0.02.$$

例 3 某青工以往的记录是: 平均每加工 100 个零件, 有 60 件是一等品. 今年考核

他,在他加工的零件中随机抽取 100 件,发现有 70 件是一等品.这个成绩是否证明该青工技术有了提高($\alpha=0.05$)?

这一问题的 $p_0=0.6$,假设检验问题为:

$$H_0: p \leqslant 0.6, \quad H_1: p > 0.6.$$

例 2 和例 3 的一般模型为:

$$H_0: p \leqslant p_0, \quad H_1: p > p_0.$$

这时,仍用上述 u 统计量.这是单侧检验.对显著性水平 α,拒绝域 W 取为:

$$W = \{u > u_\alpha\}.$$

这样,由样本值 $x_1, x_2, \cdots, x_n$ 得知事件发生的频率为 $\dfrac{m}{n}$,算得 u 值.当 $u > u_\alpha$ 时,拒绝 H_0,即认为事件发生的概率 $p > p_0$;当 $u \leqslant u_\alpha$ 时,不能拒绝 H_0,即不能认为 $p > p_0$.

例 2 中,

$$u = \frac{\dfrac{12}{400} - 0.02}{\sqrt{\dfrac{0.02 \times 0.98}{400}}} \approx 1.429,$$

当 $\alpha = 0.05, u_\alpha = 1.645$.因为

$$u = 1.429 < u_\alpha = 1.645,$$

所以不能拒绝 H_0,即应让这批产品出厂.

例 3 中,

$$u = \frac{0.7 - 0.6}{\sqrt{\dfrac{0.6 \times 0.4}{100}}} \approx 2.041,$$

当 $\alpha = 0.05, u_\alpha = 1.645$.因为

$$u = 2.041 > u_\alpha = 1.645,$$

所以拒绝 H_0,即认为该青工技术水平有所提高.

(3)左侧检验.

假设检验问题为:

$$H_0: p \geqslant p_0, \quad H_1: p < p_0.$$

这时,仍用上述 u 统计量.这是单侧检验.对显著性水平 α,拒绝域 W 取为:

$$W = \{u < -u_\alpha\}.$$

这样,由样本值 $x_1, x_2, \cdots, x_n$ 得知事件发生的频率为 $\dfrac{m}{n}$,算得 u 值,当 $u < -u_\alpha$ 时,拒绝 H_0,即认为概率 $p < p_0$;当 $u \geqslant -u_\alpha$ 时,不能拒绝 H_0,即不能认为 $p < p_0$.

例 4 根据以往长期统计,某种产品的废品率不小于 5%.但技术革新后,从此种产品中随机抽取 500 件,发现有 15 件废品.问能否认为此种产品的废品率降低了($\alpha=0.05$)?

解 假设检验问题为:

$$H_0: p \geqslant 0.05, \quad H_1: p < 0.05,$$

废品率为 $\dfrac{15}{500}=0.03$，

$$u=\frac{0.03-0.05}{\sqrt{\dfrac{0.05\times0.95}{500}}}\approx-2.052,$$

当 $\alpha=0.05$ 时，$u_\alpha=1.645$. 因为

$$u=-2.052<-u_\alpha=-1.645,$$

所以拒绝 H_0，即认为废品率已降至 5% 以下.

（二）非正态总体均值的大样本检验

设总体 X 的分布函数为 $F(x)$，$X_1,X_2,\cdots,X_n$ 是来自总体 X 的大样本 $(n\geqslant50)$，根据中心极限定理，设 $E(X)=\mu,D(X)=\sigma^2,\overline{X}$ 为样本均值，则当 n 充分大时，

$$\frac{(\overline{X}-\mu)}{\sigma}\sqrt{n}$$

近似于 $N(0,1)$ 分布. 以它作为理论基础，可以对非正态总体的均值作假设检验. 假设检验的类型为：

(1) $H_0：\mu=\mu_0,H_1：\mu\neq\mu_0$；

(2) $H_0：\mu\leqslant\mu_0,H_1：\mu>\mu_0$；

(3) $H_0：\mu\geqslant\mu_0,H_1：\mu<\mu_0$.

这三种情形皆用检验统计量

$$u=\frac{(\overline{X}-\mu_0)}{\sigma}\sqrt{n}.$$

当 σ^2 未知时，以样本标准差 $S=\sqrt{\dfrac{1}{n-1}\sum_{i=1}^{n}(X_i-\overline{X})^2}$ 代替总体标准差 σ，得 $\dfrac{(\overline{X}-\mu_0)}{S}\sqrt{n}$，仍记为 u. 当 n 充分大时，仍有 $u\sim N(0,1)$.

检验法如下：

(1) 取拒绝域 $W=\{|u|>u_{\frac{\alpha}{2}}\}$. 由样本值 $x_1,x_2,\cdots,x_n$，算得 u 值. 若 $|u|>u_{\frac{\alpha}{2}}$，则拒绝 H_0；若 $|u|\leqslant u_{\frac{\alpha}{2}}$，则不能拒绝 H_0.

(2) 取拒绝域 $W=\{u>u_\alpha\}$. 由样本值 $x_1,x_2,\cdots,x_n$，算得 u 值. 若 $u>u_\alpha$，则拒绝 H_0；若 $u\leqslant u_\alpha$，则不能拒绝 H_0.

(3) 取拒绝域 $W=\{u<-u_\alpha\}$. 由样本值 $x_1,x_2,\cdots,x_n$，算得 u 值，若 $u<-u_\alpha$，则拒绝 H_0；若 $u\geqslant-u_\alpha$，则不能拒绝 H_0.

由于本节讨论的非正态总体均值的大样本检验用到的样本函数是 u，所以此种检验称为 u 检验.

例 5　某城市每天因交通事故死亡的人数服从泊松分布，根据长期统计资料，死亡人数均值为 3 人. 近一年来，采用交通管理措施，据 300 天的统计，每天平均死亡人数为 2.7 人. 问能否认为每天平均死亡人数显著减少 $(\alpha=0.05)$？

解　设每天死亡人数为 $X\sim P(\lambda)$，所以

$$E(X) = 3, \quad D(X) = 3.$$

依题意,假设检验问题为

$$H_0: \lambda \geqslant \lambda_0 = 3, \quad H_0: \lambda < \lambda_0 = 3.$$

检验统计量

$$u = \frac{(\overline{X} - \lambda_0)}{\sqrt{\lambda_0}} \sqrt{n} = \frac{(2.7 - 3)}{\sqrt{3}} \sqrt{300} = -3,$$

当 $\alpha = 0.05$ 时,$u_\alpha = 1.645$. 因为

$$u = -3 < -u_\alpha = -1.645,$$

所以拒绝 H_0,即可认为每天平均死亡人数已显著减少.

§7.5　总体分布的假设检验

前面 4 节我们所讨论的都属于参数的假设检验. 在实际中,还有一类重要的假设检验问题是关于分布的. 例如,某机械零件长度服从正态分布、电话交换台一定时间间隔内的呼唤次数服从泊松分布等都需要根据样本资料对分布进行检验. 关于分布的假设检验有许多方法,本节我们仅介绍其中最重要的 χ^2 检验法.

(一) 皮尔逊(Pearson)的 χ^2 检验法

首先,讨论一种最简单的情况. 设总体 X 是有限总体,它仅取有限个可能值 $a_1, a_2, \cdots,$ a_r. X 的分布列为:

X	a_1	a_2	$\cdots$	a_r
p_i	p_1	p_2	$\cdots$	p_r

根据样本,对此分布作一假设检验. 设

$$H_0: P\{X = a_i\} = p_i \quad (i = 1, 2, \cdots, r).$$

问题是要选择合适的检验统计量. 设进行 n 次独立重复试验,数据的频数与频率分布为:

X	a_1	a_2	$\cdots$	a_r
频数	m_1	m_2	$\cdots$	m_r
频率	$\dfrac{m_1}{n}$	$\dfrac{m_2}{n}$	$\cdots$	$\dfrac{m_r}{n}$

其中 $\sum\limits_{i=1}^{r} m_i = n, \sum\limits_{i=1}^{r} \dfrac{m_i}{n} = 1$. 概率 p_i 可以理解为理论频率,它与实测频率 $\dfrac{m_i}{n}$ 的差异可以用下列量

$$\chi^2 = \sum_{i=1}^{r} C_i \left(\frac{m_i}{n} - p_i \right)^2$$

来度量,其中 $C_i > 0 (i=1,2,\cdots,r)$ 是加权系数. 皮尔逊证明了: 若取 $C_i = \dfrac{n}{p_i}(i=1,2,\cdots,r)$
(这是与 p_i 成反比的量),则

$$\chi^2 = \sum_{i=1}^{r} \frac{(m_i - np_i)^2}{np_i},$$

这时,m_i 为实测频数,np_i 可看作取值 a_i 的理论频数,χ^2 也可以看作实测频数 m_i 与理论
频数 $np_i(i=1,2,\cdots,r)$ 差异程度的度量. 可以证明下列皮尔逊定理:

皮尔逊定理　当 $n \to \infty$ 时,χ^2 的极限分布是自由度为 $r-1$ 的 χ^2 分布,即
$\chi^2 \sim \chi^2(r-1)$.

由皮尔逊定理可知,当 n 充分大,$\chi^2 \overset{\cdot}{\sim} \chi^2(r-1)$.

于是我们就得到皮尔逊的 χ^2 检验法: 首先计算 χ^2 值. 对显著性水平 α,当
$\chi^2 > \chi^2_\alpha(r-1)$ 时,拒绝 H_0;当 $\chi^2 \leqslant \chi^2_\alpha(r-1)$ 时,不能拒绝 H_0.

讨论一个特殊情况. 当 $r=2$ 时,设总体 X 服从两点分布:

X	1	0
p_i	p	q

$(p+q=1, 0<p<1)$,在 n 次独立重复试验中,X 的频数分布为

X	1	0
频数	m	$n-m$

此时,χ^2 统计量为:

$$\chi^2 = \frac{(m-np)^2}{np} + \frac{(n-m-nq)^2}{nq} = \frac{(m-np)^2}{npq}.$$

根据皮尔逊定理,当 n 充分大,χ^2 近似服从 $\chi^2(1)$ 分布. 这一事实也可以由棣莫弗-拉普拉
斯中心极限定理得到. 因为根据此定理,当 n 充分大时,

$$\frac{m-np}{\sqrt{npq}} \overset{\cdot}{\sim} N(0,1).$$

从而,当 n 充分大时,$\chi^2 = \dfrac{(m-np)^2}{npq} \overset{\cdot}{\sim} \chi^2(1)$.

例 1　蒲丰(Buffon)曾将一枚硬币掷了 $n=4\,040$ 次,正面发生 $m=2\,048$ 次. 问能否认
为"出现正面的概率是 $\dfrac{1}{2}$"($\alpha=0.05$)?

解　设随机变量

$$X = \begin{cases} 1, & \text{当掷出正面}, \\ 0, & \text{当掷出反面}. \end{cases}$$

原假设 $H_0: P\{X=1\} = \dfrac{1}{2}, P\{X=0\} = \dfrac{1}{2}$.

由 $n=4\,040, m=2\,048$，有

$$\chi^2 = \frac{\left(m-\dfrac{n}{2}\right)^2}{n/4} \approx 0.776.$$

当 $\alpha=0.05$ 时，$\chi^2_{0.05}(1)=3.841$. 因为

$$\chi^2 = 0.776 < \chi^2_{0.05}(1) = 3.841,$$

所以不能拒绝 H_0，即可认为掷出正面的概率是 $\dfrac{1}{2}$.

例 2　掷一枚骰子 120 次，得点数的频数分布如下：

点数	1	2	3	4	5	6
频数	21	28	19	24	16	12

根据试验结果检验这枚骰子六个面是否匀称($\alpha=0.05$).

解　设掷出点数为 X，即要检验：

$$H_0: P\{X=i\} = \frac{1}{6} \quad (i=1,2,3,4,5,6),$$

计算 χ^2：

$$\chi^2 = \frac{\left(21-\dfrac{120}{6}\right)^2}{\dfrac{120}{6}} + \frac{\left(28-\dfrac{120}{6}\right)^2}{\dfrac{120}{6}} + \frac{\left(19-\dfrac{120}{6}\right)^2}{\dfrac{120}{6}} + \frac{\left(24-\dfrac{120}{6}\right)^2}{\dfrac{120}{6}}$$

$$+ \frac{\left(16-\dfrac{120}{6}\right)^2}{\dfrac{120}{6}} + \frac{\left(12-\dfrac{120}{6}\right)^2}{\dfrac{120}{6}} = 8.1.$$

当 $\alpha=0.05$ 时，$\chi^2_{0.05}(5)=11.07$. 因为

$$\chi^2 = 8.1 < \chi^2_{0.05}(5) = 11.07,$$

所以不能拒绝 H_0，即可认为骰子的六个面是匀称的.

(二) 总体分布假设的 χ^2 检验法

上面介绍的皮尔逊定理也可以用下列形式表达. 设 $A_1, A_2, \cdots, A_r$ 为完备事件组，原假设为：

$$H_0: P(A_i) = p_i \quad (i=1,2,\cdots,r),$$

满足 $\displaystyle\sum_{i=1}^{r} p_i = 1$.

进行 n 次独立重复试验，设各事件发生的频数分布为：

事件	A_1	A_2	$\cdots$	A_r
频数	m_1	m_2	$\cdots$	m_r

计算 $\chi^2 = \sum_{i=1}^{r} \dfrac{(m_i - np_i)^2}{np_i}$. 然后再进行 χ^2 检验.

下面, 我们来介绍总体 X 服从一般分布的 χ^2 检验法.

设总体 X 的分布函数为 $F(x)$. 作下列假设检验:

$$H_0: F(x) = F_0(x),$$

其中 $F_0(x)$ 是一分布函数. 由于这一假设检验问题数学上较难处理, 故我们利用皮尔逊 χ^2 检验法对上述假设检验作一近似处理.

将实轴分为 r 个区间, 分点满足

$$-\infty = a_0 < a_1 < a_2 < \cdots < a_{r-1} < a_r = +\infty,$$

得 r 个区间:

$$(a_0, a_1], \ (a_1, a_2], \ \cdots, \ (a_{r-2}, a_{r-1}], \ (a_{r-1}, a_r).$$

记事件 $A_i = \{a_{i-1} < X \leqslant a_i\} \ (i=1,2,\cdots,r)$, 则 $A_i (i=1,2,\cdots,r)$ 为完备事件组, 且有

$$P(A_i) = F_0(a_i) - F_0(a_{i-1}) \quad (i=2,3,\cdots,r-1),$$
$$P(A_1) = F_0(a_1) \quad (因 a_0 = -\infty),$$
$$P(A_r) = 1 - F_0(a_{r-1}) \quad (因 a_r = +\infty).$$

记 $P(A_i) = p_i (i=1,2,\cdots,r)$. 这样, 原来的假设检验问题化为:

$$H_0': P(A_i) = p_i \quad (i=1,2,\cdots,r).$$

设总体 X 的样本值为 $x_1, x_2, \cdots, x_n$, 它落入 A_i 的频数为 $m_i (i=1,2,\cdots,r)$, 理论频数为 $np_i (i=1,2,\cdots,r)$, 计算

$$\chi^2 = \sum_{i=1}^{r} \frac{(m_i - np_i)^2}{np_i}.$$

当 n 充分大时, $\chi^2 \sim \chi^2(r-1)$. 对显著性水平 α, 当 $\chi^2 > \chi_\alpha^2(r-1)$ 时, 拒绝 H_0', 即认为 "$F(x) = F_0(x)$" 不成立; 当 $\chi^2 \leqslant \chi_\alpha^2(r-1)$ 时, 不能拒绝 H_0', 即认为 "$F(x) = F_0(x)$" 成立.

需要指出的是, 假设 H_0 与 H_0' 不完全相同, 所以这是一种近似的检验. 并且

(1) 若 $F_0(x)$ 中含有 l 个未知参数, 并且这 l 个未知参数由样本的极大似然估计法估计, 在这种情况下, 上述 χ^2 统计量当 $n \to \infty$ 时, 近似服从 $\chi^2(r-l-1)$ 分布.

(2) 在划分区间时, 每一区组的理论频数 np_i 不宜太小, 一般应大于等于 5. 这一点不便使用, 所以通常控制 $m_i \geqslant 5$. 必要时要合并区间 (通常是合并实轴两端的区间), 以满足上述条件.

例 3 某电话交换台在 100 分钟内记录了每分钟被呼唤的次数 x, 设 m 为出现该 x 值的频数, 整理后的结果如下:

x	0	1	2	3	4	5	6	7	8	9
m	0	7	12	18	17	20	13	6	3	4

问: 总体 X (电话交换台每分钟呼唤次数) 服从泊松分布吗 ($\alpha = 0.05$)?

解 假设检验问题为:

$$H_0: X \sim P(\lambda).$$

因为 λ 是泊松分布的未知参数,λ 的极大似数估计为样本均值 $\bar{x}$:

$$\lambda = \bar{x} = (1 \times 7 + 2 \times 12 + \cdots + 9 \times 4)/100 = 4.33.$$

算出理论概率:

$$p_i = P\{X = i\} = \frac{\lambda^i}{i!}e^{-\lambda} \quad (i = 0, 1, 2, \cdots),$$

进一步算出理论频数 $np_i(i=0,1,2,\cdots)$,得下表:

$X=i$	0	1	2	3	4	5	6	7	8	9以上
p_i	0.013	0.057	0.123	0.178	0.193	0.167	0.121	0.075	0.040	0.033
np_i	1.3	5.7	12.3	17.8	19.3	16.7	12.1	7.5	4.0	3.4
m_i	0	7	12	18	17	20	13	6	3	4

由于 $x=0$、$x=8$ 及 $x \geqslant 9$ 组中 np_i 皆小于 5,将它们与相邻组合并,合并后组为"$x \leqslant 1$","$x=2$",$\cdots$,"$x \geqslant 8$",共 8 组,即 $r=8$. 合并的组中的理论频数,实际频数由原来组的相应的值分别相加. 如:"$x \geqslant 8$"组的理论频数为 7.4,实际频数为 7. 计算 χ^2 值,

$$\chi^2 = \frac{(7-7.0)^2}{7} + \frac{(12-12.3)^2}{12.3} + \cdots + \frac{(6-7.5)^2}{7.5} + \frac{(7-7.4)^2}{7.4} = 1.324,$$

它近似于 $\chi^2(8-1-1) = \chi^2(6)$ 分布(因未知参数 λ 个数为 1). 当 $\alpha = 0.05$ 时,$\chi_{0.05}^2(6) = 12.59$. 因为

$$\chi^2 = 1.324 < \chi_{0.05}^2(6) = 12.59,$$

所以不能拒绝 H_0,即可以认为 X 服从泊松分布.

习 题 七

(A)

1. 由经验知道某种零件重量 $X \sim N(\mu, \sigma^2)$,$\mu = 15$,$\sigma^2 = 0.05$. 技术革新后,抽了 6 个样品,测得重量(以 g 为单位)为

$$14.7, \ 15.1, \ 14.8, \ 15.0, \ 15.2, \ 14.6.$$

已知方差不变,问平均重量是否为 $15(\alpha = 0.05)$?

2. 某车间生产铜丝,生产一向比较稳定,今从产品中随机抽出 10 根检查折断力,得数据如下(以 N 为单位)

$$578, \ 572, \ 570, \ 568, \ 572, \ 570, \ 570, \ 572, \ 596, \ 584.$$

问:是否可相信该车间生产的铜丝其折断力的方差为 $64(\alpha = 0.05)$?

3. 已知罐头番茄汁中维生素 C(Vc)的含量服从正态分布. 按照规定 Vc 的平均含量不得少于 21 mg. 现从一批罐头中取了 17 罐,算得 Vc 含量的平均值 $\bar{x} = 23$,$S^2 = 3.98^2$,问该批罐头 Vc 的含量是否合格$(\alpha = 0.05)$?

4. 正常成年人的脉搏 X（单位：次/分）平均为 72，今对某种疾病患者 10 人，测其脉搏为

$$54 \quad 68 \quad 65 \quad 77 \quad 70$$
$$64 \quad 69 \quad 72 \quad 62 \quad 71$$

假设人的脉搏次数 X 服从正态分布，试就显著性水平 $\alpha=0.05$，检验患者脉搏与正常人脉搏有无显著差异.

(B)

1. 在假设检验中，记 H_0 为待检假设，则犯第一类错误指的是　　　　　　（　　）

（A） H_0 成立，经检验接受 H_0

（B） H_0 成立，经检验拒绝 H_0

（C） H_0 不成立，经检验接受 H_0

（D） H_0 不成立，经检验拒绝 H_0

2. 假设 $X_1,\cdots,X_{10}$ 是来自正态总体 $N(\mu,\sigma^2)$ 的一个样本，参数 μ 与 σ^2 未知，假设 $H_0: \sigma^2 \geqslant \sigma_0^2$，则在显著性水平 $\alpha=0.05$ 下，该检验的拒绝域 R 是　　　（　　）

（A） $K \geqslant 19.02$　　　　　　（B） $K \geqslant 16.92$

（C） $K \leqslant 2.7$ 或 $K \geqslant 19.02$　　（D） $K \leqslant 3.3$

其中 $K \sim \chi^2(9)$，并且

$$P\{K \leqslant 2.7\} = P\{K \geqslant 19.02\} = 0.025,$$
$$P\{K \geqslant 16.92\} = P\{K \leqslant 3.3\} = 0.05.$$

第8章 方差分析

方差分析是根据试验数据推断一个或多个因素在其状态变化时是否会对试验指标有显著影响,从而选出对试验指标起最好影响的试验条件的一种数理统计方法.

§8.1 问题的提出

在工农业生产和科学试验中,我们经常会遇到要研究如何提高产品产量和质量的问题.而影响产品产量和质量的因素很多,例如在化工生产中,影响化工产品质量的因素就有原料成分、配方比例、设备、温度、时间、压力、催化剂、操作人员水平等多种因素.通常,我们需要通过观察或试验来判断哪些因素是重要的、有显著影响的,哪些因素是次要的、无显著影响的.为此,需要找出对产品有显著影响的因素.方差分析就是鉴别各因素效应的一种有效的统计方法.它是在 20 世纪 20 年代由英国统计学家费希尔(R. A. Fisher)首先应用到农业试验中去的.后来发现这种方法的应用范围十分广泛,可以成功地应用在试验工作的很多方面.

设在一项试验中,所考察的因素只有一个,即只有一个因素在改变,而其他因素保持不变,则称其为**单因素试验**;而多于一个因素在改变的试验称为**多因素试验**.

因素可分为两类:一类是可控因素,如反应温度、原料配量、溶液浓度等;一类是不可控因素,如测量误差、气象条件等.以下我们所说的因素都是指可控因素,且称因素所处的各种状态为该因素的**各个水平**.

为了方便起见,我们把在试验中变化的因素用 $A,B,C,\cdots$ 表示,因素 A 的 p 个不同水平分别用 $A_1,A_2,\cdots,A_p$ 表示.

例1 设有三台机器,用来生产厚度为 1/4 厘米的铝合金板.今要了解各机器产品的平均厚度是否相同,取样测量精确至千分之一厘米,得结果如表 8—1 所示.

表 8—1	铝合金板的厚度	单位：cm
机器 Ⅰ	机器 Ⅱ	机器 Ⅲ
0.236	0.257	0.258
0.238	0.253	0.264
0.248	0.255	0.259
0.245	0.254	0.267
0.243	0.261	0.262

这里，试验的指标是薄板的厚度．机器为因素，不同的三台机器就是这个因素的三个不同的水平，我们假定除机器这一因素外，材料的规格、操作人员的水平等其他条件都相同．显然这是单因素试验．试验的目的是为了考察各台机器所生产的薄板的厚度有无显著差异，即考察机器这一因素对厚度有无显著的影响．

例 1 中我们在单因素的每一个水平下进行的独立试验的结果是一个随机变量，而表中数据可看成来自三个不同总体（每个水平对应一个总体）的样本值．若将各总体的均值依次记为 μ_1, μ_2, μ_3，则依题意需检验假设

$$H_0: \mu_1 = \mu_2 = \mu_3,$$
$$H_1: \mu_1, \mu_2, \mu_3 \text{ 不全相等}.$$

这里，我们假设各总体均为正态变量，且各总体方差相等．单因素试验中，若只有两个水平，就是上一章讲过的两个总体进行比较的问题．超过两个水平的时候，也就是需要多个总体进行比较，这时，方差分析是一种有效的方法．

§8.2 单因素试验方差分析

(一) 数学模型

设因素 A 有 s 个水平 $A_1, A_2, \cdots, A_s$，在水平 $A_j(j=1,2,\cdots,s)$ 下，各进行 $m\,(m \geqslant 2)$ 次独立试验，试验总次数 $n=ms$，得结果如表 8—2 所示．

表 8—2

水平	A_1	A_2	$\cdots$	A_s
总体	X_1	X_2	$\cdots$	X_s
样本	X_{11}	X_{12}	$\cdots$	X_{1s}
	X_{21}	X_{22}	$\cdots$	X_{2s}
	$\vdots$	$\vdots$		$\vdots$
	X_{m1}	X_{m2}	$\cdots$	X_{ms}
样本总和	$T._1$	$T._2$	$\cdots$	$T._s$
样本均值	$\overline{X}._1$	$\overline{X}._2$	$\cdots$	$\overline{X}._s$
总体均值	μ_1	μ_2	$\cdots$	μ_s

这里假定各水平 $A_j(j=1,2,\cdots,s)$ 下的样本 $X_{1j},X_{2j},\cdots,X_{mj}$ 来自具有相同方差 σ^2，均值分别为 $\mu_j(j=1,2,\cdots,s)$ 的正态总体 $N(\mu_j,\sigma^2)$，μ_j 与 σ^2 未知，且设不同水平 A_j 下的样本之间相互独立.

由于 $X_{ij}\sim N(\mu_j,\sigma^2)$，即有 $X_{ij}-\mu_j\sim N(0,\sigma^2)$，故 $X_{ij}-\mu_j$ 可看成是随机误差. 并记 $X_{ij}-\mu_j=\varepsilon_{ij}$，则 X_{ij} 可写成

$$\left.\begin{aligned} &X_{ij}=\mu_j+\varepsilon_{ij}, \ i=1,2,\cdots,m,j=1,2,\cdots,s,\\ &\varepsilon_{ij}\sim N(0,\sigma^2),\text{且各 }\varepsilon_{ij}\text{ 相互独立}, \end{aligned}\right\} \tag{1}$$

其中 μ_j 与 σ^2 均为未知参数. 式(1)称为单因素试验方差分析的**数学模型**. 而方差分析的任务就是：寻找适当的统计量来检验 s 个总体 $N(\mu_1,\sigma^2),\cdots,N(\mu_s,\sigma^2)$ 的均值是否相等，即检验假设

$$\left.\begin{aligned} &H_0: \mu_1=\mu_2=\cdots=\mu_s,\\ &H_1: \mu_1,\mu_2,\cdots,\mu_s \text{ 不全相等}, \end{aligned}\right\} \tag{2}$$

且作出未知参数 $\mu_1,\mu_2,\cdots,\mu_s$ 及 σ^2 的估计.

为讨论方便起见，我们记均值的总平均为 μ，且有

$$\mu=\frac{1}{n}\sum_{j=1}^{s}m\mu_j=\frac{m}{n}\sum_{j=1}^{s}\mu_j=\frac{1}{s}\sum_{j=1}^{s}\mu_j. \tag{3}$$

再令 $a_j=\mu_j-\mu,j=1,2,\cdots,s$，易见 $\sum_{j=1}^{s}a_j=\sum_{j=1}^{s}\mu_j-s\mu=0$，$a_j$ 表示水平 A_j 下的总体均值与总平均的差异，称为水平 A_j 的**效应**. 至此，模型(1)又可写成

$$\left.\begin{aligned} &X_{ij}=\mu+a_j+\varepsilon_{ij}, \ i=1,2,\cdots,m,j=1,2,\cdots,s,\\ &\sum_{j=1}^{s}a_j=0,\\ &\varepsilon_{ij}\sim N(0,\sigma^2),\text{各 }\varepsilon_{ij}\text{ 相互独立}. \end{aligned}\right\} \tag{1'}$$

而假设式(2)又等价于假设

$$\left.\begin{aligned} &H_0: a_1=a_2=\cdots=a_s=0,\\ &H_1: a_1,a_2,\cdots,a_s \text{ 不全为零}. \end{aligned}\right\} \tag{2'}$$

这是因为当且仅当 $\mu_1=\mu_2=\cdots=\mu_s$ 时 $\mu_j=\mu$，即 $a_j=0,j=1,2,\cdots,s$. 这说明当各水平 A_j 间无显著差异时，各个 a_j 均为 0. 而当各水平 A_j 间有显著差异时，各个 μ_j 就彼此参差不齐，于是 $a_j=\mu_j-\mu$ 就表示水平 A_j 使总平均改变了多少，即 A_j 相对于总平均的效应. 当 $a_j>0$ 时，称水平 A_j 的**效应为正**；当 $a_j<0$ 时，称水平 A_j 的**效应为负**.

(二) 平方和的分解

下面从平方和的分解着手，导出假设检验式(2')的检验统计量.

引入总离差平方和

$$S_T=\sum_{j=1}^{s}\sum_{i=1}^{m}(X_{ij}-\overline{X})^2, \tag{4}$$

其中

$$\overline{X} = \frac{1}{n} \sum_{j=1}^{s} \sum_{i=1}^{m} X_{ij} \qquad (5)$$

是数据的总平均. S_T 能反映全部试验数据之间的差异,故又称总变差. 再记水平 A_j 下的样本平均值为 $\overline{X}._j$,即

$$\overline{X}._j = \frac{1}{m} \sum_{i=1}^{m} X_{ij}. \qquad (6)$$

于是

$$S_T = \sum_{j=1}^{s} \sum_{i=1}^{m} \left[(X_{ij} - \overline{X}._j) + (\overline{X}._j - \overline{X}) \right]^2$$

$$= \sum_{j=1}^{s} \sum_{i=1}^{m} (X_{ij} - \overline{X}._j)^2 + \sum_{j=1}^{s} \sum_{i=1}^{m} (\overline{X}._j - \overline{X})^2$$

$$+ 2 \sum_{j=1}^{s} \sum_{i=1}^{m} (X_{ij} - \overline{X}._j)(\overline{X}._j - \overline{X}).$$

而

$$2 \sum_{j=1}^{s} \sum_{i=1}^{m} (X_{ij} - \overline{X}._j)(\overline{X}._j - \overline{X})$$

$$= 2 \sum_{j=1}^{s} (\overline{X}._j - \overline{X}) \left[\sum_{i=1}^{m} (X_{ij} - \overline{X}._j) \right]$$

$$= 2 \sum_{j=1}^{s} (\overline{X}._j - \overline{X}) \left(\sum_{i=1}^{m} X_{ij} - m \overline{X}._j \right)$$

$$= 0,$$

故 S_T 又可分解为

$$S_T = S_E + S_A, \qquad (7)$$

其中

$$S_E = \sum_{j=1}^{s} \sum_{i=1}^{m} (X_{ij} - \overline{X}._j)^2,$$

$$S_A = \sum_{j=1}^{s} \sum_{i=1}^{m} (\overline{X}._j - \overline{X})^2$$

$$= m \sum_{j=1}^{s} (\overline{X}._j - \overline{X})^2$$

$$= m \sum_{j=1}^{s} \overline{X}._j^2 - n \overline{X}^2.$$

公式(7)称为**平方和分解式**,其中 S_E 的各项 $(X_{ij} - \overline{X}._j)^2$ 表示在水平 A_j 下,样本观测值与样本均值的差异,它是由随机误差所引起的,S_E 称为**误差平方和**或**组内离差平方和**;而 S_A 的各项 $m(\overline{X}._j - \overline{X})^2$ 却表示 A_j 水平下的样本均值与数据总平均的差异,它主要是由水平 A_j 的效应引起的,故称 S_A 为因素 A 的**效应平方和**或**组间离差平方和**. 公式(7)表明,试验结果的总离差平方和是由组内离差平方和与组间离差平方和两部分

组成的.

方差分析的基本思想是:分析试验数据并将误差进行分解,如果组间离差平方和 S_A 显著地大于组内离差平方和 S_E,则说明试验结果的差异主要是由因素的水平变化引起的. 这就是说,该因素对于试验结果的影响是显著的.

为了寻求式 $(2')$ 的检验统计量,以下继续讨论 S_E 与 S_A 的一些统计特性.

(三) 显著性检验

先将 S_E 写成

$$S_E = \sum_{i=1}^{m}(X_{i1}-\overline{X}_{\cdot 1})^2 + \cdots + \sum_{i=1}^{m}(X_{is}-\overline{X}_{\cdot s})^2. \tag{8}$$

注意, $\sum_{i=1}^{m}(X_{ij}-\overline{X}_{\cdot j})^2$ 是总体 $N(\mu_j,\sigma^2)$ 的样本方差 $S_j^2 = \dfrac{1}{m-1}\sum_{i=1}^{m}(X_{ij}-\overline{X}_{\cdot j})^2$ 的 $m-1$ 倍,于是有

$$\sum_{i=1}^{m}(X_{ij}-\overline{X}_{\cdot j})^2/\sigma^2 \sim \chi^2(m-1).$$

因各 X_{ij} 独立,故式(8)中各平方和独立. 由 χ^2 分布的可加性及 $sm=n$ 知

$$S_E/\sigma^2 \sim \chi^2[s(m-1)],$$

即

$$S_E/\sigma^2 \sim \chi^2(n-s). \tag{9}$$

由式(9)还可知, S_E 的自由度为 $n-s$,且有

$$E(S_E) = (n-s)\sigma^2. \tag{10}$$

另外,注意到 S_A 是 s 个变量 $\sqrt{m}(\overline{X}_{\cdot j}-\overline{X})$ $(j=1,2,\cdots,s)$ 的平方和,它们之间仅有一个线性约束条件

$$\sum_{j=1}^{s}\sqrt{m}\left[\sqrt{m}(\overline{X}_{\cdot j}-\overline{X})\right] = \sum_{j=1}^{s}m(\overline{X}_{\cdot j}-\overline{X})$$

$$= m\left(\sum_{j=1}^{s}\overline{X}_{\cdot j}-s\overline{X}\right) = 0,$$

故知 S_A 的自由度是 $s-1$.

再由式(3),式(5)及 X_{ij} 的独立性,知

$$\overline{X} \sim N(\mu,\sigma^2/n), \tag{11}$$

于是

$$E(S_A) = E\left[m\sum_{j=1}^{s}\overline{X}_{\cdot j}^2 - n\overline{X}^2\right]$$

$$= m\sum_{j=1}^{s}E(\overline{X}_{\cdot j}^2) - nE(\overline{X}^2)$$

$$= m\sum_{j=1}^{s}\left[\frac{\sigma^2}{m}+(\mu+a_j)^2\right] - n\left[\frac{\sigma^2}{n}+\mu^2\right]$$

$$= (s-1)\sigma^2 + 2\mu m\sum_{j=1}^{s}a_j + n\mu^2$$
$$+ m\sum_{j=1}^{s}a_j^2 - n\mu^2.$$

由式$(1')$知 $\sum\limits_{j=1}^{s}a_j = 0$，故有

$$E(S_A) = (s-1)\sigma^2 + m\sum_{j=1}^{s}a_j^2. \tag{12}$$

进一步还可证明 S_A 与 S_E 独立且当 H_0 为真时

$$S_A/\sigma^2 \sim \chi^2(s-1). \tag{13}$$

至此，现在就可以确定假设检验问题式$(2')$的拒绝域了.

由式(12)知，当 H_0 为真时

$$E\left(\frac{S_A}{s-1}\right) = \sigma^2, \tag{14}$$

即 $S_A/(s-1)$ 是 σ^2 的无偏估计. 而当 H_1 为真时，$\sum\limits_{j=1}^{s}ma_j^2 > 0$，此时有

$$E\left(\frac{S_A}{s-1}\right) = \sigma^2 + \frac{1}{s-1}\sum_{j=1}^{s}ma_j^2 > \sigma^2. \tag{15}$$

又由式(10)知

$$E\left(\frac{S_E}{n-s}\right) = \sigma^2, \tag{16}$$

即不管 H_0 是否为真，$S_E/(n-s)$ 都是 σ^2 的无偏估计.

综上可知，$F = \dfrac{S_A/(s-1)}{S_E/(n-s)}$ 的分子与分母相互独立且分母 S_E 的分布与 H_0 无关，其数学期望总是 σ^2. 当 H_0 为真时，分子的数学期望为 σ^2，当 H_0 不真时，由式(15)分子的取值有偏大的趋势. 进而得知检验问题式$(2')$的拒绝域具有形式

$$F = \frac{S_A/(s-1)}{S_E/(n-s)} \geqslant k,$$

其中 k 由预先给定的显著性水平 α 确定. 于是由式(9)，式(13)及 S_E 与 S_A 的独立性知，当 H_0 为真时

$$F = \frac{S_A/(s-1)}{S_E/(n-s)} = \frac{\dfrac{S_A}{\sigma^2}\Big/(s-1)}{\dfrac{S_E}{\sigma^2}\Big/(n-s)} \sim F(s-1, n-s).$$

由此得到检验问题式$(2')$的拒绝域为

$$F = \frac{S_A/(s-1)}{S_E/(n-s)} \geqslant F_\alpha(s-1, n-s). \tag{17}$$

当由试验数据计算得到的 F 值满足式(17)时，则拒绝 H_0，表明因素 A 对试验结果的影响显著；当试验数据的计算结果 F 值不满足式(17)时，则不能拒绝 H_0，表明因素 A 的影响不显著，此时试验结果的差异主要是由各种不可控的随机因素造成的.

但是,这种检验毕竟与所给显著性水平 α 的大小有关. 在实际应用中,一般认为:当 $F > F_{0.01}(s-1,n-s)$ 时,因素 A 的影响为高度显著;当 $F_{0.05}(s-1,n-s) \leqslant F < F_{0.01}(s-1,n-s)$ 时,因素 A 的影响为显著;当 $F < F_{0.05}(s-1,n-s)$ 时,因素 A 无显著影响.

方差分析的计算结果可列成表 8—3 的形式,称为**方差分析表**.

表 8—3　　　　　　　　　　　单因素试验方差分析表

方差来源	平方和	自由度	均方	F 值
因素 A 的影响(组间)	S_A	$s-1$	$\overline{S}_A = \dfrac{S_A}{s-1}$	$F = \dfrac{\overline{S}_A}{\overline{S}_E}$
误差(组内)	S_E	$n-s$	$\overline{S}_E = \dfrac{S_E}{n-s}$	
总和	S_T	$n-1$		

在实际中,我们可以按以下简便公式来计算 S_T, S_A 和 S_E. 记

$$T._{j} = \sum_{i=1}^{m} X_{ij}, \quad j=1,2,\cdots,s, \quad T = \sum_{j=1}^{s}\sum_{i=1}^{m} X_{ij},$$

即有

$$\left.\begin{array}{l} S_T = \displaystyle\sum_{j=1}^{s}\sum_{i=1}^{m} X_{ij}^2 - n\overline{X}^2 = \sum_{j=1}^{s}\sum_{i=1}^{m} X_{ij}^2 - \frac{T^2}{n}, \\[3mm] S_A = \displaystyle\sum_{j=1}^{s} m\overline{X}._{j}^2 - n\overline{X}^2 = \sum_{j=1}^{s} \frac{T._{j}^2}{m} - \frac{T^2}{n}, \\[3mm] S_E = S_T - S_A. \end{array}\right\} \tag{18}$$

例1　在 §8.1 节例 1 中,我们需检验假设

$$H_0: \mu_1 = \mu_2 = \mu_3,$$
$$H_1: \mu_1, \mu_2, \mu_3 \text{ 不全相等.}$$

试取 $\alpha = 0.05$,完成这一假设检验.

解　由表 8—1 可得

$$s=3, \quad m=5, \quad n=15,$$

$$S_T = \sum_{j=1}^{3}\sum_{i=1}^{5} X_{ij}^2 - \frac{T^2}{15} = 0.963\,912 - (3.8)^2/15$$

$$\approx 0.001\,245\,33,$$

$$S_A = \sum_{j=1}^{3} \frac{T._{j}^2}{m} - \frac{T^2}{n}$$

$$= \frac{1}{5}(1.21^2 + 1.28^2 + 1.31^2) - (3.8)^2/15$$

$$\approx 0.001\,053\,33,$$

$$S_E = S_T - S_A = 0.000\,192.$$

S_T, S_A, S_E 的自由度依次为 $n-1=14, s-1=2, n-s=12$,得方差分析表如表 8—4 所示.

表 8—4		方差分析表		
方差来源	平方和	自由度	均方	F 值
组间	0.001 053 33	2	0.000 526 67	32.92
组内	0.000 192	12	0.000 016	
总和	0.001 245 33	14		

因 $F_{0.05}(2,12)=3.89<32.92$，故在显著性水平 0.05 下拒绝 H_0，即认为各台机器生产的薄板厚度有显著的差异.

§8.3　单因素方差分析举例

例 1　一批由同一种原料织成的布用不同的印染工艺处理，然后进行缩水率试验. 假设采用 5 种不同的工艺，每种工艺处理 4 块布样，测得缩水率的百分数如表 8—5 所示. 若布的缩水率服从正态分布，不同工艺处理的布的缩水率方差相等. 试考察不同工艺对布的缩水率有无明显影响（$\alpha=5\%$）？

缩水率（%）		试验批号			
		1	2	3	4
因素（印染工艺）A	A_1	4.3	7.8	3.2	6.5
	A_2	6.1	7.3	4.2	4.1
	A_3	4.3	8.7	7.2	10.1
	A_4	6.5	8.3	8.6	8.2
	A_5	9.5	8.8	11.4	7.8

表 8—5

解　(1) 先将每一观测数据减 7.4，再除以 0.1，列出方差计算表（为了方便，变换后的数据仍记为 X_{ij}，相应的平方和仍分别记为 S_T,S_A,S_E），见表 8—6.

表 8—6

$X_{ij}(X_{ij}^2)$	1	2	3	4	$T_{i\cdot}$	$T_{i\cdot}^2$
A_1	$-31(961)$	$4(16)$	$-42(1\,764)$	$-9(81)$	-78	6 084
A_2	$-13(169)$	$-1(1)$	$-32(1\,024)$	$-33(1\,089)$	-79	6 241
A_3	$-31(961)$	$13(169)$	$-2(4)$	$27(729)$	7	49
A_4	$-9(81)$	$9(81)$	$12(144)$	$8(64)$	20	400
A_5	$21(441)$	$14(196)$	$40(1\,600)$	$4(16)$	79	6 241

(2) 计算 S_T,S_A,S_E.

$$\sum_{i=1}^{5}\sum_{j=1}^{4}X_{ij}^2=9\,591,\quad T=-51,\quad T^2=2\,601,$$

$$\sum_{i=1}^{5}T_{i\cdot}^2=19\,015,$$

$$S_T = \sum_{i=1}^{5}\sum_{j=1}^{4} X_{ij}^2 - \frac{T^2}{20} = 9\,460.95,$$

$$S_A = \frac{1}{4}\sum_{i=1}^{5} T_{i\cdot}^2 - \frac{T^2}{20} = 4\,623.7,$$

$$S_E = S_T - S_A = 4\,837.25.$$

(3) 列出方差分析表(见表 8—7).

表 8—7

方差来源	离差平方和	自由度	F 值	临界值
组间 组内 总和	$S_A = 4\,623.7$ $S_E = 4\,837.25$ $S_T = 9\,460.95$	4 15 19	$F = \dfrac{\frac{4\,623.7}{4}}{\frac{4\,837.25}{15}} \approx 3.58$	$F_{0.05}(4,15)$ $= 3.06$

(4) 结论：由于 F 的值 3.58 已超过临界值 3.06,因此认为不同工艺对布的缩水率有较明显的影响. 但看到 F 的值超过临界值不多,也可再进行一次抽样,然后再做结论.

例 2 灯泡厂用 4 种不同材料制成灯丝,检验灯丝材料这一因素对灯泡寿命的影响. 如果检验的显著性水平 $\alpha = 0.05$,并且灯泡寿命服从正态分布,试根据表 8—8 的试验结果记录,判断灯泡寿命是否因灯丝材料不同而有显著差异(假定不同材料的灯丝制成的灯泡寿命的方差相同)?

表 8—8

		试 验 批 号							
		1	2	3	4	5	6	7	8
灯丝材料水平	A_1	1 600	1 610	1 650	1 680	1 700	1 720	1 800	
	A_2	1 580	1 640	1 640	1 700	1 750			
	A_3	1 460	1 550	1 600	1 620	1 640	1 660	1 740	1 820
	A_4	1 510	1 520	1 530	1 570	1 600	1 680		

解 (1) 把表中每一个数据减去 1 640,再除以 10(仍记为 X_{ij}),列出方差计算表如表 8—9 所示:

表 8—9

X_{ij} (X_{ij}^2)	1	2	3	4	5	6	7	8	$T_{i\cdot}$	$T_{i\cdot}^2/n_i$
A_1	−4 (16)	−3 (9)	1 (1)	4 (16)	6 (36)	8 (64)	16 (256)		28	112
A_2	−6 (36)	0 (0)	0 (0)	6 (36)	11 (121)				11	24.2
A_3	−18 (324)	−9 (81)	−4 (16)	−2 (4)	0 (0)	2 (4)	10 (100)	18 (324)	−3	1.125
A_4	−13 (169)	−12 (144)	−11 (121)	−7 (49)	−4 (16)	4 (16)			−43	308.167

(2) 由表 8—9 进一步计算,可得:

$$\sum_{i=1}^{4}\sum_{j=1}^{n_i}X_{ij}^2 = 1\,959, \quad T = -7, \quad T^2 = 49, \quad n = 26,$$

$$\sum_{i=1}^{4}\frac{T_{i.}^2}{n_i} \approx 445.492,$$

$$S_T = \sum_{i=1}^{4}\sum_{j=1}^{n_i}X_{ij}^2 - \frac{T^2}{n} \approx 1\,957.115,$$

$$S_A = \sum_{i=1}^{4}\frac{T_{i.}^2}{n_i} - \frac{T^2}{n} \approx 443.607,$$

$$S_E = S_T - S_A \approx 1\,513.508.$$

(3) 列出方差分析表如表 8—10 所示:

表 8—10

方差来源	离差平方和	自由度	F 值	F 临界值
组间 组内 总和	$S_A = 443.607$ $S_E = 1\,513.508$ $S_T = 1\,957.115$	3 22 25	$F = \dfrac{S_A/3}{S_E/22} \approx \dfrac{443.607 \times 22}{1\,513.508 \times 3}$ ≈ 2.15	$F_{0.05}(3,22)$ $= 3.05$

(4) 实际计算的值为 2.15,小于临界值 3.05,不能拒绝原假设,因此可以认为灯泡的使用寿命不会因灯丝材料不同而有显著差异.

习 题 八

(A)

1. 今有某种型号的电池三批,它们分别是 A,B,C 三个工厂生产的. 为评比质量,各随机抽取 5 只电池为样品,经试验得其寿命(小时)如表 8—11 所示. 试在显著性水平 $\alpha = 0.05$ 下检验这三个工厂生产的电池的平均寿命有无显著差异.

表 8—11

工厂	电池寿命(小时)				
A	40	48	38	42	45
B	26	34	30	28	32
C	39	40	43	50	50

2. 表 8—12 给出了小白鼠在接种不同菌型伤寒杆菌后的存活日数. 试问接种这三种菌型后平均存活日数有无显著差异?

表 8—12

菌型	存活日数										
Ⅰ	2	4	3	2	4	7	7	2	5	4	
Ⅱ	5	6	8	5	10	7	12	6	6		
Ⅲ	7	11	6	6	7	9	5	10	6	3	10

第9章 回归分析

回归分析方法是研究两个或多个变量之间相关关系的一种数学方法.在回归分析中,我们将先介绍如何建立回归分析的数学模型,求出变量之间的数学表达式,然后介绍如何对此表达式的显著性进行检验,最后介绍如何利用变量之间的表达式解决实际工作中的预测等问题.

§9.1 问题的提出

我们在研究自然现象和社会现象的某些客观规律时,往往要涉及变量之间关系的问题.一般来说,变量之间的关系大致可分为两类:一类是确定性关系,另一类是非确定性关系.自由落体运动中,物体下落的距离 s 与所需时间 t 之间的关系:

$$s = \frac{1}{2}gt^2 \quad (0 \leqslant t \leqslant T)$$

就是属于确定性的.显然,如果取定了 t 的值,那么 s 的值也就完全确定了.但是,人的身高与体重之间的关系,人的血压与年龄之间的关系,树高与树围之间的关系等,由于受到许多随机因素的影响,它们之间虽有某种关系但不确定,不能用函数关系准确表达,我们称这类非确定性关系为相关关系.

在我们利用数理统计方法讨论两个变量 Y 与 x 之间的相关关系时,一般来说,Y 是随机变量,而 x 可以是随机变量,也可以是非随机变量.在一元线性回归中,我们讨论的是随机变量 Y 与非随机变量 x 之间的线性关系.例如,某一种树,它的树围 x 与树高 Y 之间不是一般的线性函数关系:虽然树高 Y 依赖于树围 x,但当树围 x 确定以后,树高 Y 并不能随之完全确定,因为 Y 具有随机性.但是,总的来说,树围大的树就高,它们之间大体上呈线性关系.又如,在炼钢过程中,冶炼的时间 x 与钢水中的含碳量 Y 也具有这种关系.

在上述各种问题中,既然不能通过 x 用线性函数关系来确切地表示随机变量 Y,那么我们只好设法把 Y 与 x 之间的关系近似地表示出来.为此,在点 $x_1, x_2, \cdots, x_n$ 处对 Y 进

行 n 次独立观测,并用 (x_i, y_i) 表示 x 的值控制在 x_i 时,对 Y 的观测值为 $y_i(i=1,2,\cdots,n)$. 下面我们从这些观测数据 $(x_1, y_1),(x_2, y_2),\cdots,(x_n, y_n)$ 出发,首先给出一元正态线性回归分析的一般的数学模型.

§9.2　一元正态线性回归

（一）数学模型

例 1　下面 12 组数据记录了糖枫树距地面 1.5 m 处的树围与树高的对应值: $(0.09, 6),(0.13, 8.7),(0.30, 10.6),(0.33, 12),(0.35, 14.8),(0.41, 11.8),(0.45, 13.3),(0.65, 19.2),(1.01, 22.4),(1.32, 28),(1.69, 22.3),(2.7, 29.1)$.

研究树围与树高这两个量之间的关系,常采用一种直观的方法——作图法. 把树围作为自变量 x,树高作为因变量 Y. 选定一个平面直角坐标系后,我们就可以在坐标平面上作出这 12 组数据所对应的点(见图 9—1). 这种图叫做散点图. 从散点图可以直观地看出两个变量之间的大致关系. 由图 9—1 可见,虽然这些点是零乱的,但大体散布在某一条直线附近. 这就是说变量之间大致成线性关系: $y=\beta_0+\beta_1 x$. 注意,这里的 y 不是 Y 的实际值,因为 Y 与 x 之间一般不具有函数关系.

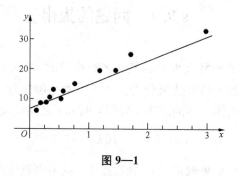

图 9—1

一般情况下,我们可以把描述变量之间关系的函数记为 $y=f(x)$,称之为随机变量 Y 对非随机变量 x 的**回归函数**,简称为**回归**,并称 x 为回归变量,y 为随机变量 Y 的回归值. 若 $f(x)=\beta_0+\beta_1 x$ 是线性函数,则称 $f(x)$ 为随机变量 Y 对 x 的**线性回归**. 在例 1 中,可以认为树高 Y 的理论值 y 随着树围 x 线性地增加,而 Y 的实际值对直线的偏离是由一些随机因素的影响引起的,基于以上的分析,线性回归问题的一般提法可归纳为:假设 $x_1, x_2,\cdots,x_n$ 是变量 x 的 n 个任意取值,而 $y_1, y_2,\cdots,y_n$ 分别为当 x 取 $x_1, x_2,\cdots,x_n$ 时对 Y 独立观测的结果. 这时 $y_1, y_2,\cdots,y_n$ 就是 n 个相互独立的随机变量. 我们可以假定 y_i 与 x_i 有如下关系:

$$y_i=\beta_0+\beta_1 x_i+\varepsilon_i \quad (i=1,2,\cdots,n), \tag{1}$$

其中 ε_i 表示所有的随机因素对 y_i 影响的总和(有时也称为误差). 如果假定 ε_i 是一组相互独立且同分布于 $N(0,\sigma^2)$ 的随机变量,则随机变量 y_i 服从分布 $N(\beta_0+\beta_1 x_i,\sigma^2)$. 不难看

出,一元正态线性回归的一般的数学模型可以精练地表示为

$$\begin{cases} Y = \beta_0 + \beta_1 x + \varepsilon, \\ \varepsilon \sim N(0, \sigma^2), \end{cases} \tag{2}$$

其中 Y 为随机变量,x 为非随机变量,未知参数 β_0,β_1 分别称为**回归常数**与**回归系数**.

(二) 参数 β_0,β_1 的估计

下面我们从样本 (x_i, y_i) $(i = 1, 2, \cdots, n)$ 出发去估计式(2)中的未知参数 β_0 与 β_1.

设 β_0,β_1 的估计值分别为 b_0,b_1. 这样我们就可以得到一个一元线性方程:

$$\hat{y} = b_0 + b_1 x, \tag{3}$$

称式(3)为一元线性回归方程,它可以看成是由 x 计算 Y 的经验公式. 于是对每一个 x_i 由式(3)都可求得相应的值:

$$\hat{y}_i = b_0 + b_1 x_i \quad (i = 1, 2, \cdots, n),$$

它被称为 $x = x_i$ 时 Y 的回归值(有时也称为预测值).

我们采用最小二乘法来估计式(1)中的参数 β_0,β_1. 首先将式(1)改写成下面的形式:

$$\varepsilon_i = y_i - \beta_0 - \beta_1 x_i \quad (i = 1, 2, \cdots, n).$$

用 Q 表示所有误差平方之和,考虑到在 (x_i, y_i) 已知的条件下,Q 是 β_0,β_1 的一个二元函数,故可将 Q 记为 $Q(\beta_0, \beta_1)$. 于是

$$Q(\beta_0, \beta_1) = \sum_{i=1}^{n} \varepsilon_i^2 = \sum_{i=1}^{n} (y_i - \beta_0 - \beta_1 x_i)^2,$$

它刻画了全部数据 (x_i, y_i) 与直线 $y = \beta_0 + \beta_1 x$ 总的偏离程度,$Q(\beta_0, \beta_1)$ 越小就表示直线与数据拟合得越好. 自然,我们希望找到与数据拟合得最好的直线,也就是说,由估计 b_0,b_1 所确定的回归方程能使一切 y_i 与 $\hat{y}_i$ 之间的偏差达到最小. 换言之,我们希望找到 b_0,b_1 使得对于任意的 β_0,β_1 都有

$$Q(b_0, b_1) \leqslant Q(\beta_0, \beta_1).$$

由于 Q 是 n 个数的平方和,所以使得 Q 达到最小的原则称为平方和最小原则(即最小二乘原则),利用这个原则确定参数的方法称为**最小二乘法**.

根据多元函数的极值原理,有

$$\begin{cases} \left. \dfrac{\partial Q}{\partial \beta_0} \right|_{\beta_0 = b_0, \beta_1 = b_1} = -2 \sum_{i=1}^{n} (y_i - b_0 - b_1 x_i) = 0, \\ \left. \dfrac{\partial Q}{\partial \beta_1} \right|_{\beta_0 = b_0, \beta_1 = b_1} = -2 \sum_{i=1}^{n} (y_i - b_0 - b_1 x_i) x_i = 0, \end{cases}$$

化简后得到一个关于 b_0,b_1 的二元一次方程组

$$\begin{cases} \sum_{i=1}^{n} y_i - n b_0 - b_1 \sum_{i=1}^{n} x_i = 0, \\ \sum_{i=1}^{n} x_i y_i - b_0 \sum_{i=1}^{n} x_i - b_1 \sum_{i=1}^{n} x_i^2 = 0, \end{cases} \tag{4}$$

称方程组(4)为正规方程组,其解 b_0,b_1 为 β_0,β_1 的最小二乘估计.

由方程组(4)解得

$$\begin{cases} b_0 = \bar{y} - b_1 \bar{x}, \\ b_1 = \dfrac{\displaystyle\sum_{i=1}^{n} x_i y_i - n\bar{x}\bar{y}}{\displaystyle\sum_{i=1}^{n} x_i^2 - n\bar{x}^2} = \dfrac{\displaystyle\sum_{i=1}^{n} (x_i - \bar{x})(y_i - \bar{y})}{\displaystyle\sum_{i=1}^{n} (x_i - \bar{x})^2}, \end{cases} \tag{5}$$

式中

$$\bar{x} = \frac{1}{n} \sum_{i=1}^{n} x_i, \quad \bar{y} = \frac{1}{n} \sum_{i=1}^{n} y_i.$$

记

$$l_{xy} = \sum_{i=1}^{n} (x_i - \bar{x})(y_i - \bar{y}), \quad l_{xx} = \sum_{i=1}^{n} (x_i - \bar{x})^2.$$

于是,b_1 又可以记为

$$b_1 = \frac{l_{xy}}{l_{xx}}.$$

为了以后讨论方便,我们还规定

$$l_{yy} = \sum_{i=1}^{n} (y_i - \bar{y})^2.$$

可以证明,这样的 b_0, b_1 确实使 $Q(\beta_0, \beta_1)$ 达到最小. 于是,我们便得到回归方程

$$\bar{y} = b_0 + b_1 x = \bar{y} + b_1(x - \bar{x}).$$

例如,由例1中的数据,可算得

$$\bar{x} \approx 0.79, \quad \bar{y} \approx 16.5,$$
$$l_{xx} \approx 6.64, \quad l_{xy} \approx 57.38,$$

所以

$$b_1 = \frac{l_{xy}}{l_{xx}} \approx 8.64, \quad b_0 = \bar{y} - b_1 \bar{x} \approx 9.67,$$

于是,树高 Y 对树围 x 的回归方程为

$$\hat{y} = 9.67 + 8.64x.$$

为了给下面的讨论做好准备,考虑到 $\hat{y}_i = b_0 + b_1 x_i (i=1,2,\cdots,n)$,我们把方程组(4)改写成下面的形式:

$$\begin{cases} \displaystyle\sum_{i=1}^{n} (y_i - \hat{y}_i) = 0, \\ \displaystyle\sum_{i=1}^{n} (y_i - \hat{y}_i) x_i = 0. \end{cases} \tag{6}$$

(三) 线性关系的显著性检验

在应用一元线性回归模型处理实际问题时,要求随机变量 Y 与非随机变量 x 之间满足线性关系式(2).但从上面求回归方程的过程来看,对于任何一组试验数据 $(x_i, y_i)(i=$

$1,2,\cdots,n$),不管它们实际上是否有线性关系,我们都可以用最小二乘法在形式上求出 Y 对 x 的回归方程.因此,还需要对随机变量 Y 与非随机变量 x 之间的线性关系的存在性进行统计检验.

一般来说,观测值 y_i 的起伏波动 $y_i-\bar{y}$ ($i=1,2,\cdots,n$)是由两种因素造成的:一是由非随机变量 x 取值的不同而引起 b_0+b_1x 的起伏;二是由其他因素的影响而产生的波动,用 $y_i-\hat{y}_i$ ($i=1,2,\cdots,n$)表示,称其为**残差**(或**剩余**),其中 $\hat{y}_i=b_0+b_1x_i$ 是 y_i 的回归值.为了检验这两种因素的影响哪一个是主要的,首先对 y_i 的起伏波动进行分解:

$$y_i-\bar{y}=(\hat{y}_i-\bar{y})+(y_i-\hat{y}_i).$$

记总的偏差平方和(y_i 和 $\bar{y}$ 的偏差平方和)为

$$S=\sum_{i=1}^{n}(y_i-\bar{y})^2=l_{yy}.$$

也可把 S 分成两部分

$$\begin{aligned}
S&=\sum_{i=1}^{n}(y_i-\bar{y})^2=\sum_{i=1}^{n}\big[(\hat{y}_i-\bar{y})+(y_i-\hat{y}_i)\big]^2\\
&=\sum_{i=1}^{n}(\hat{y}_i-\bar{y})^2+\sum_{i=1}^{n}(y_i-\hat{y}_i)^2\\
&\quad+2\sum_{i=1}^{n}(\hat{y}_i-\bar{y})(y_i-\hat{y}_i).
\end{aligned}$$

由正规方程(6)可知,其中交叉项

$$\begin{aligned}
\sum_{i=1}^{n}(\hat{y}_i-\bar{y})(y_i-\hat{y}_i)&=\sum_{i=1}^{n}(y_i-\hat{y}_i)(\hat{y}_i-\bar{y})\\
&=\sum_{i=1}^{n}(y_i-\hat{y}_i)(b_0+b_1x_i-\bar{y})\\
&=\sum_{i=1}^{n}(y_i-\hat{y}_i)\big[(b_0-\bar{y})+b_1x_i\big]\\
&=(b_0-\bar{y})\sum_{i=1}^{n}(y_i-\hat{y}_i)\\
&\quad+b_1\sum_{i=1}^{n}(y_i-\hat{y}_i)x_i=0.
\end{aligned}$$

这样一来,我们就得到了一个重要公式——**总的偏差平方和分解公式**(简称为**平方和分解公式**).即

$$S=\sum_{i=1}^{n}(y_i-\bar{y})^2=\sum_{i=1}^{n}(\hat{y}_i-\bar{y})^2+\sum_{i=1}^{n}(y_i-\hat{y}_i)^2.$$

记

$$U=\sum_{i=1}^{n}(\hat{y}_i-\bar{y})^2,$$

称 U 为**回归平方和**,它是由自变量 x 的变化引起的,它的大小(在与误差相比的意义下)反映了 x 对试验结果影响的重要程度;记

$$Q = \sum_{i=1}^{n} (y_i - \hat{y}_i)^2,$$

称之为**残差平方和**,它是由其他因素引起的,它的大小反映了其他因素试验结果的影响. 于是

$$S = l_{yy} = U + Q.$$

这样一来,通过平方和分解公式就可以把对 n 个观测值的两种影响从数量上基本区分开了.

现在我们回到统计检验问题上来. 如果随机变量 Y 与非随机变量 x 之间没有线性关系(即 Y 的取值不依赖于 x),那么模型(2)中一次项的系数 $\beta_1 = 0$;反之,$\beta_1 \neq 0$. 所以要检验这样两个变量之间是否有线性关系,归根结底就是要检验 β_1 是否为零. 而这一点可能通过比较 U 与 Q 来实现. 下面给出检验假设"$\beta_1 = 0$"的一个统计量 F.

数学上可以证明: 统计量

$$F = \frac{U}{Q/(n-2)}$$

在假设"$\beta_1 = 0$"成立的条件下,服从第一个自由度为1,第二个自由度为 $n-2$ 的 F 分布,即在 H_0 成立下

$$F \sim F(1, n-2).$$

因此,在给定的检验水平 α 下,对于统计量 F 有

$$P\{F > \lambda_\alpha\} = \alpha.$$

这表明事件 $\{F > \lambda_\alpha\}$ 是一个小概率事件,它在一次试验中不应该发生. 如果计算出来的统计量 F 的值 $\hat{F}$ 大于临界值 λ_α,那么这说明零假设"$\beta_1 = 0$"不成立,这意味着线性回归中的一次项是必不可少的. 此时我们称该线性回归方程是**显著**的;否则称之为**不显著**的. 具体检验步骤如下:

(1) 提出零假设,$H_0: \beta_1 = 0$;

(2) 由样本值计算统计量 F 之值

$$\hat{F} = \frac{(n-2)l_{xx}}{l_{yy} - b_1 l_{xy}} b_1^2;$$

(3) 对于检验水平 α 查 $F_\alpha(1, n-2)$ 表得到临界值 λ_α;

(4) 将 $\hat{F}$ 与 λ_α 进行比较,作出判断:若 $\hat{F} > \lambda_\alpha$,则认为 x 与 Y 之间具有线性相关关系.

例如,对例1中的树围 x 与树高 Y 之间的线性相关关系作显著性检验. 这里假定 $\alpha = 0.05$.

由例1中的数据,可算得

$$l_{xx} \approx 6.64, \quad l_{xy} \approx 57.38, \quad l_{yy} \approx 628.1,$$
$$b_1 \approx 8.64, \quad n = 12,$$

所以 $\hat{F} = 37.46$.

查 $F_{0.05}(1, 10)$ 表,得到临界值 $\lambda_\alpha = 4.96$. 可见 $\hat{F} > 4.96$,故可以否定零假设"$H_0: \beta = 0$",即认为树围 x 与树高 Y 之间有线性相关关系,并称线性回归是显著的. 进一步我们还

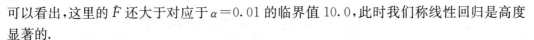

可以看出,这里的 $\hat{F}$ 还大于对应于 $\alpha = 0.01$ 的临界值 10.0,此时我们称线性回归是高度显著的.

为了检验相关性,有时选用样本相关系数

$$R = \frac{l_{xy}}{\sqrt{l_{xx}l_{yy}}}$$

为统计量,并把 R 的临界值列成相关系数表(见附表 6).不过这两种检验方法是一致的.这是由于

$$F = \frac{U}{Q/(n-2)} = \frac{(n-2)l_{xy}^2/l_{xx}}{l_{yy}\left(1 - \frac{l_{xy}^2}{l_{xx}l_{yy}}\right)},$$

$$F = \frac{(n-2)R^2}{1-R^2}.$$

因此,F 的值较大等价于 $|R|$ 较大,可以用 $|R| > R_\alpha(n-2)$ 来否定 H_0.

(四)预测与控制

在实际工作中,如果我们所建立的回归方程 $\hat{y} = b_0 + b_1 x$ 是显著的,这就在一定程度上反映了两个变量之间的内部规律.于是,我们便可以利用回归方程来处理预测与控制问题.所谓预测问题,是指知道了自变量 x 的取值,如何估计 Y 的取值范围问题.反之,如果需要把 Y 限制在某个范围内,试问 x 的取值应当怎样控制,这是控制问题.下面我们仅讨论预测问题.

一种简单的情况就是从观测值 $(x_1, y_1), (x_2, y_2), \cdots, (x_n, y_n)$ 出发,利用最小二乘法得到 β_0, β_1 的估计值 b_0, b_1 以及回归方程

$$\hat{y} = b_0 + b_1 x.$$

我们把 $\hat{y}_0 = b_0 + b_1 x_0$ 作为 $x = x_0$ 时 Y 的一个预测值,显然它具有无偏性.

例如,在例 1 中当 $x = 0.50$ 时,树高 Y 的一个预测值为

$$\hat{y}_0 = 9.67 + 8.64 x_0 = 9.67 + 8.64 \times 0.5 = 13.99.$$

下面我们来讨论区间预测问题.所谓区间预测就是在一定的显著性水平 α 下,找一个正数 δ,使 y_0 以 $1-\alpha$ 的概率落在区间 $[\hat{y}_0 - \delta, \hat{y}_0 + \delta]$ 内,即

$$P\{\hat{y}_0 - \delta \leqslant y_0 \leqslant \hat{y}_0 + \delta\} = 1 - \alpha.$$

数学上可以证明,只要 ε_i 是相互独立且都服从 $N(0, \sigma^2)$ 的随机变量 $(i = 1, 2, \cdots, n)$,则随机变量

$$\tilde{t} = \frac{y_0 - \hat{y}_0}{\sqrt{\dfrac{Q}{n-2}}\sqrt{1 + \dfrac{1}{n} + \dfrac{(x_0 - \bar{x})^2}{l_{xx}}}}$$

服从自由度为 $n-2$ 的 t 分布.

从而由给定的置信度(也称为预测精度)$1-\alpha$ 查 $t_\alpha(n-2)$ 表得到临界值 λ_α,就有

$$P\{|\tilde{t}| \leqslant \lambda_\alpha\} = 1 - \alpha.$$

由此得到置信度 $1-\alpha$ 的置信区间(也称为预测区间)为

$$\left[\hat{y}_0 - \lambda_a S \sqrt{1 + \frac{1}{n} + \frac{(x_0 - \overline{x})^2}{l_{xx}}} , \right.$$

$$\left. \hat{y}_0 + \lambda_a S \sqrt{1 + \frac{1}{n} + \frac{(x_0 - \overline{x})^2}{l_{xx}}} \right], \tag{7}$$

这里的 $S = \sqrt{\dfrac{Q}{n-2}}$.

通过式(7)可以看出,利用回归方程预测 y_0 之值的偏差 δ 不仅与 α 有关,而且与 x_0 有关,因而我们常把正数 δ 记为 $\delta(x_0)$. 还可以看出当 x_0 靠近 $\overline{x}$ 时 δ 就小,远离 $\overline{x}$ 时 δ 就大,因而置信区间的上下限所对应的曲线对称地呈喇叭形地分布在回归直线 $y = b_0 + b_1 x$ 的两侧. 图 9—2 给出了曲线

$$y = b_0 + b_1 x \pm \delta(x)$$

的图形.

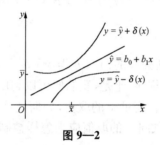

图 9—2

特别是当 x_0 接近 $\overline{x}$,而且数据个数 n 很大时,随机变量 $\tilde{t}$ 近似地服从标准正态分布,记为

$$\tilde{t} \stackrel{\cdot}{\sim} N(0,1),$$

且有

$$\sqrt{1 + \frac{1}{n} + \frac{(x_0 - \overline{x})^2}{l_{xx}}} \approx 1.$$

因此置信区间近似地为

$$[\hat{y}_0 - \lambda S, \hat{y}_0 + \lambda S], \tag{8}$$

其中 λ 由查正态分布数值表得到,$S = \sqrt{\dfrac{Q}{n-2}}$.

例 2 设某种合金钢的含碳量 x 与它的抗拉强度 Y 之间具有线性相关关系,且 $Y \sim N(\beta_0 + \beta_1 x, \sigma^2)$. 根据 92 炉钢样的数据已经算出:

$$\overline{x} = 0.1255, \quad \overline{y} = 45.80;$$

$$l_{xx} = 0.3018, \quad l_{yy} = 2941, \quad l_{xy} = 26.70.$$

求当 $x = 0.15$ 时,y_0 的置信度为 0.95 的置信区间.

解 由 $\overline{x}, \overline{y}$ 以及 l_{xx}, l_{yy}, l_{xy} 可以算出

$$b_0 \approx 34.70, \quad b_1 \approx 88.47.$$

于是,回归方程为

$$\hat{y} = 34.70 + 88.47x.$$

将 $x_0 = 0.15$ 代入上式得

$$\hat{y}_0 = 34.70 + 88.47x_0 \approx 44.97,$$

$$S = \sqrt{\frac{Q}{n-2}} = \sqrt{\frac{l_{yy} - b_1 l_{xy}}{n-2}} \approx 2.536,$$

$$\sqrt{1 + \frac{1}{n} + \frac{(x_0 - \bar{x})^2}{l_{xx}}} = \sqrt{1 + \frac{1}{92} + \frac{(0.15 - 0.125\,5)^2}{0.301\,8}}$$

$$\approx 1.006.$$

查 $t_{0.025}(90)$ 表得 $\lambda_a = 1.98$. 于是

$$\lambda_a S \sqrt{1 + \frac{1}{n} + \frac{(x_0 - \bar{x})^2}{l_{xx}}} \approx 5.05.$$

根据式(7)得到置信度为 0.95 的置信区间为：

$$[44.97 - 5.05, 44.97 + 5.05] = [39.92, 50.02].$$

我们也可以用正态分布来作近似计算. 由 $1 - \frac{\alpha}{2} = 0.975$ 查正态分布数值表,令 $\Phi(\lambda) = 0.975$ 得

$$\lambda = 1.96,$$

从而按照式(8)得到

$$[44.97 - 1.96 \times 2.536, 44.97 + 1.96 \times 2.536],$$

即 $[40.00, 49.94]$ 是置信度为 0.95 的 y_0 的置信区间.

§9.3 一元非线性回归简介

当随机变量 Y 与非随机变量 x 之间存在着非线性关系时,一般用回归曲线 $y = f(x)$ 来描述它们之间的关系. 但是在许多情况下,可以通过某些简单的变量替换,把非线性回归的问题转化为线性回归来处理.

例如,人们经过多次实验发现在彩色显影中,形成染料光学密度 Y 与析出银的光学密度 x 之间有如下近似关系：

$$y = \beta_0 e^{-\beta_1/x} \quad (\beta_1 > 0).$$

对上式的两边取对数,有

$$\ln y = \ln \beta_0 + \frac{-\beta_1}{x}.$$

作变换,令

$$y^* = \ln y, \quad x^* = \frac{1}{x}, \quad \beta_0^* = \ln \beta_0, \quad \beta_1^* = -\beta_1.$$

代入上式就得到了随机变量 Y 的函数 $\ln Y \triangleq Y^*$ 与 x^* 之间的近似线性关系：

$$y^* = \beta_0^* + \beta_1^* x^*.$$

在实际问题中,通常首先由样本点画出它的散点图,然后根据散点图的特点,选用适当的函数曲线来近似表示 Y 与 x 之间的关系.下面我们介绍几种常见的曲线方程,并给出化为线性问题时的变换公式:

(1) 双曲线函数 $\dfrac{1}{y}=a+\dfrac{b}{x}$.

令 $y^* = \dfrac{1}{y}, x^* = \dfrac{1}{x}$,则有

$$y^* = a + bx^*.$$

(2) 幂函数 $y=dx^b$.

令 $y^* = \ln y, x^* = \ln x, a = \ln d$,则有

$$y^* = a + bx^*.$$

(3) 指数函数 I $y=d\mathrm{e}^{bx}$.

令 $y^* = \ln y, x^* = x, a = \ln d$,则有

$$y^* = a + bx^*.$$

(4) 指数函数 II $y=d\mathrm{e}^{\frac{b}{x}}$.

令 $y^* = \ln y, x^* = \dfrac{1}{x}, a = \ln d$,则有

$$y^* = a + bx^*.$$

(5) 对数函数 $y=a+b\log x$.

令 $y^* = y, x^* = \log x$,则有

$$y^* = a + bx^*.$$

例 1 一只红铃虫的产卵数与温度有关.下面 7 组数据记录了温度与产卵数的对应值:$(21,7),(23,11),(25,21),(27,24),(29,66),(32,115),(35,325)$.

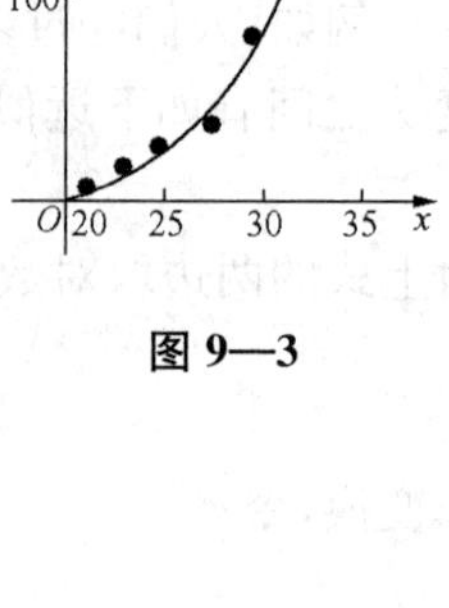

为了根据温度来预测红铃虫的产卵数,需要研究产卵数 Y 与温度 x 之间的回归关系.为此,我们首先在平面直角坐标系中作出这些数据点(见图 9—3).从图上可以看出,变量 Y 与 x 之间的相关关系是非线性的,并且随着 x 的增加 Y 增加的速度越来越快.根据函数图像,我们可以假定产卵数 Y 与温度 x 之间有下面的近似关系:

$$y = \beta_0 \mathrm{e}^{\beta_1 x} \quad (\beta_1 > 0).$$

引进变换

$$y^* = \ln y, \quad x^* = x,$$

并令 $\beta_1^* = \beta_1, \beta_0^* = \ln \beta_0$.对等式 $y = \beta_0 \mathrm{e}^{\beta_1 x}$ 两边取对数后,有

$$y^* = \beta_0^* + \beta_1^* x^*.$$

这样一来,y^* 与 x^* 之间就是线性关系了.

具体作法如下:

(1) 列表,作变换.

图 9—3

编　　号	温　度 x_i	x_i^*	产卵数 y_i	y_i^*
1	21	21	7	1.945 9
2	23	23	11	2.397 9
3	25	25	21	3.044 5
4	27	27	24	3.178 1
5	29	29	66	4.189 7
6	32	32	115	4.744 9
7	35	35	325	5.783 8

(2) 计算 b_0^*，b_1^*.

由(1)中表的数据分别算出

$$\bar{x}^* \approx 27.4, \quad \bar{y}^* = 3.612\,1,$$
$$l_{x^*x^*} = 147.7, \quad l_{y^*y^*} \approx 11.094\,2, \quad l_{x^*y^*} = 40.182\,0;$$
$$b_0^* \approx -3.843\,4, \quad b_1^* = 0.272\,1.$$

(3) 由线性回归方程导出 Y 与 x 之间的近似关系.

在线性方程 $y^* = -3.843\,4 + 0.272\,1x^*$ 中，令 $y^* = \ln y, x^* = x$ 就有

$$\ln y = -3.843\,4 + 0.272\,1x,$$

即

$$y = e^{-3.843\,4 + 0.272\,1x} \approx 0.021\,4e^{0.272\,1x}.$$

§9.4　多元线性回归

在回归分析中，如果考察的是一个随机变量 Y 与一个非随机变量 x 之间的关系，这就是上一节我们讨论过的一元回归，简称为"**一对一**"的回归(用"**1→1**"表示)；如果考察的是一个随机变量 Y 与多个非随机变量 $x_1, x_2, \cdots, x_m$ 之间的关系，就是多元回归，简称为"**多对一**"的回归(用"**多→1**"表示). "**多→1**"与"**1→1**"的回归分析原理完全相同，只是"**多→1**"的方法更复杂些，计算量相当大，一般需要用计算机进行计算. 还有一种所谓的"**多→多**"的回归，即多个随机变量与多个非随机变量之间的回归. 本章我们不讨论"**多→多**"的回归.

下面我们分别简述多元正态线性回归的数学模型、参数向量 $\boldsymbol{\beta}$ 的估计、相关性检验、回归系数的显著性检验以及预测等问题. 为了叙述方便，本节大都采用矩阵的运算形式. 这样做对于初学者可能有些不习惯，但是可以把本节作为矩阵运算的一个练习，并为今后进一步学习多元统计分析等课程打下良好的基础.

(一) 数学模型

设随机变量 y[①] 与非随机变量 $x_1, x_2, \cdots, x_m$ 之间具有近似的线性关系. 对于变量 x_1，

---

① 在这里把随机变量 Y 记作 y，是为了区别随机向量 $\boldsymbol{Y}$.

$x_2, \cdots, x_m$ 与 y 作 n 次观测,记第 i 次观测的数据为

$$(x_{i1}, x_{i2}, \cdots, x_{im}, y_i) \quad (i=1,2,\cdots,n).$$

把 n 次观测的数据都写出来,得到一个样本数据矩阵

$$\begin{bmatrix} x_{11} & x_{12} & \cdots & x_{1m} & y_1 \\ x_{21} & x_{22} & \cdots & x_{2m} & y_2 \\ \vdots & \vdots & & \vdots & \vdots \\ x_{n1} & x_{n2} & \cdots & x_{nm} & y_n \end{bmatrix}.$$

假定它们之间的关系可以记为如下形式:

$$\begin{cases} y_1 = \beta_0 + \beta_1 x_{11} + \beta_2 x_{12} + \cdots + \beta_m x_{1m} + \varepsilon_1, \\ y_2 = \beta_0 + \beta_1 x_{21} + \beta_2 x_{22} + \cdots + \beta_m x_{2m} + \varepsilon_2, \\ \cdots\cdots \\ y_n = \beta_0 + \beta_1 x_{n1} + \beta_2 x_{n2} + \cdots + \beta_m x_{nm} + \varepsilon_n, \end{cases} \tag{9}$$

其中 $\varepsilon_i(i=1,2,\cdots,n)$ 是相互独立且同分布于 $N(0,\sigma^2)$ 的随机变量.

为了方便起见,记

$$\boldsymbol{X} = \begin{bmatrix} x_{11} & x_{12} & \cdots & x_{1m} \\ x_{21} & x_{22} & \cdots & x_{2m} \\ \vdots & \vdots & & \vdots \\ x_{n1} & x_{n2} & \cdots & x_{nm} \end{bmatrix}, \quad \boldsymbol{Y} = \begin{bmatrix} y_1 \\ y_2 \\ \vdots \\ y_n \end{bmatrix}, \quad \boldsymbol{1} = \begin{bmatrix} 1 \\ 1 \\ \vdots \\ 1 \end{bmatrix},$$

$$\boldsymbol{\varepsilon} = \begin{bmatrix} \varepsilon_1 \\ \varepsilon_2 \\ \vdots \\ \varepsilon_n \end{bmatrix}, \quad \boldsymbol{\beta} = \begin{bmatrix} \beta_0 \\ \beta_1 \\ \vdots \\ \beta_m \end{bmatrix} \triangleq \begin{bmatrix} \beta_0 \\ \boldsymbol{\beta}^* \end{bmatrix},$$

$$\boldsymbol{C} = \begin{bmatrix} 1 & x_{11} & x_{12} & \cdots & x_{1m} \\ 1 & x_{21} & x_{22} & \cdots & x_{2m} \\ \vdots & \vdots & \vdots & & \vdots \\ 1 & x_{n1} & x_{n2} & \cdots & x_{nm} \end{bmatrix} \triangleq (\boldsymbol{1}, \boldsymbol{X}).$$

这样一来式(9)可改写成下面的形式:

$$\begin{bmatrix} y_1 \\ y_2 \\ \vdots \\ y_n \end{bmatrix} = \begin{bmatrix} 1 & x_{11} & x_{12} & \cdots & x_{1m} \\ 1 & x_{21} & x_{22} & \cdots & x_{2m} \\ \vdots & \vdots & \vdots & & \vdots \\ 1 & x_{n1} & x_{n2} & \cdots & x_{nm} \end{bmatrix} \begin{bmatrix} \beta_0 \\ \beta_1 \\ \vdots \\ \beta_m \end{bmatrix} + \begin{bmatrix} \varepsilon_1 \\ \varepsilon_2 \\ \vdots \\ \varepsilon_n \end{bmatrix},$$

用矩阵表示为

$$\boldsymbol{Y} = \boldsymbol{C}\boldsymbol{\beta} + \boldsymbol{\varepsilon},$$

其中 $\boldsymbol{\varepsilon}$ 是具有 n 个相互独立的分量的 n 维随机向量.

定义 称模型

$$\begin{cases} \boldsymbol{Y} = \boldsymbol{C}\boldsymbol{\beta} + \boldsymbol{\varepsilon}, \\ \boldsymbol{\varepsilon} \sim N(\boldsymbol{O}, \sigma^2 \boldsymbol{I}), \end{cases} \tag{10}$$

为多元线性回归模型,其中 Y 是可观测的随机向量;σ^2 是未知参数,$\boldsymbol{\beta}$ 是未知参数向量;$\boldsymbol{\varepsilon}$ 是不可观测的随机向量;C 为资料矩阵,I 为 n 阶单位阵,O 为 n 维零向量.

需要指出的是,资料矩阵 C 中 X 的元素 $x_{ij}(i=1,2,\cdots,n;j=1,2,\cdots,m)$ 是从实际观察资料中选出的,所以我们一般选取 x_{ij} 使得 C 满秩,即 $\mathrm{r}(C)=m+1$.

(二) 参数向量 $\boldsymbol{\beta}$ 的估计

与一元回归相仿,我们仍采用最小二乘法对模型(10)中的未知参数向量 $\boldsymbol{\beta}$ 进行估计. 首先将式(9)改写成下面的形式:
$$\varepsilon_i = y_i - \beta_0 - \beta_1 x_{i1} - \beta_2 x_{i2} - \cdots - \beta_m x_{im} \quad (i = 1,2,\cdots,n).$$
用 Q 表示所有误差平方之和,显然它是 $\beta_0,\beta_1,\cdots,\beta_m$ 的 $m+1$ 元函数,故可将 Q 简记为 $Q(\boldsymbol{\beta})$. 于是
$$Q(\boldsymbol{\beta}) \triangleq \sum_{i=1}^{n} \varepsilon_i^2$$
$$= \sum_{i=1}^{n} \left[y_i - (\beta_0 + \beta_1 x_{i1} + \cdots + \beta_m x_{im}) \right]^2,$$
用矩阵可表示为
$$Q(\boldsymbol{\beta}) = (Y - C\boldsymbol{\beta})'(Y - C\boldsymbol{\beta}).$$
使得 $Q(\boldsymbol{\beta})$ 达到最小的 b 为参数向量 $\boldsymbol{\beta}$ 的最小二乘估计,这里的向量 b 为:
$$b = \begin{bmatrix} b_0 \\ b_1 \\ \vdots \\ b_m \end{bmatrix} \triangleq \begin{bmatrix} b_0 \\ b^* \end{bmatrix}.$$

根据多元函数极值原理,令
$$\begin{cases} \dfrac{\partial Q(\boldsymbol{\beta})}{\partial \beta_0} \bigg|_{\beta_0=b_0,\,\beta_j=b_j} = 0, \\[2mm] \dfrac{\partial Q(\boldsymbol{\beta})}{\partial \beta_j} \bigg|_{\beta_0=b_0,\,\beta_j=b_j} = 0, \end{cases}$$
可以得到关于 b_0 与 $b_j(j=1,2,\cdots,m)$ 的 $m+1$ 元方程组
$$\begin{cases} l_{11}b_1 + l_{12}b_2 + \cdots + l_{1m}b_m = l_{1y}, \\ l_{21}b_1 + l_{22}b_2 + \cdots + l_{2m}b_m = l_{2y}, \\ \cdots\cdots \\ l_{m1}b_1 + l_{m2}b_2 + \cdots + l_{mm}b_m = l_{my}, \\ b_0 = \bar{y} - b_1\bar{x} - \cdots - b_m\bar{x}_m. \end{cases}$$
称上式为正规方程组,其中
$$\bar{y} = \frac{1}{n}\sum_{i=1}^{n} y_i, \quad \bar{x}_j = \frac{1}{n}\sum_{i=1}^{n} x_{ij} \quad (j=1,2,\cdots,m),$$

$$l_{ij} = l_{ji} = \sum_{t=1}^{n}(x_{ti} - \bar{x}_i)(x_{tj} - \bar{x}_j)$$
$$(i, j = 1, 2, \cdots, m),$$

$$l_{jy} = \sum_{i=1}^{n}(x_{ij} - \bar{x}_j)(y_i - \bar{y}) \quad (j = 1, 2, \cdots, m).$$

为了方便起见,根据矩阵微商公式

$$\frac{\partial Q(\boldsymbol{\beta})}{\partial \boldsymbol{\beta}}\bigg|_{\boldsymbol{\beta}=\boldsymbol{b}} = \frac{\partial\big[(\boldsymbol{Y}-\boldsymbol{C\beta})'(\boldsymbol{Y}-\boldsymbol{C\beta})\big]}{\partial \boldsymbol{\beta}}\bigg|_{\boldsymbol{\beta}=\boldsymbol{b}} = \boldsymbol{O},$$

可以把正规方程用矩阵表示为:

$$\boldsymbol{C}'\boldsymbol{C}\boldsymbol{b} = \boldsymbol{C}'\boldsymbol{Y}.$$

这样一来就把求 $\boldsymbol{\beta}$ 的最小二乘估计化成解正规方程的问题. 从代数学中我们知道,当 $\boldsymbol{C}'\boldsymbol{C}$ 可逆时,正规方程有唯一解

$$\boldsymbol{b} = (\boldsymbol{C}'\boldsymbol{C})^{-1}\boldsymbol{C}'\boldsymbol{Y},$$

且 $\boldsymbol{b}$ 为 $\boldsymbol{\beta}$ 的最小二乘估计. 于是,我们就得到回归方程

$$y = b_0 + b_1 x_1 + \cdots + b_m x_m,$$

用矩阵表示即为

$$y = \boldsymbol{\alpha}'\boldsymbol{b},$$

其中向量

$$\boldsymbol{\alpha} = \begin{bmatrix} 1 \\ x_1 \\ \vdots \\ x_m \end{bmatrix}.$$

数学上可以证明,当 $\boldsymbol{\beta}$ 等于 $\boldsymbol{b}$ 时 $Q(\boldsymbol{\beta})$ 达到最小. 进一步还可以证明 $\boldsymbol{b}$ 具有优良的统计性质,例如它是 $\boldsymbol{\beta}$ 的最小方差线性无偏估计等. 这里补充说明一点,对于另一个未知参数 σ^2,可以证明在模型(10)下,若

$$r(\boldsymbol{C}) = m + 1,$$

则有

$$E[Q(\boldsymbol{b})] = (n - m - 1)\sigma^2,$$

从而

$$\frac{1}{n-m-1}Q(\boldsymbol{b})$$

为 σ^2 的一个无偏估计量.

(三) 回归方程的显著性检验

在实际问题中,我们事先并不知道 y 与 $x_1, x_2, \cdots, x_m$ 之间是否有线性关系,因此对回归方程需要进行显著性检验. 我们知道,如果 y 与 $x_1, x_2, \cdots, x_m$ 之间没有线性关系,则不能由 $x_1, x_2, \cdots, x_m$ 的变化引起 y 的线性变化,即模型(9)中的 $x_1, x_2, \cdots, x_m$ 的系数 $\beta_1 = \beta_2 = \cdots = \beta_m = 0$(简记为 $\boldsymbol{\beta}^* = \boldsymbol{O}$). 于是在对回归方程进行显著性检验时,可提出

假设：

$$H_0: \boldsymbol{\beta}^* = \boldsymbol{O}.$$

如果 H_0 被否定，则认为在一定的显著性水平下，y 对 $x_1, x_2, \cdots, x_m$ 有显著的线性关系，即回归方程是显著的；反之，则认为回归方程不显著．与一元线性回归一样，为了建立对 H_0 进行检验的统计量，我们将总的偏差平方和 l_{yy} 进行分解：

$$l_{yy} = \sum_{i=1}^{n}(y_i - \bar{y})^2 = \sum_{i=1}^{n}(y_i - \hat{y}_i)^2 + \sum_{i=1}^{n}(\hat{y}_i - \bar{y})^2,$$

其中

$$\hat{y}_i = b_0 + b_1 x_{i1} + b_2 x_{i2} + \cdots + b_m x_{im}$$

$$= [1, x_{i1}, x_{i2}, \cdots, x_{im}]\begin{bmatrix} b_0 \\ b_1 \\ b_2 \\ \vdots \\ b_m \end{bmatrix}$$

$$= [1, x_{i1}, x_{i2}, \cdots, x_{im}]\boldsymbol{b},$$

记作

$$\hat{\boldsymbol{Y}} = \begin{bmatrix} \hat{y}_1 \\ \hat{y}_2 \\ \vdots \\ \hat{y}_n \end{bmatrix} = \begin{bmatrix} 1 & x_{11} & x_{12} & \cdots & x_{1m} \\ 1 & x_{21} & x_{22} & \cdots & x_{2m} \\ \vdots & \vdots & \vdots & & \vdots \\ 1 & x_{n1} & x_{n2} & \cdots & x_{nm} \end{bmatrix}\boldsymbol{b} = \boldsymbol{Cb}.$$

则 l_{yy} 可用矩阵表示为

$$(\boldsymbol{Y} - \boldsymbol{1}\bar{y})'(\boldsymbol{Y} - \boldsymbol{1}\bar{y})$$
$$= (\hat{\boldsymbol{Y}} - \boldsymbol{1}\bar{y})'(\hat{\boldsymbol{Y}} - \boldsymbol{1}\bar{y}) + (\boldsymbol{Y} - \hat{\boldsymbol{Y}})'(\boldsymbol{Y} - \hat{\boldsymbol{Y}}). \tag{11}$$

沿用上一节的记号，式(11)可以记成

$$l_{yy} = U + Q.$$

设 $y_i \sim N\left(\beta_0 + \sum_{j=1}^{m}\beta_j x_{ij}, \sigma^2\right)$ $(i = 1, 2, \cdots, n)$．当 H_0 成立时，$y_1, y_2, \cdots, y_n$ 相互独立且有相同分布 $N(\beta_0, \sigma^2)$．因为 U 与 Q 独立，且

$$U/\sigma^2 \sim \chi^2(m), \quad Q/\sigma^2 \sim \chi^2(n - m - 1),$$

所以

$$F = \frac{U/m}{Q/(n - m - 1)} \sim F(m, n - m - 1).$$

上式中的 F 可以作为对 H_0 进行检验的统计量．

下面给出对回归方程 $y = \boldsymbol{\alpha}'\boldsymbol{b}$ 作显著性检验的具体步骤：

(1) 提出零假设，$H_0: \boldsymbol{\beta} = \boldsymbol{O}$；

(2) 由样本数据矩阵

$$\begin{bmatrix} x_{11} & x_{12} & \cdots & x_{1m} & y_1 \\ x_{21} & x_{22} & \cdots & x_{2m} & y_2 \\ \vdots & \vdots & & \vdots & \vdots \\ x_{n1} & x_{n2} & \cdots & x_{nm} & y_n \end{bmatrix}$$

计算统计量 F 之值

$$\hat{F} = \frac{U/m}{Q/(n-m-1)} \tag{12}$$

(关于 U 的计算公式,我们在§9.5中给出);

(3) 对于检验水平 α 查 $F_\alpha(m, n-m-1)$ 表得到临界值 λ_α;

(4) 将 $\hat{F}$ 与 λ_α 进行比较,作出判断:若 $\hat{F} > \lambda_\alpha$,则认为在显著性水平 α 下,y 对 x_1,$x_2, \cdots, x_m$ 有显著的线性关系,即回归方程是显著的,否则,认为回归方程是不显著的.

(四) 回归系数的显著性检验

回归方程的显著并不意味着每一个自变量对随机变量 y 的影响都显著. 要从回归方程中剔除那些可有可无的变量,重新建立一个更为简单的线性回归方程,这就需要我们对每一个自变量进行考察. 显然,如果某个自变量 x_j 对 y 的作用不显著,那么在模型(9)中,它的系数 β_j 就可以取为零. 因此,我们检验变量 x_j 显著性的问题就等价于检验假设

$$H_0^{(j)}: \beta_j = 0 \quad (j = 1, 2, \cdots, m).$$

数学上可以证明:统计量

$$F_j = \frac{p_j}{Q/(n-m-1)} \tag{13}$$

在模型(9)的假定及 $H_0^{(j)}$ 成立的条件下,服从第一个自由度为1,第二个自由度为 $n-m-1$ 的 F 分布,即

$$F_j \sim F(1, n-m-1).$$

F_j 中的 p_j 称为变量 x_j 的偏回归系数,其计算公式在§9.5中给出.

下面我们给出对 x_j 显著性检验的具体步骤:

(1) 提出零假设,$H_0^{(j)}: \beta_j = 0 \ (j = 1, 2, \cdots, m)$;

(2) 计算统计量 F_j 之值 $\hat{F}_j$;

(3) 对于检验水平 α 查 $F_\alpha(1, n-m-1)$ 表得到临界值 λ_α;

(4) 将 $\hat{F}_j$ 与 λ_α 进行比较,作出判断:若 $\hat{F}_j > \lambda_\alpha$,则认为在显著性水平 α 下,x_j 对 y 的作用是显著的,否则,认为 x_j 对 y 的作用是不显著的.

当检验结果说明变量 x_j 可有可无,即回归系数 $\beta_j = 0$ 时,则应在回归方程中去掉变量 x_j,重新用最小二乘法估计回归系数,建立回归方程.

需要说明的是,在剔除变量时,每次只剔除一个. 如果在一次检验时有多个变量都不显著,则先剔除其中 F 值最小的一个变量,然后再对求出的新的回归方程进行检验,有不显著的变量再剔除,直到建立包含所有对 y 影响显著的变量而不包含对 y 影响不显著的变量的回归方程——"最优"方程.

(五) 预测

设 $y = b_0 + b_1 x_1 + b_2 x_2 + \cdots + b_m x_m$ 为"最优"回归方程. 下面我们讨论预测问题.

由于点预测不能给出预测精度, 因此这里仅给出区间预测的一般方法.

给定 m 维空间中的一个点 $\boldsymbol{x}_0 = (x_{10}, x_{20}, \cdots, x_{m0})'$, 按照式(9)有 y 的一个值 y_0 与之对应, 且满足

$$y_0 = \beta_0 + \beta_1 x_{10} + \beta_2 x_{20} + \cdots + \beta_m x_{m0} + \varepsilon_0.$$

可用 $\hat{y}_0 = b_0 + b_1 x_{10} + b_2 x_{20} + \cdots + b_m x_{m0}$ 作为 y_0 的一个预测值. 可以证明 $\hat{y}_0$ 是 y_0 的最小方差线性无偏估计. 在模型(10)下, 还可以进一步证明

$$y_0 - \hat{y}_0 \sim N(0, \sigma^2(1 + \boldsymbol{x}_0'(\boldsymbol{X}'\boldsymbol{X})^{-1}\boldsymbol{x}_0))$$

以及随机变量

$$t \triangleq \frac{y_0 - \hat{y}_0}{S\sqrt{1 + \boldsymbol{x}_0'(\boldsymbol{X}'\boldsymbol{X})^{-1}\boldsymbol{x}_0}} \sim t(n-m-1),$$

其中

$$S = \sqrt{\frac{Q}{n-m-1}}.$$

这样一来, 在给定的预测精度 $1-\alpha$ 下, 通过查 $t_a(n-m-1)$ 表, 可得到临界值 λ_a, 使得

$$P\{|t| < \lambda_a\} = 1 - \alpha.$$

由此得到预测精度为 $1-\alpha$ 的预测区间:

$$\left[\hat{y}_0 - \lambda_a S\sqrt{1 + \boldsymbol{x}_0'(\boldsymbol{X}'\boldsymbol{X})^{-1}\boldsymbol{x}_0}, \hat{y}_0 + \lambda_a S\sqrt{1 + \boldsymbol{x}_0'(\boldsymbol{X}'\boldsymbol{X})^{-1}\boldsymbol{x}_0}\right]. \tag{14}$$

为了书写方便, 令 $d = \lambda_a S\sqrt{1 + \boldsymbol{x}_0'(\boldsymbol{X}'\boldsymbol{X})^{-1}\boldsymbol{x}_0}$, 这样式(14)可写成

$$[\hat{y}_0 - d, \hat{y}_0 + d].$$

由此可见, 与一元回归类似, 在样本一定的情况下, 利用回归方程预测观测值 y_0 的偏差 d 不仅与 α 有关(α 大 d 小), 而且与 x_0 有关. 当 x_0 在观测值范围内进行预测时, 一般比较准确.

特别在 n 很大时, 有

$$\boldsymbol{x}_0'(\boldsymbol{X}'\boldsymbol{X})^{-1}\boldsymbol{x}_0 = \frac{1}{n} + \boldsymbol{q}'L^{-1}\boldsymbol{q} \approx 0,$$

其中

$$\boldsymbol{q} = \begin{bmatrix} \bar{x}_1 - x_{10} \\ \bar{x}_2 - x_{20} \\ \vdots \\ \bar{x}_m - x_{m0} \end{bmatrix},$$

$$L = \widetilde{\boldsymbol{X}}'\widetilde{\boldsymbol{X}} \quad (\widetilde{\boldsymbol{X}} = (x_{ij} - \bar{x}_j)_{n \times m}).$$

于是 $\sqrt{1 + \boldsymbol{x}_0'(\boldsymbol{X}'\boldsymbol{X})^{-1}\boldsymbol{x}_0} \approx 1$, 这样一来, 我们可用

$$[\hat{y}_0 - \lambda_a S, \hat{y}_0 + \lambda_a S] \tag{15}$$

来进行区间预测. 这时又由于随机变量

$$t \overset{\cdot}{\sim} N(0,1),$$

因此式(15)中的 λ_a 可由正态分布数值表查到.

§9.5 多元回归应用举例

本节先讨论回归平方和 U 的计算公式,然后再给出两个应用的实例.

(一) 回归平方和 U 的计算公式

我们知道,直接由数据矩阵通过公式

$$U = (\hat{\boldsymbol{Y}} - \boldsymbol{1}\bar{y})'(\hat{\boldsymbol{Y}} - \boldsymbol{1}\bar{y})$$

来计算回归平方和是比较麻烦的. 下面我们给出一种较为简单的计算 U 的公式.

为了简化 U 的计算,首先将 §9.4 中模型(9)改写成

$$\begin{cases} y_1 = \tilde{\beta}_0 + \beta_1(x_{11} - \bar{x}_1) + \beta_2(x_{12} - \bar{x}_2) + \cdots \\ \qquad + \beta_m(x_{1m} - \bar{x}_m) + \varepsilon_1, \\ y_2 = \tilde{\beta}_0 + \beta_1(x_{21} - \bar{x}_1) + \beta_2(x_{22} - \bar{x}_2) + \cdots \\ \qquad + \beta_m(x_{2m} - \bar{x}_m) + \varepsilon_2, \\ \cdots\cdots\cdots\cdots\cdots\cdots\cdots\cdots\cdots\cdots\cdots\cdots\cdots\cdots \\ y_n = \tilde{\beta}_0 + \beta_1(x_{n1} - \bar{x}_1) + \beta_2(x_{n2} - \bar{x}_2) + \cdots \\ \qquad + \beta_m(x_{nm} - \bar{x}_m) + \varepsilon_n, \end{cases} \tag{16}$$

其中

$$\bar{x}_j = \frac{1}{n}\sum_{i=1}^{n} x_{ij} = \frac{1}{n}(x_{1j} + x_{2j} + \cdots + x_{nj})$$

$$= \frac{1}{n}\boldsymbol{1}(x_{1j}, x_{2j}, \cdots, x_{nj})' \quad (j = 1, 2, \cdots, m).$$

这里的 $\tilde{\beta}_0$ 与 §9.4 模型(9)中 β_0 之间的关系是:

$$\tilde{\beta}_0 = \beta_0 + \sum_{j=1}^{m} \beta_j \bar{x}_j.$$

记

$$\tilde{\boldsymbol{X}} = \begin{bmatrix} x_{11} - \bar{x}_1 & x_{12} - \bar{x}_2 & \cdots & x_{1m} - \bar{x}_m \\ x_{21} - \bar{x}_1 & x_{22} - \bar{x}_2 & \cdots & x_{2m} - \bar{x}_m \\ \vdots & \vdots & & \vdots \\ x_{n1} - \bar{x}_1 & x_{n2} - \bar{x}_2 & \cdots & x_{nm} - \bar{x}_m \end{bmatrix}$$

$$= \begin{bmatrix} x_{11} & x_{12} & \cdots & x_{1m} \\ x_{21} & x_{22} & \cdots & x_{2m} \\ \vdots & \vdots & & \vdots \\ x_{n1} & x_{n2} & \cdots & x_{nm} \end{bmatrix} - \begin{bmatrix} \bar{x}_1 & \bar{x}_2 & \cdots & \bar{x}_m \\ \bar{x}_1 & \bar{x}_2 & \cdots & \bar{x}_m \\ \vdots & \vdots & & \vdots \\ \bar{x}_1 & \bar{x}_2 & \cdots & \bar{x}_m \end{bmatrix}$$

$$= \boldsymbol{X} - \mathbf{1} \left(\frac{1}{n} \mathbf{1}' \boldsymbol{X} \right) = \left(1 - \frac{1}{n} \mathbf{1} \cdot \mathbf{1}' \right) \boldsymbol{X}.$$

令 $\boldsymbol{\beta}^* = \tilde{\boldsymbol{\beta}}^*$，并且记

$$\tilde{\boldsymbol{\beta}} = \begin{bmatrix} \tilde{\beta}_0 \\ \tilde{\boldsymbol{\beta}}^* \end{bmatrix}, \quad \tilde{\boldsymbol{C}} = [\mathbf{1}, \tilde{\boldsymbol{X}}],$$

于是式(9)可用矩阵表示为

$$\boldsymbol{Y} = \tilde{\boldsymbol{C}} \tilde{\boldsymbol{\beta}} + \boldsymbol{\varepsilon}.$$

重复 §9.4 中的讨论，可以用最小二乘法得到在模型(16)下的正规方程为

$$\tilde{\boldsymbol{C}}' \tilde{\boldsymbol{C}} \tilde{\boldsymbol{b}} = \tilde{\boldsymbol{C}}' \boldsymbol{Y},$$

其中

$$\tilde{\boldsymbol{b}} = \begin{bmatrix} \tilde{b}_0 \\ \tilde{\boldsymbol{b}}^* \end{bmatrix}, \quad \tilde{b}_0 = b_0 + \sum_{j=1}^{m} b_j \bar{x}_j, \quad \tilde{\boldsymbol{b}}^* = \boldsymbol{b}^*, \tag{17}$$

$$\tilde{\boldsymbol{C}}' \tilde{\boldsymbol{C}} = \begin{bmatrix} \mathbf{1}' \\ \tilde{\boldsymbol{X}}' \end{bmatrix} [\mathbf{1}, \tilde{\boldsymbol{X}}] = \begin{bmatrix} n & 0 \\ 0 & \tilde{\boldsymbol{X}}' \tilde{\boldsymbol{X}} \end{bmatrix},$$

$$\tilde{\boldsymbol{C}}' \boldsymbol{Y} = \begin{bmatrix} \mathbf{1}' \\ \tilde{\boldsymbol{X}}' \end{bmatrix} \boldsymbol{Y} = \begin{bmatrix} \mathbf{1}' \boldsymbol{Y} \\ \tilde{\boldsymbol{X}}' \boldsymbol{Y} \end{bmatrix}.$$

如果我们令 $\boldsymbol{L} = \tilde{\boldsymbol{X}}' \tilde{\boldsymbol{X}}$，记

$$\boldsymbol{L} \triangleq [l_{ij}],$$

其中

$$l_{ij} = \sum_{t=1}^{n} (x_{ti} - \bar{x}_i)(x_{tj} - \bar{x}_j),$$

那么正规方程 $\tilde{\boldsymbol{C}}' \tilde{\boldsymbol{C}} \tilde{\boldsymbol{b}} = \tilde{\boldsymbol{C}}' \boldsymbol{Y}$ 可以写成两部分，即由

$$\begin{bmatrix} n & 0 \\ 0 & \tilde{\boldsymbol{X}}' \tilde{\boldsymbol{X}} \end{bmatrix} \begin{bmatrix} \tilde{b}_0 \\ \tilde{\boldsymbol{b}}^* \end{bmatrix} = \begin{bmatrix} \mathbf{1}' \boldsymbol{Y} \\ \tilde{\boldsymbol{X}}' \boldsymbol{Y} \end{bmatrix}$$

写成

$$\begin{cases} n \tilde{b}_0 = \mathbf{1}' \boldsymbol{Y}, \\ \boldsymbol{L} \tilde{\boldsymbol{b}}^* = \tilde{\boldsymbol{X}}' \boldsymbol{Y}. \end{cases}$$

再记

$$\tilde{\boldsymbol{X}}' \boldsymbol{Y} = \boldsymbol{l}, \quad \boldsymbol{l} = \begin{bmatrix} l_{1y} \\ l_{2y} \\ \vdots \\ l_{my} \end{bmatrix},$$

其中

$$l_{jy} = \sum_{i=1}^{n} (x_{ij} - \bar{x}_j)(y_i - \bar{y}) \quad (j = 1, 2, \cdots, m).$$

可以推出

$$\begin{cases} \tilde{b}_0 = \dfrac{1}{n} \mathbf{1}' \boldsymbol{Y} = \bar{y}, \\ \tilde{\boldsymbol{b}}^* = \boldsymbol{L}^{-1} \boldsymbol{l}. \end{cases}$$

由式(17),有

$$\begin{cases} b_0 = \tilde{b}_0 - \sum_{j=1}^{m} b_j \bar{x}_j = \bar{y} - \sum_{j=1}^{m} b_j \bar{x}_j, \\ \boldsymbol{b}^* = \tilde{\boldsymbol{b}}^* = \boldsymbol{L}^{-1} \boldsymbol{l}. \end{cases}$$

以上得到了 b_0 与 $\boldsymbol{b}^*$ 的计算公式. 下面我们来推导 U 的计算公式. 由

$$U \triangleq (\hat{\boldsymbol{Y}} - \boldsymbol{1}\bar{y})'(\hat{\boldsymbol{Y}} - \boldsymbol{1}\bar{y}),$$

在模型(16)下

$$\begin{aligned} \hat{\boldsymbol{Y}} - \boldsymbol{1}\bar{y} &= \widetilde{\boldsymbol{C}}\tilde{\boldsymbol{b}} - \boldsymbol{1}\tilde{b}_0 \\ &= [\boldsymbol{1}, \tilde{\boldsymbol{X}}] \begin{bmatrix} \tilde{b}_0 \\ \tilde{\boldsymbol{b}}^* \end{bmatrix} - \boldsymbol{1}\tilde{b}_0 \\ &= \boldsymbol{1}\tilde{b}_0 + \tilde{\boldsymbol{X}}\tilde{\boldsymbol{b}}^* - \boldsymbol{1}\tilde{b}_0 \\ &= \tilde{\boldsymbol{X}}\tilde{\boldsymbol{b}}^*. \end{aligned}$$

于是有

$$\begin{aligned} U &= (\tilde{\boldsymbol{X}}\tilde{\boldsymbol{b}}^*)'(\tilde{\boldsymbol{X}}\tilde{\boldsymbol{b}}^*) \\ &= \tilde{\boldsymbol{b}}^{*\prime}\tilde{\boldsymbol{X}}'\tilde{\boldsymbol{X}}\tilde{\boldsymbol{b}}^* = \tilde{\boldsymbol{b}}^{*\prime}\boldsymbol{L}\tilde{\boldsymbol{b}}^*. \end{aligned}$$

考虑到

$$\boldsymbol{L}\tilde{\boldsymbol{b}}^* = \tilde{\boldsymbol{X}}'\boldsymbol{Y} = \boldsymbol{l}, \quad \tilde{\boldsymbol{b}}^* = \boldsymbol{b}^* = \boldsymbol{L}^{-1}\boldsymbol{l},$$

$$\boldsymbol{l} = \begin{bmatrix} l_{1y} \\ l_{2y} \\ \vdots \\ l_{my} \end{bmatrix},$$

上式又可以写成

$$U = \boldsymbol{b}^{*\prime}\boldsymbol{l} = \boldsymbol{l}'\boldsymbol{b}^* = \boldsymbol{l}'\boldsymbol{L}^{-1}\boldsymbol{l}.$$

由 U 的计算公式,进而我们可以得到 Q 的计算公式

$$Q = l_{yy} - U = l_{yy} - \boldsymbol{l}'\boldsymbol{L}^{-1}\boldsymbol{l}.$$

用这种公式计算起来比较简单,检验起来也很方便. 实际上,我们只是对原始数据进行了中心化处理,这种方法在数量化理论中也会使用.

下面我们给出 x_j 的偏回归系数 p_j 的计算公式:

$$p_j = \frac{b_j^2}{l^{jj}},$$

其中 l^{jj} 是矩阵 $\boldsymbol{L}^{-1}$ 中的第 j 个对角元素.

(二) 应用举例

例 1　某种物质在反应时放出的热量 y 可能与其 4 种主要成分 $x_1, x_2, x_3, x_4(\%)$ 有关. 实测出的 13 组数据如下:

$$\begin{bmatrix} x_1 & x_2 & x_3 & x_4 & y \\ 7 & 26 & 6 & 60 & 78.5 \\ 1 & 29 & 15 & 52 & 74.3 \\ 11 & 56 & 8 & 20 & 104.3 \\ 11 & 31 & 8 & 47 & 87.6 \\ 7 & 52 & 6 & 33 & 95.9 \\ 11 & 55 & 9 & 22 & 109.2 \\ 3 & 71 & 17 & 6 & 102.7 \\ 1 & 31 & 22 & 44 & 72.5 \\ 2 & 54 & 18 & 22 & 93.1 \\ 21 & 47 & 4 & 26 & 115.9 \\ 1 & 40 & 23 & 34 & 83.8 \\ 11 & 66 & 9 & 12 & 113.3 \\ 10 & 68 & 8 & 12 & 109.4 \end{bmatrix}$$

试建立 y 与 x_i 之间的回归方程.

解 设 y 与 x_1, x_2, x_3, x_4 之间的回归模型为

$$y_i = \beta_0 + \beta_1 x_{i1} + \beta_2 x_{i2} + \beta_3 x_{i3} + \beta_4 x_{i4} + \varepsilon_i$$
$$(i = 1, 2, \cdots, 13).$$

(1) 计算正规方程的系数和常数项.

$$\bar{x}_1 \approx 7.46, \quad \bar{x}_2 \approx 48.15, \quad \bar{x}_3 \approx 11.77,$$
$$\bar{x}_4 = 30.00, \quad \bar{y} \approx 95.42;$$
$$l_{11} \approx 415.23, \quad l_{12} \approx 251.08,$$
$$l_{13} \approx -372.62, \quad l_{14} = -290.00;$$
$$l_{21} = l_{12}, \quad l_{22} \approx 2\,905.69,$$
$$l_{23} \approx -166.54, \quad l_{24} = -3\,041.00;$$
$$l_{31} = l_{13}, \quad l_{32} = l_{23},$$
$$l_{33} \approx 492.31, \quad l_{34} = 38.00;$$
$$l_{41} = l_{14}, \quad l_{42} = l_{24},$$
$$l_{43} = l_{34}, \quad l_{44} \approx 3\,362.00;$$
$$l_{1y} \approx 775.96, \quad l_{2y} \approx 2\,292.95,$$
$$l_{3y} \approx -618.23, \quad l_{4y} = -2\,481.70.$$

于是，我们得到 $\boldsymbol{L} = [l_{ij}], \boldsymbol{l} = \begin{bmatrix} l_{1y} \\ l_{2y} \\ l_{3y} \\ l_{4y} \end{bmatrix}.$

(2) 求回归方程.

由 $\boldsymbol{L} = [l_{ij}]$ 先求出其逆矩阵 $\boldsymbol{L}^{-1} \triangleq [l^{ij}]$：

$$\begin{bmatrix} 0.092\,769 & 0.085\,742 & 0.092\,697 & 0.084\,509 \\ 0.085\,742 & 0.087\,613 & 0.087\,923 & 0.085\,650 \\ 0.092\,697 & 0.087\,923 & 0.095\,262 & 0.086\,447 \\ 0.084\,509 & 0.085\,650 & 0.086\,447 & 0.084\,082 \end{bmatrix}.$$

由公式 $\boldsymbol{b}^* = \boldsymbol{L}^{-1}\boldsymbol{l}$ 求出 b_1, b_2, b_3, b_4;

$$\boldsymbol{L}^{-1}\boldsymbol{l} \approx \begin{bmatrix} 1.551\,1 \\ 0.510\,2 \\ 0.101\,9 \\ -0.144\,1 \end{bmatrix} = \begin{bmatrix} b_1 \\ b_2 \\ b_3 \\ b_4 \end{bmatrix}.$$

由公式 $b_0 = \bar{y} - \sum\limits_{i=1}^{4} b_i \bar{x}_i$ 求出 b_0:

$$b_0 = 95.42 - (1.551\,1 \times 7.46 + 0.510\,2 \times 48.15$$
$$+ 0.101\,9 \times 11.77 - 0.144\,1 \times 30)$$
$$\approx 62.406\,3.$$

于是,回归方程为

$$y = 62.406\,3 + 1.551\,1x_1 + 0.510\,2x_2 + 0.101\,9x_3 - 0.144\,1x_4.$$

(3) 回归方程的显著性经验($\alpha = 0.05$).

① $H_0: \boldsymbol{\beta} = \boldsymbol{O}$;

② 选统计量 $F = \dfrac{U/4}{Q/(13-4-1)} = \dfrac{2U}{Q}$;

③ 查 $F_{0.05}(4,8)$ 分布表,得到临界值 $\lambda_{0.05} = 3.84$;

④ 计算 $\hat{F}$. 由

$$U = \boldsymbol{l}'\boldsymbol{b}^* = [l_{1y}, l_{2y}, l_{3y}, l_{4y}]\begin{bmatrix} b_1 \\ b_2 \\ b_3 \\ b_4 \end{bmatrix}$$

$$\approx 2\,668.07,$$

$$Q = l_{yy} - U = \sum\limits_{i=1}^{13}(y_i - \bar{y})^2 - \boldsymbol{l}'\boldsymbol{b}^*$$

$$\approx 2\,715.76 - 2\,668.07 \approx 47.69,$$

故

$$\hat{F} = \frac{2U}{Q} \approx 111.89.$$

⑤ 由于 $\hat{F} = 111.89 > 3.84$,即 $\hat{F} \in R_a$,则我们可以认为 y 与 x_1, x_2, x_3, x_4 之间有近似的线性关系,或者说不能认为 $\beta_1, \beta_2, \beta_3, \beta_4$ 全为零.

(4) 回归系数的显著性检验($\alpha = 0.05$).

首先从绝对值最小的 b_3 对应的 x_3 开始检验.

① $H_0^{(3)}: \beta_3 = 0$；

② 选统计量

$$F_3 = \frac{p_3}{Q/8} = \frac{8p_3}{Q};$$

③ 查 $F_{0.05}(1, 8)$ 分布表，得到临界值 $\lambda_{0.05} = 5.32$；

④ 计算 $\hat{F}_3$. 由

$$p_3 = \frac{b_3^2}{l^{33}} \approx \frac{0.010\,4}{0.095\,262} \approx 0.109\,2$$

得

$$\hat{F}_3 = \frac{8p_3}{Q} \approx 0.018\,3;$$

⑤ 由于 $\hat{F} = 0.018\,3 < 5.32$，即 $\hat{F}_3 \in \bar{R}_a$，则我们不能认为 y 与 x_3 之间有显著的线性关系. 或者说可以认为 $\beta_3 = 0$.

然后，我们重新建立回归模型

$$y_i = \beta_0 + \beta_1 x_{i1} + \beta_2 x_{i2} + \beta_4 x_{i4} + \varepsilon_i$$
$$(i = 1, 2, \cdots, 13).$$

重复以上 (1)～(4) 步，用类似的方法可以判得 x_1, x_2 对 y 作用显著，而 x_4 不显著，最后求得回归方程是

$$y = 52.577\,3 + 1.468\,3x_1 + 0.662\,3x_2.$$

作为多元回归的一个应用，下面我们讨论"多项式回归"问题."多项式回归"一般属于一元回归，但其解决方法却是按多元线性回归的步骤来进行的.

例2 某种半成品的废品率 y 与其中所含的某种化学成分的含量 $x(‰)$ 有关. 实测出的 16 组数据 (x_i, y_i) 如下：

$$(34, 1.30), (36, 1.00), (37, 0.73), (38, 0.90),$$
$$(39, 0.81), (39, 0.70), (39, 0.60), (40, 0.50),$$
$$(40, 0.44), (41, 0.56), (42, 0.30), (43, 0.42),$$
$$(43, 0.35), (45, 0.40), (47, 0.41), (48, 0.60).$$

试建立 y 与 x 之间的回归方程.

解 对于这类问题，我们一般按下面几步进行讨论.

(1) 由散点图确立 y 与 x 的近似关系.

在平面直角坐标系中作出这 16 个数据点 (见图 9—4)，从图上可以看出它是抛物线型的，因此可以假设 y 与 x 之间有下面的关系：

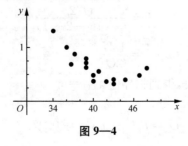

图 9—4

$$y = \beta_0 + \beta_1 x + \beta_2 x^2 + \varepsilon.$$

(2) 通过变换 $x_1 = x, x_2 = x^2$ 可以化成 y 与 x_1, x_2 的线性关系

$$y = \beta_0 + \beta_1 x_1 + \beta_2 x_2 + \varepsilon,$$

并且样本资料为

$$\begin{bmatrix} x_1 & x_2 & y \\ 34 & 34^2 & 1.30 \\ 36 & 36^2 & 1.00 \\ \vdots & \vdots & \vdots \\ 48 & 48^2 & 0.60 \end{bmatrix}.$$

(3) 计算正规方程的系数和常数项.

$$\overline{x}_1 = 40.6875, \quad \overline{x}_2 = 1669.3125, \quad \overline{y} = 0.62625;$$

$$l_{11} \approx 221.44, \quad l_{22} \approx 1513685, \quad l_{12} = l_{21} \approx 18283;$$

$$l_{1y} \approx -11.649, \quad l_{2y} \approx -923.05, \quad l_{yy} \approx 1.0982;$$

得到

$$\boldsymbol{L} = \begin{bmatrix} 221.44 & 18283 \\ 18283 & 1513685 \end{bmatrix},$$

$$\boldsymbol{l} = \begin{bmatrix} -11.649 \\ -923.05 \end{bmatrix}.$$

(4) 求回归方程.

由公式 $\boldsymbol{b}^* = \boldsymbol{L}^{-1}\boldsymbol{l}$ 得到

$$\boldsymbol{b} \approx \begin{bmatrix} -0.8205 \\ 0.0093 \end{bmatrix},$$

$$b_0 = \overline{y} - b_1\overline{x}_1 - b_2\overline{x}_2$$

$$\approx 18.486.$$

因此,回归方程为

$$y = 18.486 - 0.8205x_1 + 0.0093x_2,$$

即

$$y = 18.486 - 0.8205x + 0.0093x^2.$$

(5) 回归方程的显著性检验($\alpha = 0.01$).

① $H_0: \boldsymbol{\beta} = \boldsymbol{O}.$

② 选统计量:

$$F = \frac{U/2}{Q/(16-2-1)}$$

$$= \frac{13U}{2Q}.$$

③ 查 $F_{0.01}(2,13)$ 分布表,得到临界值 $\lambda_{0.01} = 6.70$.

④ 计算 $\hat{F}$:

$$U = b_1 l_{1y} + b_2 l_{2y} \approx 0.9736,$$

$$Q = l_{yy} - U = 1.098\ 2 - 0.973\ 6 = 0.124\ 6,$$

$$\hat{F} \approx 50.79.$$

⑤ 由于 $\hat{F} = 50.79 > 6.70$,因此可以认为回归方程是高度显著的(一般在检验水平 $\alpha = 0.01$ 下称为高度显著).

(6) 回归系数的显著性检验($\alpha = 0.01$).

① $H_0^{(i)}: \beta_i = 0$ $(i = 1, 2)$.

② 选统计量

$$F_1 = \frac{p_1}{Q/13}, \quad F_2 = \frac{p_2}{Q/13}.$$

③ 查 $F_{0.01}(1, 13)$ 分布表,得到临界值 $\lambda_{0.01} = 9.07$.

④ 计算 $\hat{F}_1, \hat{F}_2$.

由

$$p_1 = \frac{b_1^2}{l^{11}} \approx 0.410\ 2,$$

$$p_2 = \frac{b_2^2}{l^{22}} \approx 0.360\ 2,$$

有

$$\hat{F}_1 \approx 42.8, \quad \hat{F}_2 \approx 37.58.$$

⑤ $\hat{F}_1 = 42.8 > 9.07, \hat{F}_2 = 37.58 > 9.07$,说明 x_1, x_2 对 y 的贡献都是高度显著的,因此前面给出的方程

$$y = 18.486 - 0.820\ 5x + 0.009\ 3x^2$$

是"最优"的.

习 题 九

(A)

1. 炼铝厂测得所产铸模用的铝的硬度 x 与抗张强度 y 的数据如表 9—1 所示.

表 9—1

铝的硬度 x	68	53	70	84	60	72	51	83	70	64
抗张强度 y	288	293	349	343	290	354	283	324	340	286

(1) 求 y 对 x 的回归方程.

(2) 在显著性水平 $\alpha = 0.05$ 下检验回归方程的显著性.

(3) 试预测当铝的硬度 $x = 65$ 时的抗张强度 $y(\alpha = 0.05)$.

2. 在服装标准的制定过程中,调查了很多人的身材,得到一系列的服装各部位的尺寸与身高、胸围等的关系. 表 9—2 给出的是一组女青年身高 x 与裤长 y 的数据.

(1) 求裤长 y 对身高 x 的回归方程.

(2) 在显著性水平 $\alpha=0.01$ 下检验回归方程的显著性.

表 9—2

i	x	y	i	x	y	i	x	y
1	168	107	11	158	100	21	156	99
2	162	103	12	156	99	22	164	107
3	160	103	13	165	105	23	168	108
4	160	102	14	158	101	24	165	106
5	156	100	15	166	105	25	162	103
6	157	100	16	162	105	26	158	101
7	162	102	17	150	97	27	157	101
8	159	101	18	152	98	28	172	110
9	168	107	19	156	101	29	147	95
10	159	100	20	159	103	30	155	99

3. 已知鱼的体重 y 与体长 x 有关系式

$$y = \alpha x^{\beta}.$$

测得尼罗罗非鱼生长的数据如表 9—3 所示，求尼罗罗非鱼体重 y 与体长 x 的经验公式.

表 9—3

$y(g)$	0.5	34	75	122.5	170	192	195
$x(mm)$	29	60	124	155	170	185	190

4. 已知某种半成品在生产过程中的废品率 y 与它的某种化学成分 x 有关. 经验表明，近似地有

$$y = b_0 + b_1 x + b_2 x^2.$$

今测得一组数据如表 9—4 所示，求 y 与 x 的经验公式.

表 9—4

$y(\%)$	1.30	1.00	0.73	0.90	0.81	0.70	0.60	0.50
$x(\%)$	0.34	0.36	0.37	0.38	0.39	0.39	0.39	0.40
$y(\%)$	0.44	0.56	0.30	0.42	0.35	0.40	0.41	0.60
$x(\%)$	0.40	0.41	0.42	0.43	0.43	0.45	0.47	0.48

附录　常用分布表

附表1　泊松分布表

$$\left(\text{表中列出}\sum_{i=0}^{k}\frac{\lambda^i}{i!}\mathrm{e}^{-\lambda}\text{ 的值}\right)$$

k \ λ	0.1	0.2	0.3	0.4	0.5	0.6	0.7	0.8
0	0.90484	0.81873	0.74082	0.67032	0.60653	0.54881	0.49659	0.44933
1	0.99532	0.98248	0.96306	0.93845	0.90980	0.87810	0.84420	0.80879
2	0.99985	0.99885	0.99640	0.99207	0.98561	0.97689	0.96586	0.95258
3	1.00000	0.99994	0.99973	0.99922	0.99825	0.99664	0.99425	0.99092
4		1.00000	0.99998	0.99994	0.99983	0.99961	0.99921	0.99859
5			1.00000	1.00000	0.99999	0.99996	0.99991	0.99982
6					1.00000	1.00000	0.99999	0.99998
7							1.00000	1.00000

k \ λ	0.9	1.0	1.2	1.4	1.6	1.8	2.0
0	0.40657	0.36788	0.30119	0.24660	0.20190	0.16530	0.13534
1	0.77248	0.73576	0.66263	0.59183	0.52493	0.46284	0.40601
2	0.93714	0.91970	0.87949	0.83350	0.78336	0.73062	0.67668
3	0.98654	0.98101	0.96623	0.94627	0.92119	0.89129	0.85712
4	0.99766	0.99634	0.99225	0.98575	0.97632	0.96359	0.94735
5	0.99966	0.99941	0.99850	0.99680	0.99396	0.98962	0.98344
6	0.99996	0.99992	0.99975	0.99938	0.99866	0.99743	0.99547
7	1.00000	0.99999	0.99996	0.99989	0.99974	0.99944	0.99890
8		1.00000	0.99999	0.99998	0.99995	0.99989	0.99976
9			1.00000	1.00000	0.99999	0.99998	0.99995
10					1.00000	1.00000	0.99999
11							1.00000

续前表

k \ λ	2.5	3.0	3.5	4.0	4.5	5.0
0	0.08208	0.04979	0.03020	0.01832	0.01111	0.00674
1	0.28730	0.19915	0.13589	0.09158	0.06110	0.04043
2	0.54381	0.42319	0.32085	0.23810	0.17358	0.12465
3	0.75758	0.64723	0.53663	0.43347	0.35230	0.26503
4	0.89118	0.81526	0.72544	0.62884	0.54210	0.44049
5	0.95798	0.91608	0.85761	0.78513	0.70293	0.61596
6	0.98581	0.96649	0.93471	0.88933	0.83105	0.76218
7	0.99575	0.98810	0.97326	0.94887	0.91341	0.86663
8	0.99886	0.99620	0.99013	0.97864	0.95974	0.93191
9	0.99972	0.99890	0.99668	0.99187	0.98291	0.96817
10	0.99994	0.99971	0.99898	0.99716	0.99333	0.98630
11	0.99999	0.99993	0.99971	0.99908	0.99760	0.99455
12	1.00000	0.99998	0.99992	0.99973	0.99919	0.99798
13		1.00000	0.99998	0.99992	0.99975	0.99930
14			1.00000	0.99998	0.99993	0.99977
15				1.00000	0.99998	0.99993
16					0.99999	0.99998
17					1.00000	0.99999
18						1.00000

附表 2 标准正态分布表 $\left(\Phi(x) = \dfrac{1}{\sqrt{2\pi}}\displaystyle\int_{-\infty}^{x}\exp\left(-\dfrac{t^2}{2}\right)dt\right)$

x	0.00	0.01	0.02	0.03	0.04	0.05	0.06	0.07	0.08	0.09
0.0	0.5000	0.5040	0.5080	0.5120	0.5160	0.5199	0.5239	0.5279	0.5319	0.5359
0.1	0.5398	0.5438	0.5478	0.5517	0.5557	0.5596	0.5636	0.5675	0.5714	0.5753
0.2	0.5793	0.5832	0.5871	0.5910	0.5948	0.5987	0.6026	0.6064	0.6103	0.6141
0.3	0.6179	0.6217	0.6255	0.6293	0.6331	0.6368	0.6406	0.6443	0.6480	0.6517
0.4	0.6554	0.6591	0.6628	0.6664	0.6700	0.6736	0.6772	0.6808	0.6844	0.6879
0.5	0.6915	0.6950	0.6985	0.7019	0.7054	0.7088	0.7123	0.7157	0.7190	0.7224
0.6	0.7257	0.7291	0.7324	0.7357	0.7389	0.7422	0.7454	0.7486	0.7517	0.7549
0.7	0.7580	0.7611	0.7642	0.7673	0.7704	0.7734	0.7764	0.7794	0.7823	0.7852
0.8	0.7881	0.7910	0.7939	0.7967	0.7995	0.0823	0.8051	0.8078	0.8106	0.8133
0.9	0.8159	0.8186	0.8212	0.8238	0.8264	0.8289	0.8315	0.8340	0.8365	0.8389
1.0	0.8413	0.8438	0.8461	0.8485	0.8508	0.8531	0.8554	0.8577	0.8599	0.8621
1.1	0.8643	0.8665	0.8686	0.8708	0.8729	0.8749	0.8770	0.8790	0.8810	0.8830
1.2	0.8849	0.8869	0.8888	0.8907	0.8925	0.8944	0.8962	0.8980	0.8997	0.9015
1.3	0.9032	0.9049	0.9066	0.9082	0.9099	0.9115	0.9131	0.9147	0.9162	0.9177
1.4	0.9192	0.9207	0.9222	0.9236	0.9251	0.9265	0.9279	0.9292	0.9306	0.9319
1.5	0.9332	0.9345	0.9357	0.9370	0.9382	0.9394	0.9406	0.9418	0.9429	0.9441
1.6	0.9452	0.9463	0.9474	0.9484	0.9495	0.9505	0.9515	0.9525	0.9535	0.9545
1.7	0.9554	0.9564	0.9573	0.9582	0.9591	0.9599	0.9608	0.9616	0.9625	0.9633
1.8	0.9641	0.9649	0.9656	0.9664	0.9671	0.9678	0.9686	0.9693	0.9699	0.9706
1.9	0.9713	0.9719	0.9726	0.9732	0.9738	0.9744	0.9750	0.9756	0.9761	0.9767
2.0	0.9772	0.9778	0.9783	0.9788	0.9793	0.9798	0.9803	0.9808	0.9812	0.9817
2.1	0.9821	0.9826	0.9830	0.9834	0.9838	0.9842	0.9846	0.9850	0.9854	0.9857
2.2	0.9861	0.9864	0.9868	0.9871	0.9875	0.9878	0.9881	0.9884	0.9887	0.9890
2.3	0.9893	0.9896	0.9898	0.9901	0.9904	0.9906	0.9909	0.9911	0.9913	0.9916
2.4	0.9918	0.9920	0.9922	0.9925	0.9927	0.9929	0.9931	0.9932	0.9934	0.9936
2.5	0.9938	0.9940	0.9941	0.9943	0.9945	0.9946	0.9948	0.9949	0.9951	0.9952
2.6	0.9953	0.9955	0.9956	0.9957	0.9959	0.9960	0.9961	0.9962	0.9963	0.9964
2.7	0.9965	0.9966	0.9967	0.9968	0.9969	0.9970	0.9971	0.9972	0.9973	0.9974
2.8	0.9974	0.9975	0.9976	0.9977	0.9977	0.9978	0.9979	0.9979	0.9980	0.9981
2.9	0.9981	0.9982	0.9982	0.9983	0.9984	0.9984	0.9985	0.9985	0.9986	0.9986
3.0	0.9987	0.9987	0.9987	0.9988	0.9988	0.9989	0.9989	0.9989	0.9990	0.9990
3.1	0.9990	0.9991	0.9991	0.9991	0.9992	0.9992	0.9992	0.9992	0.9993	0.9993
3.2	0.9993	0.9993	0.9994	0.9994	0.9994	0.9994	0.9994	0.9995	0.9995	0.9995

附表3 χ^2 分布表 $(P\{\chi^2(n)>\chi^2_\alpha(n)\}=\alpha)$

n α	0.990	0.975	0.950	0.900	0.1	0.05	0.025	0.01
1	—	0.001	0.004	0.016	2.706	3.841	5.024	6.635
2	0.020	0.051	0.103	0.211	4.605	5.991	7.378	9.210
3	0.115	0.216	0.352	0.584	6.251	7.815	9.348	11.34
4	0.297	0.484	0.711	1.064	7.779	9.488	11.14	13.28
5	0.554	0.831	1.145	1.610	9.236	11.07	12.83	15.09
6	0.872	1.237	1.635	2.204	10.64	12.59	14.45	16.81
7	1.239	1.690	2.167	2.833	12.02	14.07	16.01	18.48
8	1.646	2.180	2.733	3.490	13.36	15.51	17.53	20.09
9	2.088	2.700	3.325	4.168	14.68	16.92	19.02	21.67
10	2.558	3.247	3.940	4.865	15.99	18.31	20.48	23.21
11	3.053	3.816	4.575	5.578	17.28	19.68	21.92	24.73
12	3.571	4.404	5.226	6.304	18.55	21.03	23.34	26.22
13	4.107	5.009	5.892	7.042	19.81	22.36	24.74	27.69
14	4.660	5.629	6.571	7.790	21.06	23.68	26.12	29.14
15	5.229	6.262	7.261	8.547	22.31	25.00	27.49	30.58
16	5.812	6.908	7.962	9.312	23.54	26.30	28.85	32.00
17	6.408	7.564	8.672	10.09	24.77	27.59	30.19	33.41
18	7.015	8.231	9.390	10.86	25.99	28.87	31.53	34.81
19	7.633	8.907	10.12	11.65	27.20	30.14	32.85	36.19
20	8.260	9.591	10.85	12.44	28.41	31.41	34.17	37.57
21	8.897	10.28	11.59	13.24	29.62	32.67	36.48	38.93
22	9.542	10.98	12.34	14.04	30.81	33.92	36.78	40.29
23	10.20	11.69	13.09	14.85	32.01	35.17	38.08	41.64
24	10.86	12.40	13.85	15.66	33.20	36.42	39.36	42.98
25	11.52	13.12	14.61	16.47	34.38	37.65	40.65	44.31
26	12.20	13.84	15.38	17.29	35.56	38.89	41.92	45.64
27	12.88	14.57	16.15	18.11	36.74	40.11	43.19	46.96
28	13.56	15.31	16.93	18.94	37.92	41.34	44.46	48.28
29	14.26	16.05	17.71	19.77	39.09	42.56	45.72	49.59
30	14.95	16.79	18.49	20.60	40.26	43.77	46.98	50.89
35	18.51	20.57	22.47	24.80	46.06	49.80	53.20	57.34
40	22.16	24.43	26.51	29.05	51.81	55.76	59.34	63.69
45	25.90	28.37	30.61	33.35	57.51	61.66	65.41	69.96

附表 4 t 分布表 $(P\{t(n)>t_\alpha(n)\}=\alpha)$

n \ α	0.05	0.025	0.01	0.005	0.0005
1	6.31	12.71	31.82	63.66	636.62
2	2.92	4.30	6.96	9.92	31.60
3	2.35	3.18	4.54	5.84	12.92
4	2.13	2.78	3.75	4.60	8.61
5	2.02	2.57	3.37	4.03	6.87
6	1.94	2.45	3.14	3.71	5.96
7	1.89	2.36	3.00	3.50	5.41
8	1.86	2.31	2.90	3.36	5.04
9	1.83	2.26	2.82	3.25	4.78
10	1.81	2.23	2.76	3.17	4.59
11	1.80	2.20	2.72	3.11	4.44
12	1.78	2.18	2.68	3.05	4.32
13	1.77	2.16	2.65	3.01	4.22
14	1.76	2.15	2.62	2.98	4.14
15	1.75	2.13	2.60	2.95	4.07
16	1.75	2.12	2.58	2.92	4.02
17	1.74	2.11	2.57	2.90	3.97
18	1.73	2.10	2.55	2.88	3.92
19	1.73	2.09	2.54	2.86	3.88
20	1.73	2.09	2.53	2.85	3.85
21	1.72	2.08	2.52	2.83	3.82
22	1.72	2.07	2.51	2.82	3.79
23	1.71	2.07	2.50	2.81	3.77
24	1.71	2.06	2.49	2.80	3.75
25	1.71	2.06	2.49	2.79	3.73
26	1.71	2.06	2.48	2.78	3.71
27	1.70	2.05	2.47	2.77	3.69
28	1.70	2.05	2.47	2.76	3.67
29	1.70	2.04	2.46	2.76	3.66
30	1.70	2.04	2.46	2.75	3.65
40	1.68	2.02	2.42	2.70	3.55
60	1.67	2.00	2.39	2.66	3.46
120	1.66	1.98	2.36	2.62	3.37
∞	1.65	1.96	2.33	2.58	3.29

附表 5   **F 分布表** $(P\{F>F_\alpha\}=\alpha)$

$\alpha=0.05$

n_2 \ n_1	1	2	3	4	5	6	7	8	9	10
1	161.4	199.5	215.7	224.6	230.2	234.0	236.8	238.9	240.5	241.9
2	18.51	19.00	19.16	19.25	19.30	19.33	19.35	19.37	19.38	19.40
3	10.13	9.55	9.28	9.12	9.01	8.94	8.89	8.85	8.81	8.79
4	7.71	6.94	6.59	6.39	6.26	6.16	6.09	6.04	6.00	5.96
5	6.61	5.79	5.41	5.19	5.05	4.95	4.88	4.82	4.77	4.74
6	5.99	5.14	4.76	4.53	4.39	4.28	4.21	4.15	4.10	4.06
7	5.59	4.74	4.35	4.12	3.97	3.87	3.79	3.73	3.68	3.64
8	5.32	4.46	4.07	3.84	3.69	3.58	3.50	3.44	3.39	3.35
9	5.12	4.26	3.86	3.63	3.48	3.37	3.29	3.23	3.18	3.14
10	4.96	4.10	3.71	3.48	3.33	3.22	3.14	3.07	3.02	2.98
11	4.84	3.98	3.59	3.36	3.20	3.09	3.10	2.95	2.90	2.85
12	4.75	3.89	3.49	3.26	3.11	3.00	2.91	2.85	2.80	2.75
13	4.67	3.81	3.41	3.18	3.03	2.92	2.83	2.77	2.71	2.67
14	4.60	3.74	3.34	3.11	2.96	2.85	2.76	2.70	2.65	2.60
15	4.54	3.68	3.29	3.06	2.90	2.79	2.71	2.64	2.59	2.54
16	4.49	3.63	3.24	3.01	2.85	2.74	2.66	2.59	2.54	2.49
17	4.45	3.59	3.20	2.96	2.81	2.70	2.61	2.55	2.49	2.45
18	4.41	3.55	3.16	2.93	2.77	2.66	2.58	2.51	2.46	2.41
19	4.38	3.52	3.13	2.90	2.74	2.63	2.54	2.48	2.42	2.38
20	4.35	3.49	3.10	2.87	2.71	2.60	2.51	2.45	2.39	2.35
21	4.32	3.47	3.07	2.84	2.68	2.57	2.49	2.42	2.37	2.32
22	4.30	3.44	3.05	2.82	2.66	2.55	2.46	2.40	2.34	2.30
23	4.28	3.42	3.03	2.80	2.64	2.53	2.44	2.37	2.32	2.27
24	4.26	3.40	3.01	2.78	2.62	2.51	2.42	2.36	2.30	2.25
25	4.24	3.39	2.99	2.76	2.60	2.49	2.40	2.34	2.28	2.24
30	4.17	3.32	2.92	2.69	2.53	2.42	2.33	2.27	2.21	2.16
40	4.08	3.23	2.84	2.61	2.45	2.34	2.25	2.18	2.12	2.08
120	3.92	3.07	2.68	2.45	2.29	2.18	2.09	2.02	1.96	1.91

续前表 $\alpha=0.05$

n_1 n_2	12	14	16	18	20	22	26	30	40	100
1	244	245	246	247	248	249	249	250	251	253
2	19.4	19.4	19.4	19.4	19.4	19.5	19.5	19.5	19.5	19.5
3	8.74	8.71	8.69	8.67	8.66	8.65	8.63	8.62	8.59	8.55
4	5.91	5.87	5.84	5.82	5.80	5.79	5.76	5.75	5.72	5.66
5	4.68	4.64	4.60	4.58	4.56	4.54	4.52	4.50	4.46	4.41
6	4.00	3.96	3.92	3.90	3.87	3.86	3.83	3.81	3.77	3.71
7	3.57	3.53	3.49	3.47	3.44	3.43	3.40	3.38	3.34	3.27
8	3.28	3.24	3.20	3.17	3.15	3.13	3.10	3.08	3.04	2.97
9	3.07	3.03	2.99	2.96	2.94	2.92	2.89	2.86	2.83	2.76
10	2.91	2.86	2.83	2.80	2.77	2.75	2.72	2.70	2.66	2.59
11	2.79	2.74	2.70	2.67	2.65	2.63	2.59	2.57	2.53	2.46
12	2.69	2.64	2.60	2.57	2.54	2.52	2.49	2.47	2.43	2.35
13	2.60	2.55	2.51	2.48	2.46	2.44	2.41	2.38	2.34	2.26
14	2.53	2.48	2.44	2.41	2.39	2.37	2.33	2.31	2.27	2.19
15	2.48	2.42	2.38	2.35	2.33	2.31	2.27	2.25	2.20	2.12
16	2.42	2.37	2.33	2.30	2.28	2.25	2.22	2.19	2.15	2.07
17	2.38	2.33	2.29	2.26	2.23	2.21	2.17	2.15	2.10	2.02
18	2.34	2.29	2.25	2.22	2.19	2.17	2.13	2.11	2.06	1.98
19	2.31	2.26	2.21	2.18	2.16	2.13	2.10	2.07	2.03	1.94
20	2.28	2.22	2.18	2.15	2.12	2.10	2.07	2.04	1.99	1.91
21	2.25	2.20	2.16	2.12	2.10	2.07	2.04	2.01	1.96	1.88
22	2.23	2.17	2.13	2.10	2.07	2.05	2.01	1.98	1.94	1.85
23	2.20	2.15	2.11	2.07	2.05	2.02	1.99	1.96	1.91	1.82
24	2.18	2.13	2.09	2.05	2.03	2.00	1.97	1.94	1.89	1.80
25	2.16	2.11	2.07	2.04	2.01	1.98	1.95	1.92	1.87	1.78
30	2.09	2.04	1.99	1.96	1.93	1.91	1.87	1.84	1.79	1.70
40	2.00	1.95	1.90	1.87	1.84	1.81	1.77	1.74	1.69	1.59
100	1.85	1.79	1.75	1.71	1.68	1.65	1.61	1.57	1.52	1.39

续前表　　　　　　　　　　　　　　　　　　$\alpha=0.01$

n_1 n_2	1	2	3	4	5	6	7	8	9	10
1	4052	5000	5403	5624	5763	5860	5928	5981	6022	6056
2	98.5	99.0	99.2	99.2	99.3	99.3	99.4	99.4	99.4	99.4
3	34.1	30.8	29.5	28.7	28.2	27.9	27.7	27.5	27.3	27.2
4	21.2	18.0	16.7	16.0	15.5	15.2	15.0	14.8	14.7	14.5
5	16.3	13.3	12.1	11.4	11.0	10.7	10.5	10.3	10.2	10.1
6	13.7	10.9	9.78	9.15	8.75	8.47	8.26	8.10	7.98	7.87
7	12.2	9.55	8.45	7.85	7.46	7.19	6.99	6.84	6.72	6.62
8	11.3	8.65	7.59	7.01	6.63	6.37	6.18	6.03	5.91	5.81
9	10.6	8.02	6.99	6.42	6.06	5.80	5.61	5.47	5.35	5.26
10	10.0	7.56	6.55	5.99	5.64	5.39	5.20	5.06	4.94	4.85
11	9.65	7.21	6.22	5.67	5.32	5.07	4.89	4.74	4.63	4.54
12	9.33	6.93	5.95	5.41	5.06	4.82	4.64	4.50	4.39	4.30
13	9.07	6.70	5.74	5.21	4.86	4.62	4.44	4.30	4.19	4.10
14	8.86	6.51	5.56	5.04	4.70	4.46	4.28	4.14	4.03	3.94
15	8.68	6.36	5.42	4.89	4.56	4.32	4.14	4.00	3.89	3.80
16	8.53	6.23	5.29	4.77	4.44	4.20	4.03	3.89	3.78	3.69
17	8.40	6.11	5.18	4.67	4.34	4.10	3.93	3.79	3.68	3.59
18	8.29	6.01	5.09	4.58	4.25	4.01	3.84	3.71	3.60	3.51
19	8.18	5.93	5.01	4.50	4.17	3.94	3.77	3.63	3.52	3.43
20	8.10	5.85	4.94	4.43	4.10	3.87	3.70	3.56	3.46	3.37
21	8.02	5.78	4.87	4.37	4.04	3.81	3.64	3.51	3.40	3.31
22	7.95	5.72	4.82	4.31	3.99	3.76	3.59	3.45	3.35	3.26
23	7.88	5.66	4.76	4.26	3.94	3.71	3.54	3.41	3.30	3.21
24	7.82	5.61	4.72	4.22	3.90	3.67	3.50	3.36	3.26	3.17
25	7.77	5.57	4.68	4.18	3.86	3.63	3.46	3.32	3.22	3.13
30	7.56	5.39	4.51	4.02	3.70	3.47	3.30	3.17	3.07	2.98
40	7.31	5.18	4.31	3.83	3.51	3.29	3.12	2.99	2.89	2.80
100	6.90	4.82	3.98	3.51	3.21	2.99	2.82	2.69	2.59	2.50

续前表　　　　　　　　　　　　　　　　$\alpha=0.01$

n_1 n_2	12	14	16	18	20	22	26	30	40	100
1	6106	6142	6170	6192	6208	6222	6244	6261	6287	6334
2	99.4	99.4	99.4	99.4	99.4	99.5	99.5	99.5	99.5	99.5
3	27.1	26.9	26.8	26.8	26.7	26.6	26.6	26.5	26.4	26.2
4	14.4	14.2	14.2	14.1	14.0	14.0	13.9	13.8	13.7	13.6
5	9.89	9.77	9.68	9.61	9.55	9.51	9.43	9.38	9.29	9.13
6	7.72	7.60	7.52	7.45	7.40	7.35	7.28	7.23	7.14	6.99
7	6.47	6.36	6.28	6.21	6.16	6.11	6.04	5.99	5.91	5.75
8	5.67	5.56	5.48	5.41	5.36	5.32	5.25	5.20	5.12	4.96
9	5.11	5.01	4.92	4.86	4.81	4.77	4.70	4.65	4.57	4.41
10	4.71	4.60	4.52	4.46	4.41	4.36	4.30	4.25	4.17	4.01
11	4.40	4.29	4.21	4.15	4.10	4.06	3.99	3.94	3.86	3.71
12	4.16	4.05	3.97	3.91	3.86	3.82	3.75	3.70	3.62	3.47
13	3.96	3.86	3.78	3.72	3.66	3.62	3.56	3.51	3.43	3.27
14	3.80	3.70	3.62	3.56	3.51	3.46	3.40	3.35	3.27	3.11
15	3.67	3.56	3.49	3.42	3.37	3.33	3.26	3.21	3.13	2.98
16	3.55	3.45	3.37	3.31	3.26	3.22	3.15	3.10	3.02	2.86
17	3.46	3.35	3.27	3.21	3.16	3.12	3.05	3.00	2.92	2.76
18	3.37	3.27	3.19	3.13	3.08	3.03	2.97	2.92	2.84	2.68
19	3.30	3.19	3.12	3.05	3.00	2.96	2.89	2.84	2.76	2.60
20	3.23	3.13	3.05	2.99	2.94	2.90	2.83	2.78	2.69	2.54
21	3.17	3.07	2.99	2.93	2.88	2.84	2.77	2.72	2.64	2.48
22	3.12	3.02	2.94	2.88	2.83	2.78	2.72	2.67	2.58	2.42
23	3.07	2.97	2.89	2.83	2.78	2.74	2.67	2.62	2.54	2.37
24	3.03	2.93	2.85	2.79	2.74	2.70	2.63	2.58	2.49	2.33
25	2.99	2.89	2.81	2.75	2.70	2.66	2.59	2.54	2.45	2.29
30	2.84	2.74	2.66	2.60	2.55	2.51	2.44	2.39	2.30	2.13
40	2.66	2.56	2.48	2.42	2.37	2.33	2.26	2.20	2.11	1.94
100	2.37	2.27	2.19	2.12	2.07	2.02	1.95	1.89	1.80	1.60

附表 6 检验相关系数的临界值表

$$P(|R|>r_\alpha)=\alpha$$

n \ α	0.10	0.05	0.02	0.01	0.001
1	0.98769	0.99692	0.999507	0.999877	0.9999988
2	0.90000	0.95000	0.98000	0.99000	0.99900
3	0.8054	0.8783	0.93433	0.95874	0.99114
4	0.7293	0.8114	0.8822	0.91720	0.97407
5	0.6694	0.7545	0.8329	0.8745	0.95088
6	0.6215	0.7067	0.7887	0.8343	0.9249
7	0.5822	0.6664	0.7498	0.7977	0.8983
8	0.5494	0.6319	0.7155	0.7646	0.8721
9	0.5214	0.6021	0.6851	0.7348	0.8471
10	0.4973	0.5760	0.6581	0.7079	0.8233
11	0.4762	0.5529	0.6339	0.6835	0.8010
12	0.4575	0.5324	0.6120	0.6614	0.7800
13	0.4409	0.5140	0.5923	0.6411	0.7604
14	0.4259	0.4973	0.5742	0.6226	0.7420
15	0.4124	0.4821	0.5577	0.6055	0.7247
16	0.4000	0.4683	0.5425	0.5897	0.7084
17	0.3887	0.4555	0.5285	0.5751	0.6932
18	0.3783	0.4438	0.5155	0.5614	0.6788
19	0.3687	0.4329	0.5034	0.5487	0.6652
20	0.3598	0.4227	0.4921	0.5368	0.6524
25	0.3233	0.3809	0.4451	0.4869	0.5974
30	0.2960	0.3494	0.4093	0.4487	0.5541
35	0.2746	0.3246	0.3810	0.4182	0.5189
40	0.2573	0.3044	0.3578	0.3932	0.4896
45	0.2429	0.2876	0.3384	0.3721	0.4647
50	0.2306	0.2732	0.3218	0.3542	0.4432
60	0.2108	0.2500	0.2948	0.3248	0.4078
70	0.1954	0.2319	0.2737	0.3017	0.3798
80	0.1829	0.2172	0.2565	0.2830	0.3568
99	0.1726	0.2050	0.2422	0.2673	0.3375
100	0.1638	0.1946	0.2301	0.2540	0.3211

习题参考答案

第1章 随机事件及其概率

(A)

1. (1) $\{2,3,\cdots,12\}$;　　(2) $\{3,4,\cdots,10\}$;　　(3) $\{10,11,\cdots\}$;

   (4) $\{(x,y,z)\,|\,x>0,y>0,z>0,x+y+z=1\}$.

2. (1) $AB\bar{C}$.

   (2) $A+B+C$.

   (3) $\overline{ABC}$ 或 $\overline{A+B+C}$.

   (4) $\bar{A}\bar{B}C+A\bar{B}\bar{C}+\bar{A}B\bar{C}+\bar{A}\bar{B}C$ 或 $\bar{B}\bar{C}+\bar{A}\bar{C}+\bar{A}\bar{B}$.

   (5) $\bar{A}+\bar{B}+\bar{C}$ 或 $\overline{ABC}$.

   (6) $AB+AC+BC$ 或 $ABC+AB\bar{C}+A\bar{B}C+\bar{A}BC$.

3. $\dfrac{1}{15}$.

4. $\dfrac{99}{392}$.

5. $\dfrac{132}{169}$.

6. 0.201.

7. $\dfrac{1}{8}$.

8. $\dfrac{8}{21}$.

9. $\dfrac{3}{5}$.

10. 0.588.

11. (1) 0.973 3;　　(2) 0.25.

12. $\dfrac{5}{21}$.

13. 0.078.

14. $0.039; 0.000\,6; 4\times10^{-6}; 10^{-8}$.

15. 0.959 04.

16. 略.

17. 略.

18. 略.

19. 略.

20. 略.

(B)

1. (D).

2. (D).

3. (D).

4. (B).

5. (B).

6. (A).

7. (B).

8. (D).

9. (C).

10. (B).

第 2 章　随机变量及其分布

(A)

1. $\dfrac{1}{12}$; 0.

2. $\dfrac{12}{35}$.

3.

ξ	1	2	3	4
p_i	$\dfrac{5}{8}$	$\dfrac{15}{56}$	$\dfrac{5}{56}$	$\dfrac{1}{56}$

4. 0.090 2.

5. $F(x) = \begin{cases} 0, & x < 0, \\ x^3, & 0 \leqslant x < 1, \\ 1, & x \geqslant 1. \end{cases}$

6. 0.062 5.

7. (1) 2;3.　　(2) 2.

8. 0.054 7.

9. $\dfrac{1}{3}$.

10. $1-\dfrac{2}{e}$; $\dfrac{3}{e^2}$; $\dfrac{2}{e}-\dfrac{3}{e^2}$.

11. (1) $p(x)=\begin{cases} e^{-x}, & x>0, \\ 0, & x\leqslant 0. \end{cases}$　　(2) 0.864 7；0.049 79.

12. (1) 1.　　(2) $p(x)=\begin{cases} 2x, & 0<x<1, \\ 0, & \text{其他.} \end{cases}$　　(3) 0.75；0；0.

13. $X\sim\begin{bmatrix} -2 & -1 & 4 \\ 0.25 & 0.25 & 0.5 \end{bmatrix}$；$Y\sim\begin{bmatrix} -1 & 0 & 2 \\ 0.4 & 0.2 & 0.4 \end{bmatrix}$.

14.

X \ Y	0	1	2	3	$p_i.$
0	$\dfrac{1}{120}$	$\dfrac{15}{120}$	$\dfrac{30}{120}$	$\dfrac{10}{120}$	$\dfrac{7}{15}$
1	$\dfrac{6}{120}$	$\dfrac{30}{120}$	$\dfrac{20}{120}$	0	$\dfrac{7}{15}$
2	$\dfrac{3}{120}$	$\dfrac{5}{120}$	0	0	$\dfrac{1}{15}$
$p._j$	$\dfrac{1}{12}$	$\dfrac{5}{12}$	$\dfrac{5}{12}$	$\dfrac{1}{12}$	

15.

X \ Y	1	2
1	0.25	0.25
2	0.25	0.25

$$F(x,y)=\begin{cases} 0, & x<1 \text{ 或 } y<1, \\ 0.25, & 1\leqslant x<2, 1\leqslant y<2, \\ 0.5, & \begin{cases} x\geqslant 2, \\ 1\leqslant y<2, \end{cases} \text{或} \begin{cases} 1\leqslant x<2, \\ y\geqslant 2, \end{cases} \\ 1 & x\geqslant 2, y\geqslant 2. \end{cases}$$

16. (1) $\dfrac{1}{2}$；$\dfrac{1}{\pi}$.　　(2) $\dfrac{1}{\pi(1+x^2)}$　　$(-\infty<x<+\infty)$.

17. (1) $\dfrac{1}{\pi^2}$.　　(2) $\dfrac{1}{32}$.

18. $p_Z(z)=\begin{cases} 0, & z\leqslant 0, \\ 1-e^{-z}, & 0<z\leqslant 1, \\ (e-1)e^{-z}, & z>1. \end{cases}$

19. (1) $p_Y(y)=\begin{cases} \dfrac{1}{6}y^3 e^{-y}, & y>0, \\ 0, & y\leqslant 0. \end{cases}$　　(2) $p_Z(z)=\begin{cases} \dfrac{1}{120}z^5 e^{-z}, & z>0, \\ 0, & z\leqslant 0. \end{cases}$

20. (1)

X \ Y	1	2	3
−3	0.1	0.05	0.1
−2	0.1	0.05	0.1
−1	0.2	0.1	0.2

(2)

Z_1	−5	−4	−3	−2	−1	0	1
p_1	0.1	0.05	0.2	0.05	0.3	0.1	0.2

(3)

Z_2	−6	−5	−4	−3	−2
p_2	0.1	0.15	0.35	0.2	0.2

21. $\dfrac{2}{9}$; $\dfrac{1}{9}$.

22. 略.

23. (1) 12.　　(2) $F(x,y)=\begin{cases}(1-e^{-3x})(1-e^{-4y}), & x>0,y>0, \\ 0, & \text{其他}.\end{cases}$

(3) X 与 Y 是相互独立的.

(B)

1. (C).

2. (A).

3. (B).

4. (C).

5. (B).

6. (A).

7. (B).

8. (D).

9. (A).

10. (A).

11. (D).

第 3 章　随机变量的数字特征

(A)

1. 4.5; 0.45.

2. $\dfrac{1}{3}$;$\dfrac{1}{18}$.

3. 0.375;0.4.

4. 3;3.

5. $\sqrt{\dfrac{2}{\pi}}\sigma$.

6. $\dfrac{\pi}{12}(a^2+ab+b^2)$.

7. 85;37.

8. 0;$\dfrac{16}{3}$;28.

9. $\dfrac{5}{9}$;$\dfrac{13}{162}$;$\dfrac{11}{9}$;$\dfrac{23}{81}$;$-\dfrac{1}{81}$;$-\sqrt{\dfrac{2}{299}}$.

10. (1) 12;-1.　　(2) 364;21.

11. $\left(\dfrac{\pi}{2},\dfrac{\pi}{2}\right)$;$\left(\dfrac{\pi^2}{4}-2,\dfrac{\pi^2}{4}-2\right)$;0.

12. $\left(\dfrac{2}{3},6\right)$.

(B)

1. (B).

2. (B).

3. (B).

4. (B).

5. (B).

6. (D).

7. (D).

第4章　大数定律与中心极限定理

(A)

1. $\dfrac{8}{9}$.

2. 0.1.

3. 0.93.

4. 0.081.

5. 0.98.

6. 0.984 2.

7. (1) $n \geqslant 250$.　　(2) 68.

8. (1) $C_{100}^k 0.2^k 0.8^{100-k}$　$(k=0,1,\cdots,100)$.　　(2) 0.927.

9. (1) 0.9525.　　(2) 25.

10. 0.1802.

(B)

1. (B).

2. (D).

3. (A).

4. (C).

第5章　抽样分布

(A)

1. 略.

2. 略.

3. 0.6744.

(B)

1. (B).

2. (C).

第6章　参数估计

(A)

1. 0.079.

2. $(1\,485.7,1\,514.3);(13.8,36.5)$.

3. $\bar{x};S_n^2$.

4. 9.

5. 2.5.

6. (1) $3\,140;178\,320$.　　(2) 198 133.

7. 97.

8. $(0.1325,0.3425)$.

(B)

1. (B).

2. (A).

3. (B).

4. (B).

第 7 章 假 设 检 验

(A)

1. 不是 15 g.

2. 不是 64.

3. 合格.

4. 有显著差异.

(B)

1. (B).

2. (D).

第 8 章 方 差 分 析

(A)

1. 有显著差异.

2. 有高度显著的影响.

第 9 章 回 归 分 析

(A)

1. (1) $\hat{y}=188.78+1.87x$.　　(2) 回归方程显著.　　(3) $(255.90, 364.76)$.

2. (1) $\hat{y}=5.4+0.61x$.　　(2) 回归方程高度显著.

3. $\hat{y}=7.16\times10^{-5}x^{2.8679}$.

4. $\hat{y}=18.52-80.98x+91.71x^{2}$.

图书在版编目(CIP)数据

概率论与数理统计/姚孟臣编著. —2 版. —北京：中国人民大学出版社，2016.6
（经济应用数学基础）
ISBN 978-7-300-22934-8

Ⅰ.①概… Ⅱ.①姚… Ⅲ.①概率论-高等学校-教材②数理统计-高等学校-教材 Ⅳ.①O21

中国版本图书馆 CIP 数据核字（2016）第 113889 号

经济应用数学基础（三）

概率论与数理统计（第二版）

姚孟臣　编著

Gailülun yu Shuli Tongji

出版发行	中国人民大学出版社			
社　　址	北京中关村大街 31 号		邮政编码	100080
电　　话	010 - 62511242（总编室）		010 - 62511770（质管部）	
	010 - 82501766（邮购部）		010 - 62514148（门市部）	
	010 - 62515195（发行公司）		010 - 62515275（盗版举报）	
网　　址	http://www.crup.com.cn			
	http://www.ttrnet.com（人大教研网）			
经　　销	新华书店			
印　　刷	北京溢漾印刷有限公司		版　次	2010 年 6 月第 1 版
规　　格	185 mm×260 mm　16 开本			2016 年 6 月第 2 版
印　　张	13.5 插页1		印　次	2020 年 8 月第 7 次印刷
字　　数	298 000		定　价	32.00 元